Die Alpakas von Sandy Wallace oberhalb des Nicasio-Reservoirs in Nordkalifornien.

REBECCA BURGESS
mit Courtney White

Was steckt in unserer Kleidung?

aus dem Englischen von Leonie De Abrew
mit Fotografien von Paige Green

FIBERSHED
Growing a Movement of Farmers, Fashion Activists, and Makers for a New Textile Economy

Löwenzahn

Inhalt

Japanische Indigo-Setzlinge.

Einleitung

Früh an einem Morgen im Juli 2010 stand ich am nördlichen Ufer der San Francisco Bay und blickte auf die Nebelschwaden, die sich durch die Golden Gate Bridge schoben. Ich wartete auf eine Gruppe von Kindern, die an einem Natur-Kunstkurs teilnahmen, den ich für unser lokales Wissenschaftsmuseum entwickelt hatte. Wenig später hörte ich kleine Füße über den Zementboden stapfen und Stimmen durch hohe Gänge, die noch aus der Zeit des Zweiten Weltkriegs stammten, hallen. Es war der Tag unserer jährlichen Exkursion zu den alten Befestigungsanlagen. Wir wollten den Lebensraum des Mission-Blue-Schmetterlings beobachten, der unter den Überresten der Kriegsbunker wiederauflebt. In der Vergangenheit hatte ich mich auf diesen gemeinsamen Spaziergang gefreut, aber an diesem Morgen war ich von Sorgen überwältigt.

Kurz zuvor hatte ich eine Firma in Santa Cruz angerufen, die auf den Anbau von Sonderkultursetzlingen spezialisiert war, um zu hören, wie ihre Experimente mit meinen Indigosamen liefen. Ich hatte bereits seit einigen Jahren Bio-Indigo angebaut, um einen natürlichen blauen Farbstoff für meine Textilarbeiten zu gewinnen. Bis 2010 hatte sich das Projekt jedoch auf das Ausmaß einer kleinen Farm ausgeweitet, und in meiner Wohnung gab es nicht mehr genug Platz für die Anzuchtschalen. Um die Vergrößerung effizient umzusetzen, pachtete ich ein kleines Feld, 20 Minuten entfernt. Außerdem beschloss ich, die Keimrate und die Kompatibilität meiner Samen mit mechanisierten Pflanzgeräten zu testen. Das Unternehmen in Santa Cruz bot mir die Hilfe an, die ich für die Ausweitung des Projekts brauchte, während ich mich auf meine bezahlte Arbeit als Umweltpädagogin konzentrieren konnte. Bei dem Telefonat an diesem Morgen erfuhr ich, dass der zweite Keimtest des Unternehmens gut verlaufen war – so gut sogar, dass sie die Indigopflanzen bereits verschickt hatten –, sie wussten nur nicht, an welche Farm sie geschickt worden waren.

Ich wusste, dass die winzigen Setzlinge in ihren zweieinhalb Zentimeter tiefen Behältern nicht lange überleben würden, ohne gegossen zu werden. All die Mühe und Arbeit der letzten Jahre ging mir durch den Kopf, als ich mir vorstellte, wie die Pflanzen an einen unbekannten Ort geliefert wurden und schnell verwelkten. Vier Jahre Saatgut sammeln, unzählige Tage der Saatgutreinigung und mein Traum, einen komplett selbst angebauten, fermentierten Indigofarbstoff für die Küpenfärberei herzustellen, wären verloren gewesen, wenn diese Setzlinge auch nur für ein paar Stunden kein Wasser gehabt hätten.

Glücklicherweise erhielt ich kurz darauf einen Anruf von Sally Fox, einer Kollegin, die etwa zwei Stunden nordöstlich von mir im Capay Valley in der Nähe von Sacramento lebte und farbige Baumwollsamen züchtete. Sally hatte am Morgen eine Nachricht von einem benachbarten Bio-Bauernhof erhalten. Der Anrufer erzählte ihr, dass zusammen mit seinen Tomaten- und Paprikasetzlingen eine Reihe nicht zuordenbarer Anzuchtschalen an seinen Hof geliefert worden sei. Er hatte angenommen, dass die Pflanzen Teil von Sallys Pflanzenzuchtprojekten waren, und Sally wiederum vermutete, dass sie wahrscheinlich Teil meines Indigo-Projekts waren (wie das alles so reibungslos funktioniert hat, werde ich nie ganz verstehen, aber ich bin beiden ewig dankbar). Ich rief Tim Mueller, den Farmbesitzer, an, der sowohl Interesse an den Pflanzen als auch an dem Projekt bekundete. Er versicherte mir, dass es ihm keine Umstände mache, die verbleibenden Indigopflanzen in seinem Gewächshaus zu bewässern. Was meine er mit „die verbliebenen Pflanzen"? Der Rest sei bereits gepflanzt worden. Ich war sehr erleichtert zu hören, dass die Ernte ihren Weg in die Erde gefunden hatte, auch wenn diese zweieinhalb Stunden von meinem Haus entfernt war.

An jenem Wochenende besuchte ich die Riverdog Farm und war erfreut, ein System zu sehen, das Ackerbau und Viehzucht in der Praxis kombinierte. Mobile Hühnerställe übersäten die Felder, Granatapfelhecken säumten die Feldwege, und ein großer Pfirsichbaum rankte neben dem Büro. Nach meiner Ankunft sprang Tim in mein Auto und wir fuhren die Straße hinunter zu einer gepachteten Anbaufläche, auf der vor Kurzem Paprikareihen gepflanzt worden waren. Zwischen den Nahrungspflanzen befanden sich zwei lange Reihen Indigo mit insgesamt 6.000 Pflanzen. Ich hatte Indigo noch nie so wachsen gesehen. Es ähnelte kein bisschen meinem Garten, in dem ich das Indigo-Projekt vor Jahren begonnen hatte, aber es ähnelte auch nicht der kleinen Farm, die ich verwaltete. Diese akribisch bepflanzten, fast 50 Meter langen Reihen waren ein hoffnungsvoller Anblick.

Als ich dort stand und mir die Indigopflanzen in ihrer neuen Heimat ansah, trieb mich die Frage um, die Michael Pollan in seinem Buch *Die Botanik der Begierde* äußert, eine Frage, die sich stellt, wenn man* die Beziehungen zwischen den Menschen und den Arten, die wir kultivieren und zu deren Vermehrung wir beitragen, genauer betrachtet: „Wer domestiziert wen?" Der satte und ungiftige Blauton, den *Persicaria tinctoria* hervorbringt, hat die Menschen im Laufe der Jahrhunderte motiviert, das Gebiet, in dem dieses Gewächs ursprünglich angebaut wurde, energisch zu erweitern. Weil sie den Menschen verzauberte, verbreitete die Pflanze ihre Genetik weit und breit – und nun half ich ihr dabei. Dank der Bemühungen der Riverdog Farm war ich inzwischen sicher, genügend Material zu haben, um die Menge an getrockneten Blättern – 200 Kilo – zu erzeugen, die ich für die Kompostierung benötigte. Dieser Schritt ist ausschlaggebend, um das herzustellen, was in Japan als *Sukumo* bekannt ist – ein natürlich gewachsenes Blattkonzentrat von Indigo aus gemäßigten Klimazonen, das das ganze Jahr über für Indigofärbearbeiten verwendet werden kann. Den Rest des Sommers erntete und verarbeitete ich die Ernte mit meinen Freund*innen. Während der folgenden zwei Jahre bauten wir Indigo auf der Riverdog Farm an und hatten nach jeder Ernte die notwendige Menge an getrockneten Blättern,

Das Grow-Your-Jeans-Projekt hat das Team viele Stunden harter Arbeit gekostet. Hier im Bild Rebecca Burgess, die den Indigo pflanzte und verarbeitete, mit dem das Wollgarn von Sally Fox gefärbt wurde.

Leslie Terzian von TangleBlue webte den Stoff für das Grow-Your-Jeans-Projekt.

die wir brauchten. Wir konnten außerdem einen separaten Bestand an kompostierten Indigoblättern anlegen. Genutzt wurde dieser vom Berkeley Art Museum in einem experimentellen Programm des Bekleidungsherstellers Levi Strauss. Er war Teil eines Prototypprojekts für Fibershed namens „Grow Your Jeans" („Bau deine Jeans an"). Außerdem wurde er in einer Reihe von Färbewerkstätten, die der lokalen Öffentlichkeit angeboten wurden, eingesetzt. Das Indigo-Projekt befindet sich nun im siebten Jahr und wächst trotz der Dürre in Kalifornien stetig, durch neue Landwirt*innen und eine neue Generation von *Persicaria-tinctoria*-Verwalter*innen.

Die Verantwortung für die Einführung (oder Wiedereinführung) einer neuen Kulturpflanze wie Indigo in einer Gemeinschaft zu übernehmen, kann eine einschüchternde Aufgabe sein. Aber es gibt eine tiefe, fast zelluläre Reaktion im Menschen, wenn wir diese Art von Arbeit übernehmen, eine, die ein unzerreißbares Band schafft. Es war in der Tat eine unglaubliche Überraschung zu sehen, wie viele Menschen sich ähnlich für die Regionalisierung engagieren und neu lernen, was es bedeutet, selbst Fasern und Farbstoffe herzustellen. Durch meine Arbeit habe ich gesehen, dass das Anbauen unserer eigenen Kleidung ein belebendes Gemeinschaftserlebnis ist.

Wir haben so lange von den Auswirkungen unserer Kleidung auf Land, Luft, Wasser, Arbeit und unsere eigene Gesundheit nichts mitbekommen, dass wir zu passiven, unreflektierten Verbraucher*innen wurden. Wenn wir diese Entfremdung aufheben, schaffen wir Möglichkeiten, um neue, authentische Beziehungen aufzubauen, die verwurzelt sind im Austausch von Fähigkeiten, körperlicher Arbeit und Kreativität. Solche, die Sinn, Zweck und eine Art der Verbindung haben, sowohl zueinander als auch zum Land. Während in den letzten Jahrzehnten viel dafür getan wurde, dass wir als Kultur Zugang zu sicheren, regionalen und nahrhaften Lebensmitteln haben, haben wir die Produktion von Fasern und Farbstoffen, aus denen unsere Kleidung besteht, weitgehend außer Acht gelassen. Tatsächlich ist es so, dass die meisten Leute, sobald sie das Wort „Kleidung" hören, denken: *Ach, ich interessiere mich nicht für Mode* – und annehmen, sie hätten mit der Branche ab diesem Punkt nichts zu tun. Aber Kleidung – wie Nahrung – ist wichtig, weil wir jeden Tag direkt damit in Kontakt kommen. Die Bekleidungsindustrie ist ein facettenreicher Wirtschaftszweig, der vielfach die gleichen Lieferkettendynamiken aufweist wie die Lebensmittelindustrie, angefangen bei den Wurzeln in der Landwirtschaft und der Abhängigkeit vom Land.

WAS HAT KLEIDUNG MIT LANDWIRTSCHAFT ZU TUN?

Die kurze Antwort auf diese Frage lautet: sehr viel. Im Durchschnitt sind über 80 Prozent der Baumwolle, die jährlich in den Vereinigten Staaten angebaut wird, genetisch verändert. So hält sie der Verwendung einer Reihe von Herbiziden und Pestiziden stand. Weniger als 1 Prozent ist biozertifiziert. Während zwei Drittel aller Amerikaner*innen die Kennzeichnung von gentechnisch veränderten Organismen (GVO) für ihre Lebensmittel befürworten, verstehen nur wenige die Rolle, die diese Organismen für ihre Kleidung spielen. Tatsächlich gibt es noch keine breite öffentliche Diskussion darüber, wie sich die GVO-Landwirtschaft auf die Gesundheit und Vielfalt unserer Landschaften, die regionale Wirtschaft und die menschliche Gesundheit auswirkt. Da diese größeren Gespräche vermieden wurden, haben wir die Gentechnik von Fasern weitgehend aus der Debatte über die Landnutzungsethik ausgeklammert. Infolgedessen gibt es wenig bis gar keine Transparenz auf den Etiketten von Kleidung, die es uns ermöglicht, festzustellen, ob unsere Kleidung genetisch verändert ist oder nicht. Es sei denn, wir suchen und kaufen Global-Organic-Textile-Standard (GOTS)-zertifizierte

Models aus der Grow-Your-Jeans-Modenschau posieren für ein Gruppenfoto. Von links nach rechts: Celeste Thompson, Leslie Channel, Thyme Francis, Dario Slavazza, Alycia Lang, Sally Fox, Sophia Zuchowski.

Kleidungsstücke. Durch die große Kluft zwischen unserem Wissen darüber, wie Kleidung hergestellt wird und woher die Rohmaterialien stammen, treffen wir die meisten Entscheidungen als Verbraucher*innen quasi ahnungslos.

Nehmen wir folgendes Beispiel: In den USA hergestellte Wollkleidung ist selten, obwohl die Vereinigten Staaten der fünftgrößte Wollproduzent der Welt sind. Beinahe alle unsere Wollsocken und Anzüge werden in Australien, Neuseeland und China hergestellt. Darüber hinaus stammen über 70 Prozent der Fasern, die wir tragen, aus fossilem Kohlenstoff, und fast jedes Kleidungsstück ist mit Farbstoffen gefärbt, die aus fossilem Kohlenstoff gewonnen werden. Kunststoff-Mikrofasern, die durch das Waschen synthetischer Kleidung in Flüsse, Bäche und Meere gelangen, verunreinigen die marine Nahrungskette sowie unser Trinkwasser. Erhebliche Konzentrationen von Faserflusen wurden bis in den tiefsten Ökosystemen des Ozeans gefunden – mit noch unbekannten Folgen. Die Arbeitsbedingungen für Textilbeschäftigte sind bekanntermaßen prekär, und weniger als 1 Prozent der in den Vereinigten Staaten verkauften Kleidung ist Fair-Trade-zertifiziert. Und jetzt wird den Verbraucher*innen extreme Gentechnik als Hightech-Lösung für die Probleme angeboten, die wir selbst verursacht haben, durch unsere antiquierte synthetische toxische Chemie, unsere fossile Kohlenstoffabhängigkeit und unseren Überkonsum. Die meisten Träger*innen haben keine Ahnung, dass diese firmeneigenen Biotechtechnologien eine Vielzahl von Problemen in der Lieferkette und der Geschäftsarchitektur mit sich bringen und trotz gegenteiliger Behauptungen noch nicht auf ihre potenziellen negativen Folgen für Land, Wasser, Flora und Fauna sowie die regionale Wirtschaft geprüft wurden.

Die Verbesserung der bestehenden zentralisierten Textilproduktionssysteme, die derzeit größtenteils im Ausland in Ländern angesiedelt sind, in denen die Menschenrechte kaum beachtet werden und die Umweltstandards schwach sind, ist ein Weg für soziale und ökologische Veränderungen, der Hoffnung macht. Bislang ist das jedoch nicht ohne unzählige Enttäuschungen abgelaufen. Und neuartige Technologien können auch eine Rolle bei der Verringerung der negativen Auswirkungen der Bekleidungsindustrie spielen. Diese beiden Reforminstrumente allein tragen jedoch nicht dazu bei, die bestehenden Machtdynamiken und Wirtschaftsmodelle zu verändern, die die Umwelt- und Arbeitsrechtskatastrophen provoziert haben, aus denen wir uns zurzeit weltweit herauswinden. Und doch sind es diese beiden Reformstrategien, die die Arbeit der Nachhaltigkeitsteams der weltgrößten Textilunternehmen dominieren, über die in den Fachzeitschriften der Branchenverbände geschrieben und debattiert wird und die auf globalen Textilkonferenzen mit Preisen ausgezeichnet werden und Investor*innengelder einbringen. Infolgedessen wartet das Gespräch, das Wirtschafts- und Klimagerechtigkeit in die DNA des Systemwechselgedankens eingliedert, immer noch darauf, öffentlich geführt zu werden.

Dieses Buch soll die Tür zu diesem Gespräch öffnen und gleichzeitig anerkennen, dass viele weitere Einzelpersonen und Organisationen diesen Dialog ebenfalls täglich erweitern. Auf den folgenden Seiten lest ihr eine Vision des Wandels, die sich auf die Transformation unserer Faser- und Farbstoffsysteme vom Boden aufwärts konzentriert. Dieser Traum für die Zukunft umfasst alle, die an diesem Prozess beteiligt sind, darunter Landwirt*innen, Rancher*innen, Organisator*innen, Designer*innen, Hersteller*innen, Näh-Talente, Handwerker*innen, Modeexpert*innen, Investor*innen, transnationale Marken und ihr – die Träger*innen. Es ist eine Vision für global wirksame Lösungen, die sich Gedanken darüber machen, wie man* die Positionen der Macht umgestalten und die Entscheidungsfindung in die Hände derjenigen legen kann, die mit der sozialen und ökologischen Infrastruktur ihrer Gemeinschaften am besten vertraut sind. Es ist eine Vision, die die sozialen, wirtschaftlichen und politischen Möglichkeiten für Gemeinschaften verbessert, ihre Faser- und Farbstoffsysteme selbst zu definieren und zu erschaffen und die globale Textilverarbeitung neu zu gestalten. Dabei geht es um ortsbasierte textile Souveränität, die darauf abzielt, alle Menschen, Pflanzen, Tiere und kulturellen Praktiken, die an einem bestimmten Ort zusammenfinden und ihn ausmachen, einzubeziehen, anstatt sie auszuschließen.

Ich nenne dieses ortsbasierte Textilsystem ein Fibershed.

Ich nenne dieses ortsbasierte Textilsystem ein Fibershed. Fibershed ist das englische Wort für ein Fasereinzugsgebiet. Ähnlich wie ein lokales Einzugsgebiet für Lebensmittel oder Wasser funktioniert auch ein Fasereinzugsgebiet, ein Fibershed. Es konzentriert sich auf die Quelle des Rohstoffs, die Transparenz, mit der dieser in Kleidung umgewandelt wird, und die Vernetzungen zwischen allen Teilen, vom Boden über die Haut zurück zum Boden. In dem Fibershed, in dem ich lebe, werden beispielsweise natürliche Pflanzenfarbstoffe und -fasern wie Flachs, Wolle, Baumwolle, Hanf und Indigo sowohl mit traditionellen als auch modernen Praktiken angebaut. Viele dieser Landwirtschafts- und Viehhaltungssysteme zeigen bereits Vorteile, die wir gerade erst im Detail zu dokumentieren beginnen, unter ihnen die Verminderung der Ursachen der Klimakatastrophe, eine erhöhte

Leslie Channel neben einem japanischen Indigobeet, während sie organische und biodynamische Jeans trägt, die im Northern California Fibershed angebaut, gewebt und genäht wurden. Sally Fox' farbig gewachsenes Baumwollgarn wurde in Rebecca Burgess' Fermentationsbottich gefärbt und später von Leslie Terzian zu Stoff gewebt, den Daniel DiSanto zu maßgeschneiderten Jeans verarbeitete, die er entworfen hatte. Das Pokeberry-Top wurde von Monica Paz Soldan aus Hazel Fletts und Sue Reusers Cormo- und Romeldale-Mischwolle gestrickt und gefärbt.

Widerstandsfähigkeit gegen Dürre und der Wiederaufbau der örtlichen Wirtschaft.

Fibershed-Systeme lehnen sich, was Inspiration und Rahmendesign betrifft, stark an die Slow-Food-Bewegung an, die auf das Jahr 1986 zurückgeht. Damals organisierte der Gründer der Bewegung, der italienische Landwirt Carlo Petrini, einen Protest gegen die Eröffnung eines Restaurants der Fast-Food-Kette McDonald's in der Nähe der Spanischen Treppe in Rom. Petrinis elektrisierendes Zitat weckte weltweite Zustimmung für die Notwendigkeit, sich um unser Ernährungssystem zu kümmern: „Eine entschlossene Verteidigung des stillen materiellen Vergnügens ist der einzige Weg, sich der universellen Torheit des schnellen Lebens zu widersetzen." Die Slow-Food-Bewegung gewann schnell eine Anhängerschaft und zog Land- und Stadtbewohner*innen gleichermaßen an. Sie vereinte energische Anstrengungen von Menschen auf der ganzen Welt, die wissen wollten, wie und von wem unsere Lebensmittel angebaut werden, wie sie verarbeitet werden und wer Zugang zu ihnen hat. Heute sind diese Fragen die Leitbilder tausender Nichtregierungsorganisationen (NGOs), die sich auf die Reform unseres Ernährungssystems konzentrieren. Dennoch sehen wir keine ebenso beeindruckende Präsenz von NGOs, keine funktionierende Strategie, um ein anderes, nicht weniger wichtiges Produkt aus unseren Arbeitslandschaften zu unterstützen: unsere Kleidung. Es gibt jedoch eine Volksbewegung, die dabei ist, dies zu ändern, angeführt von Landbewirtschaftenden, Tierzüchter*innen, Kunstschaffenden und kleinen bis mittleren Textilhersteller*innen. Biosphären-basierte Fasern wie Flachs, Brennnessel, Hanf, Wolle, Milchkraut, Kaschmir, Angora und Baumwolle erleben ein bemerkenswertes Comeback. Es gibt ein wachsendes Bewusstsein für die unbestreitbare Tatsache, dass der Boden, der uns ernährt, auch der Boden ist, der uns kleidet.

Dies ist die Geschichte dieses Aufschwungs.

WIE ICH MEIN FIBERSHED FAND

Fibersheds sind dynamische, sich entwickelnde, lebende Systeme, die viel komplexer sind, als ich zu verstehen vermag. Sie sind autark, und die Erzählung in diesem Buch erkundet meine Reise in dieses lebendige System und beleuchtet auch regionale Textilprojekte, die in verschiedenen Fibersheds entstanden sind. Fibersheds sind Orte, an denen bereits Tausende von Generationen von Menschen lebten und gediehen, bevor ich anfing zu existieren. Ich möchte ebenso wie viele andere dazu beitragen, dass künftige Generationen weiterhin die Möglichkeit haben werden, in Beziehung zu ihren Textilkulturen vor Ort aufzuwachsen.

Im Jahr 2010 begann ich eine persönliche Reise in meinem Heimat-Fibershed – ein 240-Kilometer-Radius (150 Meilen) vor meiner Haustür in San Geronimo in Nordkalifornien –, indem ich mir vornahm, ein Jahr lang Kleidung zu kreieren und zu tragen, die exklusiv aus lokal angebauten Fasern und natürlichen Farbstoffen bestand und von regionalen Arbeitskräften, inklusive mir, neuen und alten Freund*innen und Familie hergestellt wurde. Dieses „Wardrobe-Challenge-Jahr" (auf Deutsch „Garderoben-Herausforderungs-Jahr") hat mich dem Land nähergebracht, mich mit Farmen, Ranches und offenen Weiten verbunden. Ich verbesserte meine eigenen Fähigkeiten in der Textilherstellung und knüpfte enge Verbindungen zu Kunsthandwerker*innen in meiner Gemeinde, die Pflanzen- und Tierfasern in wunderschöne Kleidungsstücke verwandeln konnten. Der direkte und regelmäßige Kontakt mit der biologischen Quelle meiner Kleidung veränderte mein Verständnis und meine Wertschätzung für mein Fibershed.

Meine Reise begann mit einer Untersuchung pflanzlicher Farben.

Meine Reise begann mit einer Untersuchung pflanzlicher Farben. Die Entwicklung eines natürlichen Färbeverfahrens innerhalb der Grenzen meines Fibersheds hat meine Beziehung zu den Arten, die dort existieren, verbessert. Während der einjährigen Wardrobe Challenge basierte meine Pflanzenpalette auf einer Vielzahl von endemischen (einheimischen) und nicht endemischen Pflanzenarten. Sie kamen entweder aus meinem eigenen Garten oder Gärten von Freund*innen, manchmal auch von wilden Hängen. Pflanzengemeinschaften wie Chaparral (mittelhohe Baumgewächse mit kleinen, harten Blättern), Eichenwälder und Küstensträucher produzieren eine Reihe von Farben. Darunter fanden wir verschiedene Grüntöne, Orangerosa und Braunschattierungen aus Kaffeebeeren, Filzigen Apfelbeeren und Hinsii-Walnüssen. Nicht heimische Arten in unserer Region lieferten Rosa aus Kermesbeeren und Gelb aus Gelbkraut.

Die Farbe, die lokal (damals) schwer zu erzeugen war, war Blau. Synthetischer Indigofarbstoff ist in diesem Land seit 1876 weit verbreitet, und Jeans werden seitdem mit fossilen Anilinfarbstoffen gefärbt. So beschloss ich, mein eigenes Blau zu züchten. Im Gegensatz zu den meisten natürlichen Farbstoffen ist Indigo nicht wasserlöslich. Um einen verwendbaren Farbstoff zu erzeugen, muss das Pigment aus den Blättern extrahiert und mit Materialien kombiniert werden, die die Farbe für Fasern zugänglich machen. Die meisten Färber*innen, einschließlich mir selbst, kauften für gewöhnlich Pigmente aus anderen Ländern, um sie in unseren eigenen Indigo-Fässern zu fermentieren. Dieser importierte Indigo stammt jedoch von der tropischen Art *Indigofera tinctoria* und wollte trotz vieler Versuche in meiner Region Nordkaliforniens nicht wachsen. Mehrere Jahre lang experimentierte ich in meinem Garten mit einer jährlich Blau produzierenden Sorte, die als *Persicaria tinctoria* bekannt ist. Ich hatte zwar Wege gefunden, das Blau im Sommer mit frischem Blattmaterial zu extrahieren, aber ich hatte noch keine Methoden entdeckt, um aus den Pflanzen, die ich anbaute, genügend blaues Pigment zu gewinnen, um es für ganzjährige Färbeprojekte zu fermentieren. Blaues Pigment entspricht etwa 2 Prozent des Gewichts der *P.-Tinctoria*-Pflanze, und genug davon anzupflanzen, um ausreichend Pigment für eine eigene Küpenfärberei zu erhalten, war ein Entdeckungsprozess.

Nach einigen Recherchen stieß ich auf die Arbeit von Rowland Ricketts, der in Japan eine Lehre gemacht hatte, Indigo anbaute und die getrockneten Blätter der Pflanze kompostierte, um ein Material herzustellen, das sich Sukumo nennt. Das von Ricketts verwendete Fermentationsrezept basierte auf hausgemachter Aschenlauge aus Hartholz, Weizenkleie und Kalk – allesamt Rohstoffe, die in meiner Region leicht verfügbar sind. Ich wandte mich an Ricketts, um mehr über die Anforderungen für die Herstellung von Kompost aus den getrockneten *Persicaria*-Blättern zu erfahren, und fand heraus, dass es eine erhebliche Masse an Blattmaterial braucht, um genügend Wärme zu erzeugen, damit die thermophilen Bakterien im Komposthaufen gedeihen. Thermophile Bakterien brauchen Wärme, um sich zu vermehren, und mit der richtigen Balance können diese kleinen Lebensformen die Zellulose der *Persicaria*-Blätter fressen und das blaue Pigment in einem Material hinterlassen, das wie dunkelblau-schwarzer Kompost aussieht.

Die Masse an getrockneten Blättern, die für die Kompostierung von Sukumo erforderlich ist, beträgt um die 200 Kilo und muss auf einem speziell konstruierten Boden aus Stein, Sand, Reishülsen und verdichtetem Ton

Der büffelbraune Baumwollstoff von Sally Fox, kombiniert mit einem von Heidi Iverson (Honey Folk Clothing) handgestrickten Cardigan, der ebenfalls aus drei von Fox' Baumwollgarnen besteht, eines davon gefärbt mit Indigo.

100 Tage lang kompostiert sowie alle sieben Tage gewendet und sanft mit Wasser besprüht werden.

Ricketts kam vorbei und half uns zusammen mit einem Team lokaler Handwerker*innen beim Bau des Kompostierungsbodens. Wir hatten die Reishülsen aus einer kalifornischen Reistrocknungsanlage vorbereitet, Lehm aus unserer örtlichen Lehmgrube in Säcken abgefüllt, Sand hinzugefügt, und schon waren wir startklar. Das Gelände und die Struktur für den Boden wurden von John Wick, einem örtlichen Ranchbesitzer, vorbereitet, der freundlicherweise den Standort, seine Fähigkeiten und seine Zeit zur Verfügung stellte, um sicherzustellen, dass der Boden ordnungsgemäß entwässert und die richtige Konstruktion befolgt wurde.

Für den Boden mussten drei mal drei Meter Erde ausgehoben und ca. 2,5 m hoch mit kleinem, mittlerem und großem Gestein aufgefüllt werden. Die letzte Komponente des Bodens war eine 10 Zentimeter hohe Schicht aus Reishülsen, Sand und zerstampftem Ton.

Indigo wird Ende April bis Mitte Mai gepflanzt. Die erste Ernte findet Ende Juni oder Anfang Juli statt, wenn die Pflanze groß genug ist, um beschnitten zu werden. Die zweite Ernte erfolgt Ende August, dann darf die Pflanze bis Mitte Herbst Saatgut produzieren. Nach jeder Ernte werden die beblätterten Stängel zum Trocknen ausgelegt. Sie werden mit wachsamem Auge im richtigen Moment geerntet, wenn die Stängel noch biegsam und die Blätter bereits komplett trocken sind. Um Sukumo herzustellen, werden Stapel der getrockneten Blätter und Stängel mit den Füßen zerstampft, die Stängel entfernt und für den Nährstoffkreislauf kompostiert. Die Blätter werden bis zum Ende der Saison aufbewahrt. Der Stapel wird alle sieben Tage gewendet. Die so entstandene kompostierte Blattmasse wird dann langsam fermentiert, ein Prozess, der bis zu 30 Tage dauert. Wenn der Bottich fertig ist, beginnt das Färben.

Die Anforderungen für die Herstellung von 200 Kilo getrockneten Blättern zur Produktion von Sukumo verwandelten das, was als Gartenarbeit begonnen hatte, schnell in ein kleines landwirtschaftliches Projekt. Es brauchte etwa 5.000 Pflanzen und ungefähr einen halben Morgen Land, um die Menge an Indigo anzubauen, die wir für den Kompostierungsprozess benötigten. Es war die Hingabe zur Farbe Blau, die seitdem mehr als nur eine*n Züchter*in zu diesem Prozess inspiriert hat; inzwischen gibt es mehrere kleine Landwirtschaftsprojekte, die unsere Gemeinde in eine umfangreichere Indigoproduktion verwandelt haben. Dazu gehören Mitwirkende aus Schulgärten ebenso wie Kleinbauern*bäuerinnen. Heute nutzen mehrere Gärtner*innen und Landwirt*innen den Kompostschuppen als Kollektiv, indem sie ihre getrockneten Blätter sammeln, die Masse gemeinschaftlich wenden und den Sukumo am Ende der 100-Tage-Periode aufteilen. Wir arbeiten an der Entwicklung effizienter Pflanz- und Erntestrategien, um mehr Züchtende dazu zu inspirieren, Pflanzenmaterial zu diesem regional ausgerichteten Indigo-Projekt beizutragen.

Ich erzähle die Indigo-Geschichte als Beispiel für die Stärke eines Fibersheds, Gemeinschaften zusammenzubringen. Im Laufe der Jahre hatte ich das Privileg, Menschen aus allen Lebensbereichen und allen Aspekten der Textilherstellung zu treffen und mit ihnen zu arbeiten. Ich habe an Lernreisen in Südostasien, dem Mittleren Westen der USA, der Navajo Nation, Skandinavien, Süd- und Osteuropa und vielen anderen Orten teilgenommen, um zu erfahren, wie andere ortsbezogene Faser- und Färbegemeinschaften funktionieren. Ich hatte die Ehre, von verschiedenen Mentor*innen zu lernen. Im Gegenzug hatte ich auch die Möglichkeit, das Erlernte zu unterrichten und mit einem breiten Spektrum von Mitarbeiter*innen zu teilen. Ich habe das Wachstum eines internationalen Basisnetzwerks miterlebt, das die Diskussion darüber verändert, wie und wo wir unsere Kleidung produzieren, wer sie herstellt und unter welchen Bedingungen sie angefertigt wird. Meine Lernkurve war steil und ich bin unglaublich dankbar für die helfenden Hände, Köpfe und Herzen, die ich auf meinem Weg getroffen habe.

Eine der tiefgreifenden Lektionen, die ich gelernt habe, ist diese: Wenn wir unsere Gemeinschaften in die Lage versetzen, ihren Lebensunterhalt mit materiellen Kulturgütern zu bestreiten, die auf ihren regionalen Böden angebaut, verarbeitet und genutzt werden und die das bestehende kulturelle Erbe der Menschheit wertschätzen, werden die Strategien für die Entwicklung und Umsetzung von Lösungen für viele unserer dringlichsten globalen Herausforderungen – einschließlich Klimawandel und Wohlstandsgefälle – präziser und effektiver. Diese textilen Kulturen sind aufgrund ihres Designs langlebig und widerstandsfähig. Wir involvieren und lernen dabei kontinuierlich von regionalen indigenen Gemeinschaften, deren Verständnis der menschlichen Rolle im Ökosystem herausragend ist. Aus diesen regionalen Untersuchungen haben wir eine Reihe von Praktiken erlernt, die für den Wiederaufbau unserer Böden, zur Heilung unseres Klimas und zur Stärkung unserer lokalen Wirtschaften notwendig sind. Zu den Methoden, mit denen wir begonnen haben, weltweit wirkungsvolle ortsbezogene Lösungen zu finden, gehört die Entwicklung von standortspezifischen

Forschungseinrichtungen. Sie helfen uns, die Klimaauswirkungen von Soil-to-Skin (vom Boden auf die Haut)-Prozessen zu messen und entsprechend skalierte Open-Source-Technologien zu entwickeln.

Ich habe beobachtet, dass in jeder Textilgemeinde, die ich besucht habe, Mentoren*innen, bereitwillige Student*innen und Faser- und Farbstoffhersteller*innen am Werk sind. An Motivation zur Entwicklung ortsbezogener Textilsysteme scheint es bei den Menschen nicht zu mangeln. Was wir brauchen, um diese Basis-Textilsysteme zu verbessern, ist der Wille und der Mut, sie mit angemessenen Ressourcen auszustatten und finanziell zu unterstützen, damit sie funktionieren können, um neue Kleidung zu produzieren, zu verarbeiten, zu nähen, zu reparieren und schließlich zu kompostieren. Es ist längst überfällig, dass wir unsere kollektive Wertschätzung für saubere und gesunde Textilsysteme neu beleben. Wir müssen das angemessene Maß an Unterstützung bieten, um diese Arbeit dauerhaft zu festigen und zu fördern.

ÜBER DIESES BUCH

Auf den folgenden Seiten werde ich die Geschichte und die visuellen Eindrücke davon teilen, wie wir mit Pflanzen, Tieren und menschlichen Fähigkeiten meiner Heimatregion eine bioregionale Garderobe geschaffen haben. Es geht außerdem um die daraus entstandenen Bemühungen, Textiltraditionen wiederzubeleben und zu regenerieren aus Fasern, die seit über einem halben Jahrhundert nicht mehr zur Kleidungsherstellung angebaut wurden. Meine Hoffnung ist, dass die Geschichte über dieses eine Fibershed (und kurze Beispiele aus anderen), in der es um regionale Schönheit, technische Details und die Ehrfurcht vor der Erde geht, als Inspiration und Werkzeug dient für diejenigen, die ähnliche Bestrebungen in ihren eigenen Gemeinden umsetzen möchten.

Gleichzeitig ist diese Geschichte ein Aufruf zum Handeln. Wir haben die Verantwortung, neue Technologien, die entwickelt werden, um „Lösungen" für unsere aktuellen Textilsysteme anzubieten, zu evaluieren. Die Menschheit befindet sich an einem klaren Wendepunkt, an dem unsere Faser-, Farbstoff-, Nahrungs- und Energiesysteme – kurzum alle unsere Systeme – transformiert werden müssen, wenn sie uns in der Zukunft erhalten sollen. Ein kurzer Blick in die Textilgeschichte gibt uns eine gute Basis, um zu verstehen, warum ohne Vorsicht eingesetzte technologische Fortschritte die potenziellen Risiken nicht wert sind. Perfluorierte Tenside zum Beispiel wurden von der Industrie wegen ihrer Fleckenbeständigkeit und Wasserabweisung gelobt. Gleichzeitig haben sie sich jedoch weltweit in Wildtieren und menschlichen Körpern bioakkumuliert und sind dafür bekannt, giftige Wirkungen auf die Funktionen des Immunsystems, der Leber und des endokrinen Systems zu haben. DDT (Dichlordiphenyltrichlorethan) wurde weit verbreitet bei Baumwolle verwendet, bis es 1972 von der US-Regierung verboten wurde. Die Verbindung, die entwickelt wurde, um Insekten zu töten, hatte eine Vielzahl unbeabsichtigter Folgen, einschließlich, aber nicht begrenzt auf menschliche Autoimmunkrankheiten. Zum Beispiel haben Mädchen, die vor der Pubertät DDT ausgesetzt waren, ein fünfmal höheres Risiko, mittleren Alters an Brustkrebs zu erkranken.[1] DDT ist immer noch in unseren Seen, Bächen und Flüssen zu finden und wird bis zu fünf Jahrhunderte bestehen bleiben.

Dieses Buch soll die kritischen Denk- und Bewertungsprozesse der Leser*innen unterstützen. Gemeinsam müssen wir sicherstellen, dass die von uns vorgenommenen Transformationen des Textilsystems unser Leben, die Gesundheit kommender Generationen sowie die der übrigen Spezies auf diesem Planeten weder verkürzen noch schwächen. Während sich die Geschichte auf Faser- und natürliche Färbesysteme konzentriert, greift dieses Buch auch den breiteren kulturellen Wandel auf, die Veränderungen, die auf der ganzen Welt stattfinden und durch die Menschen und Gemeinschaften sich wieder auf bedeutungsvolle Weise mit dem Land verbunden fühlen. Mit jedem vergehenden Tag sehen, hören und spüren wir zunehmend die zerstörerischen Auswirkungen unserer Komplizenschaft in der Aufrechterhaltung von Systemen, die uns zu primären Empfänger*innen der endlichen Ressourcen des Planeten machen. *Fibershed* fragt: Wie können wir zusammenarbeiten, um zeitgenössische Kultur- und Wirtschaftssysteme so zu verändern, dass sie allen Lebewesen zugutekommen und Regeneration fördern? Und wie können wir dies tun, ohne Folgewirkungen aufrechtzuerhalten, die uns zwingen, weitere technologische Lösungen zu finden? Wenn wir die Grundlagen der Kohlenstoff-, Wasser- und Nährstoffkreisläufe erlernen, verstehen wir, dass die wahre ökologische Kapazität der Erde in direkter Verbindung steht zur Regenerationsfähigkeit natürlicher Ressourcen wie der des Bodens und der darin angebauten Fasern. Dieses Wissen wirft eine tiefgründige Frage auf: Wie können wir das, was die Erde uns schenkt, pflegen, schützen und so nutzen, dass Land und Wasser gesünder und produktiver hinterlassen werden, als wir sie vorgefunden haben?

Dieses Buch soll euch dabei unterstützen, euch eurer eigenen regionalen Landbasis zu nähern und ein Engagement für die Arbeit innerhalb ihrer Geographie zu entwickeln. Es ist eine Einladung, sich mit allen Teilen des Anbaus, Kreierens sowie Tragens und Pflegens zu beschäftigen. Das kann das Wiederaufleben historischer Textilrezepturen mit längst vergessenen Fasern und Farbstoffen beinhalten und die Kreation neuer, noch nie da gewesener Rezepturen bedeuten. Es geht darum, wunderschöne Textilien zu machen, aus Rohstoffen, die uns auf den ersten Blick beschränkt erscheinen mögen. Hoffentlich wird das Buch neue Landwirtschafts- und Viehzuchtprojekte inspirieren, die wiederum zu umfangreichen und vielfältigen neuen natürlichen Farbstoffen und Fasern und neuen Einkommensquellen führen. Wenn ihr Textilunternehmer*innen seid und eure eigene Marke entwickelt oder jahrelang auf Unternehmensebene einer großen Marke gearbeitet habt, könnt ihr die neuesten Erkenntnisse über biogeochemische Prozesse und den Kohlenstoffkreislauf nutzen, die auf diesen Seiten beschrieben werden, um eure Faser-, Farbstoff- und Lieferkettenentscheidungen zu treffen. Ein besseres Verständnis biochemischer und physikalischer Prozesse sowie der Kreisläufe der Erde ist ein entscheidender Faktor bei der Gründung neuer Unternehmen. Dieser Schritt wird uns helfen, die Altlast des Kohlenstoffs aus unserer Atmosphäre zu entfernen (ja, Kleidung kann uns dabei helfen!). Die von der Industrie generierten, etablierten Nachhaltigkeitskonzepte, die Marken seit Jahren in ihren Beschaffungsentscheidungen leiten, sind nicht überarbeitet worden. Sie entsprechen nicht neuen wissenschaftlichen Erkenntnissen, die unser kollektives Wissen über den Kohlenstoffkreislauf und die Rolle der Kohlenstoffbindung im Boden vertieft haben. Allein aus diesem simplen Grund besteht für Unternehmen die dringende Notwendigkeit, ihre Beschaffungsentscheidungen mit neuen Augen zu evaluieren. Letztlich soll dieses Buch dazu beitragen, uns zur Arbeit an einer regenerativen Zukunft anzuregen.

Dieses Buch ist eine Einladung, sich mit allen Teilen des Anbaus, Kreierens sowie Tragens und Pflegens von Kleidung zu beschäftigen.

Das Studio von
Geana Sieburger,
GDS Cloth Goods.

Woll-Waden-
strümpfe aus der
150-Meilen-Garde-
robe, gestrickt von
Allison Reilly mit
dem Twirl-Garn von
Mary Pettis Sarley.

1. Der Preis unserer Kleidung

Warum ziehen wir das an, was wir anziehen? Häufig wählen wir unsere Kleidung wegen ihrer Bequemlichkeit, aufgrund dessen, wie sie an unseren Körpern aussieht, wegen ihrer angenehmen Farben oder als Schutz vor Witterungseinflüssen oder Gefahren. Je nachdem, ob wir uns körperlich anstrengen, altehrwürdigen Bräuchen nachgehen, ob wir uns kulturell ausdrücken oder uns als Teil einer Gruppenidentität ausweisen wollen. Manchmal tragen wir sie auch für die Botschaften, die sie an unsere Freund*innen, Kolleg*innen und Mitarbeiter*innen sendet. Kleidung ist so viel mehr als nur „Mode" – sie sendet wichtige Signale über unsere tatsächliche und wahrgenommene Stellung in der Gesellschaft und ist ein entscheidendes Element unserer persönlichen Lebenserzählung – der täglichen, sogar stündlichen Entscheidungen, die wir treffen, mit denen wir unsere Geschichte, unsere Wünsche, unsere Zugehörigkeit und unser Selbstbild vermitteln. Aber wenn wir darüber nachdenken, was wir anziehen sollen, denken wir in der Regel nicht an die Folgen der Herstellung und Entsorgung unserer Kleidung. Wir übersehen auch oft die Inhaltsstoffe, einschließlich der Art der Fasern, aus denen ein Kleidungsstück hergestellt wird. Die meisten von uns wissen nicht einmal, woraus unsere Kleidung besteht, obwohl die vielen giftigen Inhaltsstoffe unser Wohlbefinden erheblich beeinflussen. Diese Inhaltsstoffe (wie Azofarbstoffe und wasserabweisende Chemikalien) haben auch große Auswirkungen auf den ökologischen Zustand der natürlichen Systeme der Erde, deren Teil wir sind. Und aufgrund der schieren Anzahl von Menschen, die Kleidungsstücke zu den aktuellen Verbrauchsmengen kaufen, summieren sich die Auswirkungen, die die Inhaltsstoffe unserer Kleidung haben, schnell. Über 80 Milliarden einzelne Kleidungsstücke wurden im vergangenen Jahr weltweit verkauft, was einer

Verdoppelung in nur 15 Jahren entspricht und eine 1,3 Billionen US-Dollar teure Textilindustrie unterstützt, in der 300 Millionen Menschen in fast allen Ländern der Welt beschäftigt sind.[2]

Was wir tragen, ist wichtig, aber bis vor kurzem wurde in der Öffentlichkeit kaum über die erheblichen ökologischen, sozialen und gesundheitlichen Kosten gesprochen, die mit der Herstellung, dem Tragen und der Entsorgung unserer Kleidung verbunden sind. Die Herstellung von Textilien, einschließlich des Baumwollanbaus, verbraucht jährlich fast 95 Billionen Liter Wasser. 20 Prozent der Süßwasserverschmutzung auf der ganzen Welt sind zurückzuführen auf das Färben und die Verarbeitung von Kleidungsstücken.[3] Die Industrie verwendet Tausende von synthetischen Verbindungen, oft in verschiedenen Kombinationen, um unsere Kleidung weich zu machen, zu verarbeiten und zu färben. Viele dieser Stoffe werden mit einer Reihe von menschlichen Erkrankungen, darunter chronische Krankheiten und Krebs, in Verbindung gebracht.[4]

Die Arbeitsbedingungen in ausbeuterischen Textilfabriken bieten in den meisten Fällen ein Einkommen, das kaum Möglichkeiten für soziale Mobilität bietet, wie sie viele Menschen in den westlichen Industrienationen mittlerweile gewöhnt sind.[5] Im Jahr 2015 protestierten in Kambodscha 6.000 Textilarbeiter*innen für faire Löhne und verbesserte Arbeitsbedingungen. Dazu gesellten sich Arbeiter*innen in Indien und anderen Ländern – alle Teil der Lieferkette, die Kleidung für H&M produzierte, eines der größten Bekleidungsunternehmen der Welt.[6] Laut einem Bericht der Internationalen Arbeitsorganisation aus dem Jahr 2013 gelten weltweit 168 Millionen Kinder als Kinderarbeiter*innen, fast 11 Prozent der Gesamtbevölkerung. Obwohl die meisten in der Landwirtschaft tätig waren, arbeiteten auch viele in der Textilindustrie.[7] In Indien arbeiteten laut dem Bericht fast eine halbe Million Kinder auf den weitläufigen Baumwollfeldern des Landes.[8]

Diese schlechten Arbeitsbedingungen werden durch unseren Kleidungskonsum noch verschärft.

Diese schlechten Arbeitsbedingungen werden durch unseren Kleidungskonsum noch verschärft. Laut Elizabeth Cline, Autorin von *Overdressed: The Shockingly High Cost of Cheap Fashion*, wurde 1990 die Hälfte aller von US-Amerikaner*innen getragenen Kleidungsstücke in den Vereinigten Staaten hergestellt. Heute sind es nur noch 2 Prozent.[9] Einer 2015 veröffentlichten Greenpeace-Analyse zufolge kauft der Durchschnittsmensch heute 60 Prozent mehr Kleidungsstücke als noch im Jahr 2000 und behält sie nur noch halb so lange. Die weltweite Nachfrage nach Bekleidung, insbesondere in Asien und Afrika, wird sich bis 2050 voraussichtlich verdoppeln. Die

Durchlaufzeit für Modetrends – die Geschwindigkeit, mit der wir Kleidung verwenden und wegwerfen – ist zwischen 1992 und 2002 um 50 Prozent gesunken. Teilweise beträgt sie nur zwei Wochen, ein Trend, der Fast Fashion genannt wird. „Wir kaufen mehr Kleidung als je zuvor und wir tragen sie seltener", schrieben die Greenpeace-Autor*innen. „Durch die Behandlung von Kleidung als Wegwerfartikel ist Mode zu einer Neuheit geworden. Die Kommerzialisierung und Vermarktung von Mode führt zu Überkonsum und Materialismus – unsere Kleidung zu behalten und sie zu schätzen ist nicht mehr in Mode."[10]

Zwei Marken, die eng mit Fast Fashion verbunden sind, Zara und H&M, produzieren zusammen eine Milliarde Artikel pro Jahr, von denen ein großer Teil nach nur ein paar Mal Tragen weggeworfen wird. Nur 15 Prozent der gebrauchten Kleidung in den USA werden recycelt; der Rest landet auf Deponien, das sind mehr als 5 Prozent der jährlich anfallenden kommunalen Abfälle.[11] Bis 2019 wird die Gesamtmenge der gekauften Textilien voraussichtlich 16 Millionen Tonnen übersteigen. Eine andere Studie beziffert den Wert des weggeworfenen Materials auf 460 Milliarden US-Dollar pro Jahr.[12] Die Autor*innen des Greenpeace-Berichts schätzen, dass bis zu 95 Prozent aller weggeworfenen Kleidungsstücke wieder getragen, wiederverwendet oder recycelt werden könnten.[13]

Auch die Fasern in unserer Kleidung haben besorgniserregende Geschichten. Polyester, eine ölbasierte, synthetische Faser, wird heute in 60 Prozent unserer Kleidungsstücke verwendet, mehr als doppelt so viel wie noch im Jahr 2000. Es verbraucht jedes Jahr fast 350 Millionen Barrel Öl und verursacht 282 Milliarden Kilogramm CO_2-Emissionen, dreimal so viel wie Baumwolle, was es für die Welt immer schwieriger machen wird, die im Pariser Abkommen festgelegten Klimaziele von zwei Grad Celsius zu erreichen. Nicht-ölbasierte Fasern sind ebenfalls mit Kosten verbunden. Rayon, dessen Gebrauch sich zwischen 2005 und 2015 verdoppelt hat, ist eine Zellulosefaser, für die Bäume und Bambus geerntet und verarbeitet werden müssen. Canopy, eine kanadische Non-Profit-Organisation, setzt sich dafür ein, dass bedrohte Wälder nicht Teil der globalen Rayon-Lieferketten sind, und konnte bereits erhebliche Fortschritte beim Schutz gefährdeter Wälder verbuchen. Das Hauptproblem bleibt jedoch – die Verwendung von Baumzellstoff für Kleidung ist ein land- und brennstoffintensiver Prozess, der unsere wertvollen Wälder weltweit gefährdet. Dann gibt es noch die konventionelle Verarbeitungsmethode, bei der Baum- und Bambuszellulose in Schwefelkohlenstoff gelöst wird. Dabei werden die Arbeiter*innen giftigen Dämpfen ausgesetzt, die schwere neurologische Schäden verursachen können. Der Herstellungsprozess von Rayon ist so giftig, dass es in den Vereinigten Staaten 2013 von der US-Umweltschutzbehörde verboten wurde. In einem Bericht der Gemeinsamen Forschungsstelle der Europäischen Kommission aus dem Jahr 2006 wurde Acryl, eine Kunstfaser, als einer der giftigsten Stoffe der Welt bezeichnet.[14]

Darüber hinaus gelangen Mikrofasern aus unserer synthetischen Kleidung seit Jahrzehnten in unsere Wasserwege, in unsere Ozeane und auf unsere Böden. In einem vom Bekleidungs- und Ausrüstungsunternehmen Patagonia geförderten Forschungsprojekt untersuchte ein Team von Doktorand*innen der Bren School of Environmental Science and Management der University of California-Santa Barbara den Umfang und die Auswirkungen dieses Problems. „Unsere Untersuchungen ergaben, dass Mikrofasern sowohl in aquatischen als auch in terrestrischen Lebensräumen verbreitet sind. Vom Grund des Indischen Ozeans bis hin zum Ackerland in den Vereinigten Staaten", schreibt das Team auf der Website. Ihre Experimente ergaben, dass beim Waschen von synthetischen Jacken in der Maschine etwa 1,7 Gramm Mikrofasern freigesetzt werden und in die örtliche Kläranlage gelangen. Von dort aus gelangen bis zu 40 Prozent in Flüsse, Seen und Ozeane.[15]

Eine weitere Studie unter der Leitung von Forscher*innen der University of California-Davis untersuchte die Verschmutzung von Meeresfischen durch Mikrofasern. Sie stellte fest, dass jedes dritte Schalentier, einer von vier Flossenfischen und 67 Prozent aller auf Fischmärkten in Kalifornien getesteten Arten Mikrofasern enthalten.[16] Es wird außerdem geschätzt, dass Menschen in Europa durch den Verzehr von Schalentieren bis zu 11.000 Mikrofaserstücke pro Jahr zu sich nehmen.[17] Das Forschungsteam der Bren School kam zu dem Schluss, dass die Nachrüstung von Kläranlagen zum Auffangen von Mikrofasern zu teuer wäre und als Strategie zur Minderung der Verschmutzung nicht als Option angesehen werden sollte. Das Team stellte auch fest, dass Meeresorganismen, sobald sie die Mikrofasern aufnehmen, oftmals verhungern und ihre Fortpflanzung beeinträchtigt wird, teilweise weil diese Fasern andere Giftstoffe wie DDT und PCB anziehen.

EINE KURZE GESCHICHTE DER KLEIDUNG

Es ist wichtig anzumerken, dass dies für den größten Teil der Menschheitsgeschichte nicht so war. Früher waren alle unsere Kleider „bio". Als unsere vom Affen abstammenden Vorfahren vor einer Million Jahren ihre Körperbehaarung verloren, bestritten sie ihren Alltag offenbar nackt, bis *Homo sapiens* vor etwa 200.000 Jahren auftauchte. Im Jahr 2011 wurde in einer genetischen Studie über die Evolution der menschlichen Körperlaus die erste Verwendung von Kleidung auf vor 170.000 Jahren datiert.[18] Die Laus benötigt Kleidung zum Überleben als Unterschlupf. Diese erste Kleidung bestand wahrscheinlich aus Tierfellen und Leder, die um verschiedene Körperteile drapiert oder gebunden wurden. Bald begannen die Menschen – ebenso wie ihre Neandertaler-Verwandten – mit scharfen Knochen, sogenannten *Ahlen*, Löcher in ihre Kleidung zu bohren. Diese ermöglichten es ihnen, Kleidungsstücke mit Lederschnüren fest zusammenzubinden, um sie warm zu halten und langlebigere Kleidung zu schaffen. Das war praktisch für die menschlichen Populationen, die sich vor 60.000 Jahren von Afrika ausgehend ausbreiteten, denn so konnten sie viel kältere Gebiete besiedeln. Da der *Homo sapiens* schlanker war als die stämmigen Neandertaler und daher während der Eiszeit mehr Schutz benötigte, könnte der kreative Einsatz von Werkzeugen zur Herstellung von Kleidung einen Wettbewerbsvorteil gebracht haben.

Vor ungefähr 45.000 Jahren hatte ein geschäftstüchtiges Individuum oder eine Gruppe, wahrscheinlich in Zentralasien, die zündende Idee, ein kleines Loch in das Ende einer Knochenahle zu bohren, und erfand damit die *Nadel*, eine der am meisten unterschätzten technologischen Entwicklungen in der Menschheitsgeschichte. Die ersten Nadeln vernähten einen dünnen Faden aus Tiersehnen oder Pflanzenfasern, der es ermöglichte, Kleidungsstücke zu schaffen, zu reparieren oder auf neue Weise zu verwenden. Im prähistorischen Frankreich gibt es Beweise dafür, dass die künstlerischen Cro-Magnon-Menschen eng anliegende Kapuzen, Tücher, Hosen und Hemden aus verschiedenen zusammengenähten Tierhäuten anfertigten. Dass diese Kleidung etwa 40.000 Jahre lang beinah unverändert fortbestand, wurde im Jahr 1991 in den österreichischen Alpen durch die Entdeckung des Ötzi, des 5.000-jährigen mumifizierten Mannes aus dem Eis, bestätigt. Seine gut erhaltene Kleidung, darunter fein genähte Leggings, raffinierte Schuhe (mit Lederschnürsenkeln), ein langer Mantel und ein weicher Lendenschurz, wurde aus vielen verschiedenen Tierhäuten und Fellen hergestellt. Er trug auch einen Lederbeutel an einem Gürtel, in dem sich neben anderen nützlichen Gegenständen eine Knochenahle befand, möglicherweise um sein Outfit auf Reisen zu reparieren.

Die Agrarrevolution, die vor etwa 10.000 Jahren begann (und die anschließende Domestizierung der faserproduzierenden Nutztiere), veränderte unsere Kleidung dramatisch. Gesponnene Fäden aus Schafwolle und Leinen wurden verfügbar, und indem sie immer weiterentwickelt wurden, ermöglichten sie die Herstellung von Stoffen. Die Einführung von Bronzenadeln vor etwa 5.000 Jahren führte dazu, dass genähte Kleidung viel ausgefeilter und weiter verbreitet wurde. Für feine Näharbeiten war die Nadeltechnologie jedoch nicht ausgereift genug. Der Zeit- und Arbeitsaufwand, der erforderlich war, um ein einziges Stück Stoff zum Bedecken eines menschlichen Körpers herzustellen, war so groß, dass die frühen Zivilisationen in Indien, Griechenland und Ägypten einteilige Kleidungsstücke wie Togen, Saris und Tuniken bevorzugten. Stoffhosen wurden offenbar von Reitkulturen in Zentralasien erfunden, die auch Steppjacken herstellten. Selbst die Erfindung der eisernen Nähnadel und neuer Spinntechnologien während der Blütezeit des Römischen Reiches tat dem Wunsch nach einteiliger Kleidung keinen Abbruch. Farbstoffe zu dieser Zeit, darunter der berühmte Königspurpur, wurden aus Pflanzen und Insekten gewonnen, von denen einige exotisch waren, und ihr Erwerb förderte sowohl kommerzielle Handelsunternehmen als auch imperiale Ambitionen.

Die Agrarrevolution, die vor etwa 10.000 Jahren begann, veränderte unsere Kleidung dramatisch.

Die Kleidung veränderte sich im Laufe der folgenden Jahrhunderte erheblich, da unterschiedliche Kulturen ihre eigenen Stile, Stoffe und Farben entwickelten. Zwar hatte die prähistorische Landwirtschaft in vielen Teilen der Welt eine Reihe schädlicher Auswirkungen auf die Umwelt, und Großgrundbesitzer und andere Eliten versklavten häufig Menschen zur Herstellung von Kleidung, doch die Rohstoffe selbst blieben organisch (im modernen „nicht-synthetischen" Sinne).

Die industrielle Revolution änderte alles. Die Textilherstellung war einer der allerersten Industriezweige, der mechanisiert wurde. Die sozialen, wirtschaftlichen sowie die Arbeitsbedingungen der Kleidungsherstellung erfuhren tiefgreifende und oft beunruhigende Veränderungen. Der Weg zu einer modernen Textilproduktion war geebnet. Mit der Entdeckung des Erdöls und den Fortschritten in der synthetischen Chemie in der zweiten Hälfte des 19. Jahrhunderts wurde der Grundstein für die negativen

Auswirkungen gelegt, die unsere Textilproduktionssysteme immer noch auf unsere persönliche und die Gesundheit des Planeten haben. Das ist ein Preis, den wir bis heute zahlen.

DIE GEFAHREN DER SYNTHETISCHEN CHEMIE

Fast die gesamte Zeit, in der *H. sapiens* auf der Erde existiert hat, haben sich die chemische Zusammensetzung und die Konzentrationen organischer Verbindungen in unserer Biosphäre aus einer komplexen Reihe von Variablen entwickelt. Man* könnte es als ein mehrere Milliarden Jahre andauerndes Gespräch zwischen den Naturkräften des Planeten betrachten, das zu unserer komplexen und vielfältigen Erde führte. Auch heute noch nimmt der Mensch seine materielle Umgebung auf, atmet sie ein und interagiert mit ihr, aber die chemische Zusammensetzung und Konzentration der Verbindungen, die von unserem Körper aufgenommen werden, haben sich stark verändert. Wir leben jetzt mit einer Vielzahl neuer synthetischer Chemikalien, mit denen wir uns nicht mitentwickelt haben, und sind unnatürlich hohen Konzentrationen toxischer Verbindungen ausgesetzt. Aber die Entwickler*innen und Hersteller*innen dieser Verbindungen haben ihre weitverbreitete Verwendung konzipiert, vermarktet und gefördert, ohne vorsorgliche Tests von Drittanbieter*innen durchführen zu lassen und die potenziellen Auswirkungen auf die menschliche Gesundheit und die Umwelt bestimmen zu lassen. Tatsächlich wurden von den fast 70.000 synthetischen Verbindungen, die heute verwendet werden, weniger als 2 Prozent auf ihre Auswirkungen auf die menschliche Gesundheit getestet.[19]

Es gibt kein Bundesgesetz, das Sicherheitstests durch Dritte für die Zulassung von Chemikalien vorschreibt, die in unseren Textilien, Kosmetika, Spielzeug, Kunstbedarf, Teppichen oder Baumaterialien verwendet werden. Der Toxic Substances Control Act (dt. Gefahrstoff-Überwachungsgesetz), der 1976 in den USA verabschiedet und 2016 aktualisiert wurde, verlangt nun, dass die Industrie der Umweltschutzbehörde Sicherheitsdaten zur Verfügung stellt. Die Daten sollen verwendet werden, um zu bestimmen, ob eine Chemikalie eine hohe oder niedrige Priorität hat. Chemikalien mit hoher Priorität werden einer Risikobewertung unterzogen, die von der Industrie

Diverse Industrien, Färbereien eingeschlossen, befinden sich flussaufwärts von diesem Ort am Tullahan-Fluss auf den Philippinen. *Foto © Gigie Cruz-Sy/ Greenpeace*

bezahlt und überwacht wird, es sei denn, die EPA (die Environmental Protection Agency, Umweltschutzbehörde) wird ausdrücklich zur Beteiligung an der Forschung aufgefordert.[20]

Diese Verbindungen konnten in der Vergangenheit so mühelos in unsere Wirtschaft und damit in unser Leben gelangen, dass es nicht verwunderlich ist, dass die überwiegende Mehrheit von uns diese Verbindungen heute in unseren Körpern trägt. In unserem Blut, Urin, Fettgewebe, Fruchtwasser, unseren Knochen, dem Sperma und der Muttermilch. Aufgrund der Art und Weise, wie unsere Gesetze entwickelt werden, hatte unsere Gesellschaft erst im Nachhinein die notwendigen Mittel, Verbindungen zu identifizieren und zu entfernen, die der lebenden Welt ernsthaften Schaden zufügen. Die Autorin und Biologin Sandra Steingraber diskutierte 2013 in einem Interview mit Bill Moyers über ihr Konzept der „toxischen Übergriffigkeit". „Wir atmen bei jedem Atemzug einen halben Liter Luft ein", sagte Steingraber, und bei diesen Inhalationen „nehmen wir Chemikalien ohne unsere Zustimmung ein."[21]

Es geht um mehr als nur um die Luft, die wir atmen. Unsere Haut, das größte durchlässige Organ des menschlichen Körpers, nimmt ihre materielle Umgebung auf und gibt Giftstoffe direkt an unseren Blutkreislauf weiter.

Aber es braucht gewaltige rechtliche Schritte und oft Jahrzehnte, um der toxischen Übergriffigkeit auch nur *einer einzigen* chemischen Verbindung nachzugehen. Selbst wenn dann mehrere Studien bewiesen haben, dass eine chemische Verbindung unsere Ökologie kostspielig belastet, müssen wir Anwält*innen und Wissenschaftler*innen konsultieren. Nur wenn alle Facetten zusammenkommen, haben wir *manchmal* die Möglichkeit zu sagen: „Gott sei Dank haben wir in unseren Nachbarschaften und auf unseren Höfen auf DDT verzichtet" oder „Gut, dass wir aus unserem Treibstoff und unserer Farbe Blei entfernt haben" oder „Was haben wir uns nur dabei gedacht, als wir davon ausgingen, Zigarettenrauchen sei gut für unsere Gesundheit?" Es ist sehr wahrscheinlich, dass wir uns bald fragen werden: „Warum haben wir Kleidung aus konventioneller Landwirtschaft oder aus fossilen Brennstoffen getragen?" Und „Wie konnten wir jemals ohne eine Liste der Inhaltsstoffe auf unserer Kleidung auskommen?" Wir haben blindlings Karzinogene, Neurotoxine und endokrine Disruptoren (hormonaktive Substanzen; Stoffe mit schädlichen Wirkungen) die am größten Organ unseres Körpers getragen – *wie verrückt ist das?*

Die Zukunft stürmt auf uns zu, aber es bleibt noch Zeit, um Transparenz über unsere Kleidung zu schaffen und zur Verbreitung von Wissen und Informationen beizutragen. Und während Transparenz und öffentliche Aufklärung wirksame Instrumente für den kulturellen Wandel sind, ist es auch wichtig, die Wirksamkeit eines rechtlichen Rahmens in Frage zu stellen, der es erlaubt, so viel Schaden im Voraus anzurichten, und die Beweislast einer Kombination aus chronisch Kranken, Sterbenden und einer Gemeinschaft altruistischer Expert*innen überlässt, die bereit sind, für sehr wenig Lohn zu arbeiten, um rechtliche und wissenschaftliche Schlachten zu schlagen. Warum lassen wir als Kultur- und Wirtschaftssystem diese giftige Übergriffigkeit überhaupt zu? Dies ist eine grundlegende gesellschaftliche Frage.

Viele Ärzt*innen, Forscher*innen und Wissenschaftler*innen sind der Meinung, dass die Allgemeinheit rechtlich vor dem chemischen Übergriff geschützt werden muss, der weiterhin ohne unsere Zustimmung stattfindet. Als Gesellschaft wäre es nicht schwierig, gefährliche synthetische Verbindungen zu identifizieren und ihre Herstellung, Verwendung und Freisetzung zu unterbinden. Ein solcher Wandel könnte zügig und in weniger als einer Generation erfolgen. Beispielsweise durch die Entwicklung von Gesetzen, die eine vorsorgliche Analyse der Gesundheitsauswirkungen durch Dritte für alle neuen chemischen Verbindungen, die auf den Markt kommen, erfordern. Oder durch eine vollständige Offenlegung aller Auswirkungen bestehender und bleibender synthetischer chemischer Verbindungen, die wahrscheinlich durch Überreste der materiellen Kultur (Unterkünfte, langlebige Güter, Kleidung) in unserer Umwelt verbleiben werden. Das von Sandra Steingraber formulierte übergeordnete Ziel besteht darin, eine Wirtschaft zu entwickeln, die nicht mehr von diesen Stoffen abhängig ist, was es uns ermöglichen würde, uns gemeinsam auf profitable und ökologisch vorteilhafte Alternativen zu konzentrieren. In der Zwischenzeit werden wir weiterhin in einer Welt leben, in der fast ein Viertel aller Todesfälle weltweit direkt durch das Leben und Arbeiten in giftigen und verschmutzten Umgebungen verursacht wird. In einer Umgebung, in der mehr als ein Viertel der Todesfälle von Kindern unter fünf Jahren Umweltbedingungen zugeschrieben werden.[22]

In den letzten zehn Jahren haben Forscher*innen eine deutliche Verschiebung von infektiösen, parasitären und ernährungsbedingten Krankheiten hin zu *nicht übertragbaren*, also nicht ansteckenden Krankheiten beobachtet. Diese Verschiebung ist in nicht-industrialisierten Ländern am deutlichsten, wo übertragbare Krankheiten historisch eine häufige Todesursache waren. Nicht übertragbare Krankheiten, wie sie beispielsweise durch Umwelttoxizität entstehen, wurden inzwischen als „eine der größten Herausforderungen für eine nachhaltige Entwicklung im 21. Jahrhundert"[23] identifiziert. Die Weltgesundheitsorganisation stellt in ihrem Bericht *Preventing Disease Through Healthy Environments* fest: „Die wirksamsten und nachhaltigsten Maßnahmen zur Bekämpfung der umweltbedingten Krankheitsursachen müssen ganzheitlich konzipiert und umgesetzt werden."[24] Im Bericht wird der Wert der Schaffung einer gesunden Umwelt hervorgehoben und darauf hingewiesen, dass diese Bemühungen im 21. Jahrhundert zu einem Hauptfokus der Krankheitsprävention werden sollten. Der Schutz der Umwelt ist ein Mittel zum Schutz der menschlichen Gesundheit.

Um die umweltbedingten Ursachen chronischer Erkrankungen anzugehen, müssen die Maßnahmen sektorübergreifend (Energie, Industrie/Fertigung, Wasser und Abwasser, Landwirtschaft, Wohnen, Verkehr) koordiniert werden. Gemeinsam in einer koordinierten Gesundheits-, Umwelt- und Entwicklungspolitik zu handeln, kann das menschliche Wohlbefinden und die Lebensqualität durch vielfältige soziale und wirtschaftliche Vorteile stärken. Durch eine Neuausrichtung des Gesundheitssektors können wirksame Präventionsstrategien erarbeitet werden. Dies ist ein zielführender Weg, um die Umweltursachen von Krankheiten und Verletzungen anzugehen und das Krankheitsausmaß weltweit zu verringern, das bereits epidemische

Notizen einer Textildesignerin

Von Georgene Shelton, Textildesignerin und Supply-Chain-Beraterin, die mit Fibershed zusammenarbeitet

Im Zuge meiner Arbeit im Textildruck kam ich mit vielen unfertigen Textilien in Kontakt, als ich für Probedrucke zuständig war. Dabei entwickelte ich einen rätselhaften Ausschlag, der an meinen Handgelenken, Händen und Knöcheln begann und mich einige Jahre begleitete. Dermatolog*innen in den Vereinigten Staaten konnten nicht herausfinden, was es war, und nannten es weiterhin Kontaktdermatitis. Letztlich ging ich zu einem Dermatologen in Neu-Delhi, der es als „Lichen planus" diagnostizierte. Er gab mir einige seiner handgemachten Kräuterpillen und empfahl mir, meine Arbeitgeber*innen zu bitten, mich freizustellen, damit ich mich entspannen konnte. So konnte ich mir ein paar Wochenenden Zeit nehmen, um außerhalb von Neu-Delhi zu reisen. Ich ging nach Jaipur, Jodhpur und Udaipur und konnte die Weberei, Färberei und den Druck auf einer viel einfacheren, lokalen Ebene sehen, als ich es normalerweise zu sehen bekam.

Bei der Viskoseherstellung war ich auch einer beträchtlichen Menge an bei der Textilproduktion freigesetzten Gasen einer bestimmten Chemikalie ausgesetzt. Ich begann mich zu fragen, wie viel davon ich ausgesetzt war, denn ich stand knietief in dem Zeug. Meine Reise in Indien war beruflich und nicht touristisch, das spiegelte das Hotel, die Fabrik und die Straße dazwischen wider. Ich war in Gegenden, die Touristen nie sehen, wo die Bäche grün werden vom Industrieabfluss und sich haarige Schweine mit Ringelschwänzen auf müllübersäten, leerstehenden Grundstücken tummeln, umringt von rostigen Stacheldrahtzäunen, in denen sich graue Fusseln aus Textilabfall verfangen haben. Die meiste Zeit fuhr ich in Autorikschas, kleinen schwarz-gelben Taxis für zwei oder drei Personen, die auf Motorräder montiert sind. Im Verkehr in dem dichten Abgasnebel stecken zu bleiben, war unerträglich. Wenn man* dann noch die Abgase aus den Schornsteinen einer Stadt voller Textilfabriken hinzunimmt, ist es ein Wunder, dass ich oder irgendjemand von uns überlebt hat. Wir sind immer noch hier, aber nicht ohne gesundheitliche Abstriche.

Ausmaße angenommen hat. Die Krebsrate bei Kindern stieg zwischen 1973 und 1991 um 10 Prozent; die Hodenkrebsrate hat sich in den letzten 20 Jahren verdoppelt; die Wahrscheinlichkeit, dass eine Frau in ihrem Leben an Brustkrebs erkrankt, stieg von einer von 20 im Jahr 1960 auf eine von acht im Jahr 1999.[25] Die Textilindustrie ist auf dem Weg von der Farm bis zur Haut auf eine Vielzahl von Substanzen angewiesen, von denen heute bekannt ist, dass sie Fortpflanzungsstörungen, Krebs, Unfruchtbarkeit, DNA-Schäden, Verhaltensprobleme und endokrine Störungen verursachen, um nur einige der wichtigsten Probleme zu nennen (weitere Informationen findet ihr in Anhang A, Seite 293).

Die Mehrheit der US-Amerikaner*innen äußert bei dem Gedanken, gesundheitsschädlichen Chemikalien ausgesetzt zu sein, Bedenken. In einer Umfrage, die die Meinung der Wähler*innen zum Gesetz zur Kontrolle von giftigen Substanzen erheben sollte, gaben 87 Prozent der Befragten an, dass sie besorgt seien, dass Chemikalien ohne ordnungsgemäße Tests auf den Markt gekommen seien. 66 Prozent äußerten sich *sehr besorgt*.[26] „Wirklich überraschend ist, dass Wähler*innen fast aller demografischen Gruppen – Demokrat*innen, Republikaner*innen und Unabhängige – sagten, dass sie die Vorschriften für Chemikalien nicht streng genug finden", sagt die Meinungsforscherin Celinda Lake. Mit dieser parteiübergreifenden Unterstützung ist der politische Weg zum Schutz unserer Umwelt und unserer Gesundheit (was schlussendlich ein und dasselbe ist) überzeugend genug, damit längst überfällige Forschungs- und Sicherheitsprüfungen durch Dritte eingeführt werden.

Es ist wichtig, noch einmal zu erwähnen, dass wir nur 2 *Prozent* der amerikanischen Kleidung innerhalb unserer eigenen politischen Grenzen produzieren. Obwohl wir viele der schädlichsten Verbindungen aus der Produktion in unserem Land und in unseren Heimatgemeinden verboten haben, importieren wir weiterhin die Rückstände giftiger Verbindungen, die in globalen Textilherstellungsprozessen verwendet werden, direkt in unsere Schränke und kurz darauf in unsere Haut und Lungen. Unser Konsum dieser giftigen Waren schädigt die Gesundheit von Textilproduzent*innen weltweit und gefährdet unnötig viele Menschenleben. Wir müssen uns also fragen: Wenn wir selbst nicht in Faser- und Farbstoffverarbeitungsbetrieben arbeiten wollen, in denen wir zu stark chemischen Verbindungen ausgesetzt wären, die zu vorzeitigem Tod, schweren Krankheiten und DNA-Schäden führen, die sich noch auf die Gesundheit unserer Kinder und Enkelkinder auswirken würden, wo bleibt dann die Gerechtigkeit und Fairness, wenn wir anderen abverlangen, dies für uns zu tun? Diese bewusste und unbewusste Anspruchshaltung, die unser undurchsichtiges und ausgelagertes Textilsystem geschaffen hat und aufrechterhält, ist skrupellos.

SYNTHETISCHE FARBSTOFFE UND DER PREIS DER FARBE

Bei der Herstellung unserer Kleidungsstücke werden mehr als 8.000 verschiedene synthetische Farbstoffe verwendet, von denen viele aus fossilen Kohlenstoffquellen stammen.[27] Historisch gesehen basieren diese Verbindungen auf den wissenschaftlichen Innovationen von William Perkins. Beim Versuch, ein Heilmittel gegen Malaria zu entwickeln, entdeckte der Chemiker 1856 den ersten synthetischen Anilinfarbstoff. Synthetische Farbstoffe sind ein Überbleibsel der industriellen Revolution; ursprünglich erforderte es 180 Kilogramm Kohlenteer für eine Ausbeute von etwa 100 Gramm blauem Farbstoff. Die heutigen synthetischen Farbstoffe sind weltweit für die Farbe von Textilien verantwortlich (abzüglich eines kleinen Anteils an ungefärbten und natürlich gefärbten Kleidungsstücken). Die am weitesten verbreiteten Farbstoffe, die für 60 bis 70 Prozent der gesamten industriellen Färbung eingesetzt werden, sind Azofarbstoffe. Einige von ihnen sind nachweislich sowohl krebserregend als auch erbgutverändernd (das bedeutet, sie zerstören die DNA in unseren Zellen).[28] Derzeit gibt es 22 Azofarbstoffe, deren Verwendung in Textilien von der Europäischen Union nicht zugelassen ist und die direkt auf der Haut getragen werden.[29]

200.000 Tonnen Farbstoff bleiben weltweit ungebunden an Textilien haften und gelangen ins Abwasser.[30] Landen diese Farbstoffe in Süßwassersystemen, verursachen sie Sauerstoffmangel und können das Trink- und Bewässerungswasser stark beeinträchtigen.[31] In einer Studie aus dem Jahr 2010 wurden in Flüssen drei synthetische Farbstoffe in unterschiedlichen Konzentrationen identifiziert. Selbst nach der Wasseraufbereitung enthielt das aus dem Fluss gewonnene Trinkwasser diese Farbstoffe noch. Dabei zeigte sich, dass Methoden wie Flockung, Koagulation und Vorchlorung nicht ausreichen, um das Wasser für den menschlichen Gebrauch zu reinigen.[32] Einfach gesagt: Farbstoffe zersetzen sich nicht so leicht und bauen sich nicht biologisch ab, weshalb sie in unseren Gewässern verbleiben.

Ein Erdöl-Bohrturm (wo synthetische Farbe ihren Ursprung hat). *Foto © Joshua Doubek*

In einem Interview mit Dr. Shanna Swan, Professorin für Umweltmedizin und öffentliche Gesundheit, Geburtshilfe, Gynäkologie und Reproduktionswissenschaft an der Icahn School of Medicine at Mount Sinai, kam das Thema Anilinfarbstoffe zur Sprache. „Wir haben viel mehr Daten über Wirkstoffe, die oral eingenommen werden, wie zum Beispiel Arzneimittel", sagt Swan, „weil wir mehr Verantwortung dafür übernehmen, ihre Auswirkungen auf die menschliche Gesundheit zu testen. Wir haben weit weniger Daten zu Substanzen, die nicht für die Einnahme bestimmt sind. Was wir aber durch umfangreiche Forschungen festgestellt haben, ist die Wirkung des Schmerzmittels Acetaminophen, in Europa Paracetamol (auch als Tylenol oder unter anderen Markennamen verkauft), auf das menschliche endokrine System."[33] Swan sagt weiter, dass der Körper Anilin (ein Bestandteil von Textilfarbstoffen) in Paracetamol (N-Acetyl-4-Aminophenol oder NA4AP) verstoffwechselt. In dieser Form wird es unter anderem durch die Plazenta weitergegeben. Es wurde auch in der Muttermilch nachgewiesen und ist ein bekannter endokriner Disruptor. In einer deutschen Studie war

Anilin bei über *90 Prozent* der Bevölkerung nachweisbar.[34] Was wir immer noch nicht verstehen, sind die Art der Aufnahme und die Auswirkungen von Anilin, das über die Haut absorbiert oder über Flusen eingeatmet wird – dies sind Bereiche, die weiter erforscht werden müssen.

In einer Human-Monitoring-Studie sollte die Aufnahme von Anilin und Acetaminophen verhindert werden – und dennoch wurden anhaltende und allgegenwärtige Rückstände von NA4AP (dem Metaboliten für Anilin) in Urinproben festgestellt.[35] Dieselbe Studie hält fest, dass allein das anhaltende und allgegenwärtige Vorkommen von Anilin in der Allgemeinbevölkerung weitere Untersuchungen rechtfertigt. Die Frage bleibt: Wenn wir Anilin nicht oral einnehmen, Urinproben aber weiterhin Hinweise auf eine Aufnahme zeigen, wie werden wir dann dem Stoff ausgesetzt? Es hat sich gezeigt, dass NA4AP in den sensibelsten Momenten des menschlichen Lebens gesundheitliche Probleme verursacht. Wenn ein Fötus antiandrogenen endokrinen Disruptoren ausgesetzt ist, sehen wir Probleme wie eine verringerte anogenitale Distanz, kleinere oder anders geformte Penisse und Verhaltensänderungen, die sich bei kleinen Kindern als „weniger männliches" Spielverhalten zeigen.[36] „Acht Wochen ist eine bedeutende Zeit für einen Fötus, um sich als männlich zu differenzieren – für diese Transformation ist Testosteron erforderlich. Wenn es irgendwelche Hindernisse oder Veränderungen im Hormonspiegel gibt, weil eine schwangere Person diesen anti-androgenen Verbindungen ausgesetzt war, kann das die Arten von physischen Veränderungen und Mutationen hervorrufen, die wir jetzt in viel größerer Zahl sehen", sagt Dr. Swan.[37]

WIR TRAGEN ENDOKRINE DISRUPTOREN

Die am häufigsten vertretenen, besorgniserregendsten Verbindungen in der textilen Lieferkette sind endokrin aktive Substanzen (EAS). Östrogene und antiandrogene Verbindungen wurden in gentechnisch veränderter Baumwolle, Waschmitteln, Farbstoffen sowie Textillacken und -beschichtungen gefunden. Warum sollte es uns interessieren, dass synthetische Verbindungen die Produktion, den Transport, die Lagerung und die Synthese unserer Hormone verändern? Wenn wir bedenken, dass das endokrine System komplexe chemische Verbindungen (Hormone) produziert, die Stoffwechsel, Schlaf, Stimmung, Wachstum, Entwicklung, Fortpflanzungsgesundheit

Östrogene und antiandrogene Verbindungen wurden in gentechnisch veränderter Baumwolle, Waschmitteln, Farbstoffen sowie Textillacken und -beschichtungen gefunden.

und Gewebegesundheit regulieren, ist die Antwort einfach. Das endokrine System ist für die grundlegenden Organisationsprinzipien des Lebens verantwortlich und wird oft als das Kommunikationssystem beschrieben, das sowohl inter- als auch intrazellulär funktioniert.

Zu Beginn des 21. Jahrhunderts begannen wir damit, unser Verständnis der Auswirkungen von EAS auf die Gesundheit von Menschen und Wildtieren zu verfeinern. Wissenschaftliche Gutachten, die von der Endocrine Society, der Europäischen Kommission und der Europäischen Umweltagentur veröffentlicht wurden, bieten eine wissenschaftliche Grundlage für die Besorgnis über die Auswirkungen von EAS sowohl auf die menschliche Population als auch auf Wildtiere.[38] Zwei Agenturen, die sich ausschließlich auf die Gesundheit unserer Jugend konzentrieren, die European Society for Pediatric Endocrinology und die Pediatric Endocrine Society, haben eine Konsenserklärung vorgelegt, in der sie Maßnahmen zur Regulierung von endokrinen Disruptoren fordern, die gesundheitliche Auswirkungen im Uterus sowie im Kleinkindalter haben, beide kritische Phasen für die Entwicklung der Sexualorgane.

Eine der Hauptsorgen medizinischer Expert*innen ist die Geschwindigkeit, mit der das Auftreten von Krankheiten in den letzten Jahrzehnten zugenommen hat, eine Geschwindigkeit, die genetische Faktoren als einzige plausible Erklärung ausschließt, wie aus einem Bericht der Weltbank und des Umweltprogramms der Vereinten Nationen aus dem Jahr 2012 mit dem Titel *State of the Science of Endocrine Disrupting Chemicals* hervorgeht.[39] Eine Studie zur reproduktiven Gesundheit mit einer Stichprobe von 26.600 Männern ergab, dass die Spermienkonzentration seit den 1990er-Jahren um ein Drittel gesunken ist – das ist ein Rückgang der Spermienkonzentration um 32 Prozent über einen Zeitraum von 17 Jahren.[40] Die Häufigkeit genitaler Fehlbildungen (nicht absteigende Hoden und Hypospadie) hat zugenommen. Die weltweite Zahl endokrin bedingter Krebsarten, einschließlich Endometrium-, Eierstock-, Brust-, Prostata-, Hoden- und Schilddrüsenkrebs, ist in den letzten 40 Jahren gestiegen, ebenso wie das Auftreten von Fettleibigkeit und Typ-2-Diabetes.[41] Es gibt eine lange Liste von Studien, die EAS mit diesen Krankheiten in Verbindung bringen und ihre schädlichen Auswirkungen auf Schilddrüsenerkrankungen bei Erwachsenen, neurologische Entwicklungsstörungen bei Kindern sowie auf Stoffwechsel-, Nebennieren-, Knochen- und Immunfunktionserkrankungen nachweisen.[42] Der Bericht der Vereinten Nationen und der Weltbank geht auch ausdrücklich

Transparenz bei den Inhaltsstoffen

Es gibt nichts Besseres als Transparenz, um Aufmerksamkeit, Gespräche und entschlossenes Handeln zu stimulieren. Wir müssen uns fragen: Warum haben wir keine Liste der chemischen Inhaltsstoffe auf unserer Kleidung? Ausgestattet mit echtem Wissen könnten Träger*innen beginnen, Konsumentscheidungen proaktiv zu treffen, genau wie beim Kauf von Lebensmitteln. Für viele von uns bleiben die aktuellen Textilzertifizierungen rätselhaft. Es besteht nach wie vor ein allgemeines Unverständnis darüber, was Bekleidungszertifizierungen bedeuten und wie sie sich physisch auf die persönliche Gesundheit und das Funktionieren unseres Ökosystems auswirken. Aktivist*innen hoffen, eine Diskussion über die gesundheitlichen Auswirkungen dieser Verbindungen anzustoßen. Aus einer Position des Wissens heraus kann die Öffentlichkeit beginnen, ihr Verständnis und damit ihre Beziehung zu den Lieferketten, die unsere Textilien herstellen, kollektiv zu stärken. Als informierte Konsument*innen können wir die Entwicklung und Verbreitung ungiftiger Kleidung vorantreiben, indem wir jene Artikel kaufen, von denen wir wissen, dass sie sicher sind. Je mehr Zugang zu Wissen wir haben, desto stärker werden unsere Handlungen; wenn wir kollektiv arbeiten, sind uns positive Folgen für unsere Gesundheit und die Gesundheit der Ökosysteme, von denen wir abhängig sind, sicher.

auf die Verbindung zwischen EAS und der Gesundheit von Wildtieren ein. „Angesichts unseres Verständnisses von EAS und ihrer Auswirkungen auf das Fortpflanzungssystem", schreiben die Autor*innen, „ist es sehr wahrscheinlich, dass die Wildtierpopulationen unter anderem aufgrund der Auswirkungen dieser Chemikalien zurückgegangen sind."[43]

Der Bericht erörtert auch endokrine Auswirkungen auf die Qualität der genetischen Information, die zwischen Generationen weitergegeben wird. Dieses Forschungsgebiet wird als *Epigenetik* bezeichnet und wird definiert als „erbliche Veränderungen im Genom, die nicht von Veränderungen in genetischen Sequenzen abhängig sind".[44] In der Studie heißt es: „Für eine Reihe dieser Chemikalien ist inzwischen nachgewiesen worden, dass sie epigenetische Mechanismen beeinflussen und sich auf mehrere Tiergenerationen auswirken." Es ist plausibel, dass diese epigenetischen Auswirkungen auch beim Menschen auftreten. Es gibt zunehmend Hinweise und Bedenken, dass die Gesundheit der zweiten und sogar noch der dritten Generation beeinträchtigt wird, wenn die Elterngeneration EAS ausgesetzt ist. Die Frage für uns als Kleidungsträger*innen lautet: Lohnt es sich, uns selbst und den Spezies, mit denen wir diesen Planeten teilen, sofortige und/oder langanhaltende, intergenerationelle DNA-Schäden zuzufügen? Nur damit wir sicher sein können, dass wir unsere Schränke mit quietschbunter Kleidung füllen können, die knitterfrei und wasser- sowie fleckenabweisend ist? Wenn die Antwort Nein ist, müssen wir uns fragen, was wir als Träger*innen tun können, um sowohl unsere persönliche als auch die Gesundheit unseres Planeten zu schützen.

FAST FASHION UND ANDERE PROBLEME

Vor nicht allzu langer Zeit gab es in der Modebranche zwei Saisons oder Kollektionen: Frühjahr/Sommer und Herbst/Winter (die jeweils im September bzw. Februar begannen). Aber als die Globalisierung in den 1990er-Jahren Einzug hielt und Online-Shopping in den 2000er-Jahren explosionsartig zunahm, verkürzten sich in der Branche Produktionslinien und die „Haltbarkeitsdauer" von Modetrends. Ihre Reaktion war es, dem Modekalender weitere Saisons hinzuzufügen und die Einführung neuer Kollektionen zu beschleunigen. Dieser Trend wurde auch durch einen Anstieg des globalen Tourismus begünstigt. Er schuf eine ganzjährige Nachfrage nach Kleidung aller Art für warmes und kaltes Wetter und verwischte die traditionellen Grenzen zwischen den Jahreszeiten weiter. Um das Jahr 2000 herum kam dann Fast Fashion – der populäre Name für Kleidung, die bewusst entworfen und vermarktet wird, um nach wenigen Tagen oder Wochen aus der Mode zu kommen. Das Markenzeichen von Fast Fashion sind wegwerfbare, minderwertige Kleidungsstücke aus synthetischen Fasern aus fossilen Brennstoffen, die in schlecht regulierten Fabriken unter gefährlichen Arbeitsbedingungen massenproduziert werden. Der Herstellungsprozess erzeugt große Mengen an Giftmüll, bevor die Artikel über weite Distanzen zu Geschäften transportiert werden, um dort billig verkauft und dann nach ein paar Wochen entsorgt zu werden. Infolge des Ansturms auf billige

Wegwerfkleidung gab es in der Modeindustrie bis zu 52 Mikrosaisons pro Jahr, in denen ununterbrochen neue Stile auf den Markt kamen und die Kund*innen dazu gebracht werden sollten, so viele Kleidungsstücke wie möglich zu kaufen.

Es funktionierte. Zwischen 2000 und 2014 verdoppelte sich die weltweite Bekleidungsproduktion. Die Durchschnittsperson kauft 60 Prozent mehr Kleidung als vor 15 Jahren und behält sie nur halb so lang. Im Schnitt kaufen US-Amerikaner*innen jedes Jahr 67 Kleidungsstücke, das entspricht etwa einem Kleidungsstück alle fünf Tage.[45] Der Vorreiter von Fast Fashion war Zara. Das riesige Designer- und Einzelhandelsunternehmen mit Sitz in Spanien begann zunächst einmal, zweimal pro Woche von der Fabrik aus seine Geschäfte zu beliefern. Heutzutage erhalten manche Einzelhandelsketten *täglich* Lieferungen mit neuen Styles – und das beinhaltet noch nicht einmal den rasanten Absatz von Kleidung, die online verkauft wird. Gleichzeitig hat sich die Menge an Kleidung, die Amerikaner*innen jedes Jahr wegwerfen, über ein Jahrzehnt auf fast 36 Kilo pro Person verdoppelt.[46] Fast nichts davon wird recycelt oder weiterverkauft; das meiste landet auf Deponien. Die meisten Menschen denken nicht daran, was danach passiert: Kleidungsstücke aus ölbasierten Kunststofffasern können bis zu 200 Jahre brauchen, um sich zu zersetzen. Und leider hilft es nicht viel, Kleidung an Wohltätigkeitsorganisationen zu spenden. Viele „Wiederverkaufs"-Kleidungsstücke werden in Entwicklungsländer exportiert, wo aufgrund schlechter Qualität nur 30 Prozent weiterverkauft werden. Der Rest wird zu billigem Garn weiterverarbeitet oder als Abfall entsorgt. In letzter Zeit hat eine Reihe von Nationen sogar damit begonnen, den Import gebrauchter Kleidung einzuschränken, bis hin zu kompletten Importstopps.

Kleidungsstücke aus ölbasierten Kunststofffasern können bis zu 200 Jahre brauchen, um sich zu zersetzen.

Das auf geringen Gewinnspannen und hohen Stückzahlen beruhende Geschäftsmodell von Fast Fashion ist profitabel geworden, indem es Käufer*innen immer wieder trendige Artikel anbietet, also neue und originelle Produkte mit einem schnellen Lagerumschlag bereitstellt. Einzelhandelsketten haben bei vielen Verbraucher*innen den Wunsch nach ständig neuen Kleidungsstücken geweckt, ein Verhalten, das durch das ebenso schnelle Wegwerfen aufrechterhalten wird. „Ein Geschäft wie H&M produziert Hunderte Millionen Kleidungsstücke pro Jahr", sagte die Autorin Elizabeth Cline 2013 in einem Interview mit National Public Radio. „Sie machen nur einen kleinen Aufschlag auf die Kleidung und verdienen ihren Gewinn durch den Verkauf einer nie endenden Flut von Kleidung."[47]

Massenhersteller wie Zara und Primark imitieren Designs anhand der Smartphonebilder, die Besucher*innen von Mainstream-Modenschauen aufgenommen haben (wogegen häufig Anklagen wegen Diebstahls von geistigem Eigentum erhoben werden). Im Internetzeitalter bestimmt der Wunsch nach sofortiger Befriedigung einen Großteil der Weltwirtschaft. Fast Fashion wird durch ein System von „Innovationen" im Lieferketten-Management ermöglicht, das die Kosten in jedem Fall so niedrig wie möglich halten soll – ein System, das vielfach Arbeiter*innen, Umwelt und umliegende Gemeinden ausbeutet. Je schneller Fast Fashion wird, desto schlimmer sind die negativen Auswirkungen lokal und global. Und diese Auswirkungen werden in Zukunft dramatisch zunehmen. Derzeitigen Prognosen zufolge wird die Textilindustrie bis 2050 bis zu 26 Prozent des vereinbarten globalen CO_2-Budgets verbrauchen, das mit dem im Pariser Abkommen festgelegten Zwei-Grad-Celsius-Pfad verbunden ist. Der Verbrauch nicht erneuerbarer Ressourcen durch die Modeindustrie wird sich im gleichen Zeitraum verdreifachen.[48]

Fester Bestandteil des Fast-Fashion-Produktionsmodells ist die Ausbeutung menschlicher Arbeitskraft. Schlechte Bedingungen in den Fabriken, lange Arbeitszeiten und niedrige Löhne sind seit Langem ein Grundpfeiler der Branche. In den letzten Jahren wurden Fast-Fashion-Einzelhändler jedoch außerdem beschuldigt, wissentlich von Inhaftierten und Kindern gefertigte Kleidung zu kaufen, schwangere Angestellte zu entlassen und die Rechte der Arbeitnehmer*innen zu unterdrücken. Diese Situation ist kein Einzelfall. Schätzungsweise ein Sechstel der Weltbevölkerung ist in der Herstellung von Textilien beschäftigt. Da jedoch über 98 Prozent der Schränke in den Staaten mit Kleidung gefüllt sind, die in *anderen* Ländern hergestellt werden, sind die meisten von uns den Realitäten und Prozessen der industriellen Textilproduktion nicht mehr ausgesetzt. Die direkten Auswirkungen, die die Branche auf diejenigen hat, die unsere Kleidung herstellen, sehen wir nie. Die Realität ist, dass Erwachsene und Kinder, die in der Industrie arbeiten, um ein Vielfaches höheren Dosen krebserregender, neurotoxischer sowie endokrin wirksamer und immunsystemstörender Chemikalien ausgesetzt sind. Es ist auch bekannt, dass bei Textilarbeiter*innen höhere Raten von Darm-, Schilddrüsen-, Hoden-, Blasen- und Nasenkrebs dokumentiert werden.[49] Es gibt viele Stellen innerhalb der Lieferkette, an denen sie gesundheitsschädlichen Verbindungen ausgesetzt werden, sei es bei der Handhabung der Textilbestandteile in der Landwirtschaft und auf Ölfeldern (im Fall von Natur- oder Kunstfasern) oder beim Kontakt mit

Kinder bei der Arbeit in einer Entkörnungsfabrik in Indien, wo die Baumwolle von ihren Samen getrennt wird. *Foto © Joerg Boethling/Alamy Stock Photo*

den Verbindungen beim Waschen, Kämmen, Spinnen, Stricken, Weben und Veredeln in Handarbeit. Es ist auch bekannt, dass Personen, die wiederholt mit Stoffballen hantieren, einschließlich Designer*innen, durch frisch hergestellte Stoffe gesundheitliche Probleme bekommen.

Die Arbeitsbedingungen bergen noch andere Gefahren. Am 23. April 2013 stürzte Rana Plaza ein, ein achtstöckiges Gebäude außerhalb von Dhaka, Bangladesch, in dem fünf separate Bekleidungsmanufakturen untergebracht waren. Dabei starben 1.100 Arbeiter*innen und 2.000 weitere wurden schwer verletzt. Am Tag vor der Tragödie waren größere Risse in der Struktur aufgetreten. Die Fabrikbesitzer*innen drängten ihre Angestellten, weiterzuarbeiten, obwohl eine Regierungsinspektion die Evakuierung des Gebäudes angeordnet hatte. Ein paar Monate zuvor kostete ein Brand in einer anderen Fabrik über 100 Textilarbeiter*innen das Leben, einer von mehreren Bränden in Bangladeschs Textilfabriken. In beiden Fällen (und Hunderten mehr) hatte das Fabrikmanagement den Arbeiter*innen das Recht auf sichere Arbeitsbedingungen verweigert. Manchmal wurden sogar physische Barrieren an den Ausgängen gefährlicher Gebäude errichtet, um die Angestellten von der Flucht abzuhalten.

Ein Bericht von Human Rights Watch aus dem Jahr 2015 beschreibt ein Muster von Verstößen, darunter illegale gewerkschaftsfeindliche Aktivitäten, Übergriffe auf Organisator*innen, körperliche Misshandlungen, sexuelle Einschüchterung, erzwungene Überstunden, Verweigerung des Mutterschaftsurlaubs, Nichtzahlung von Löhnen und Boni, verunreinigtes Trinkwasser und Verlust des Arbeitsplatzes, oft nach Lust und Laune der Vorgesetzten. „Fast alle Fabriken stellen Kleidungsstücke für bekannte Einzelhandelsunternehmen in Nordamerika, Europa und Australien her", heißt es im Bericht. „Verletzungen von Arbeitnehmerrechten waren in fast allen Fabriken ein Problem. Wir sprechen hier von Praktiken, die sowohl gegen nationales Recht in Bangladesch als auch gegen Verhaltenskodizes verstoßen, auf die westliche Einzelhändler*innen in Produktionsverträgen mit ihren Lieferant*innen oft bestehen."[50] Nachrichten über diese Verstöße erreichen jedoch selten die Verbraucher*innen der Produkte, die in Fabriken in Bangladesch hergestellt werden, es sei denn, es gibt eine schlagzeilenträchtige Tragödie. Die Ironie ist schmerzlich – Bürger*innen westlicher Demokratien kaufen ignorant Kleidungsstücke, die von Arbeiter*innen unter repressiven Bedingungen hergestellt werden, die an Sklaverei grenzen (diese Geschichte ist keine Ausnahme, wie die Geschichte der Baumwolle zeigt; siehe Kapitel 5).

China, wo mehr als 50 Prozent der weltweiten Textilien produziert werden, ist ein weiteres Beispiel für den Preis unserer Kleidung. China produziert mehr Treibhausgase als alle anderen Nationen. Viele der großen Städte leiden unter Luftverschmutzungswerten, die weit über dem Schwellenwert für die menschliche Sicherheit liegen. Mehr als 100 chinesische Städte kämpfen mit anhaltendem Wassermangel, und fast ein Drittel der Flüsse gilt als zu verschmutzt für den Kontakt mit Menschen. Inzwischen verbraucht die Textilherstellung mehr als 30.000 Liter Wasser pro 10.000 Meter produziertem Stoff. Das entspricht mehr als 360 Milliarden Liter Wasser pro Jahr und stellt damit nach der Chemie- und Papierindustrie den dritthöchsten Wasserverbrauch in China dar. Sie gehört auch zu den energieintensivsten Industrien des Landes, die größtenteils mit Kohle betrieben wird. China ist der weltweit größte Verbraucher von Textilchemikalien, von denen viele direkt in Flüsse und Bäche abgeleitet werden (oft nachts, um eine Entdeckung zu vermeiden). Sie kontaminieren Trinkwasservorräte und schaffen für Fische und andere Wasserlebewesen eine giftige Umgebung. Bei einer Untersuchung von Greenpeace an zwei großen chinesischen Produktionsstandorten wurde in Flüssen unterhalb der Fabriken eine breite Palette gefährlicher Chemikalien entdeckt, darunter in Europa verbotene Alkylphenole und perfluorierte Chemikalien (PFCs), insbesondere Perfluoroctansäure und Perfluoroctansulfonat.[51] Greenpeace verfolgte die Produktionskette für die Kleidung bis zu den Weltmarken zurück, die die Kleidungsstücke von diesen Fabriken kauften, und konfrontierte sie mit den Beweisen. Bei Untersuchungen der Kleidung aus anderen Ländern fanden Greenpeace-Ermittler*innen ähnliche Probleme.[52]

DIE SLOW-CLOTHING-LÖSUNG

Die erste Möglichkeit, diese scheinbar irreversible Realität umzukehren, beginnt bei uns, den Träger*innen. Unser Konsum muss ganz einfach deutlich langsamer werden. Fast Fashion ist neu in unserer Zivilisation, und es gibt keinen Grund, sie beizubehalten. Der erste Schritt, um diesem Trend zu widerstehen, besteht darin, unsere Kleidung länger zu tragen, sogar so lange, bis sie vollständig abgenutzt ist. Auf diese Weise können wir lernen, die Gegenstände zu pflegen, die repariert werden müssen, was oft mit wundervollen kulturellen Praktiken einhergeht. Wir können Kleidung durch unsere Gemeinden zirkulieren lassen, indem wir in Kommissions- und Secondhandläden, bei der Heilsarmee oder in Vintage-Boutiquen einkaufen oder bei Tauschbörsen einwechseln. All dies sind Methoden, um Kleidung im Umlauf zu halten, ohne dabei mehr „schnelle" Kleidung zu kaufen und das System aufrechtzuerhalten. Auf Unternehmensebene hat sich Eileen Fishers Rücknahmeprogramm „Green Eileen" zu einem Pop-up-Shop in Brooklyn entwickelt. Unter dem Thema „Remade in the USA" gab es dort eine limitierte Kollektion von 500 Artikeln, die in Zusammenarbeit mit ihren Social-Innovator-Award-Gewinner*innen entstanden war. Das „Worn-Wear"-Programm von Patagonia bietet Kund*innen die Möglichkeit, ihre Kleidungsstücke zur Reparatur in die Läden zu bringen und über die Worn-Wear-Website weiterzuverkaufen. Wenn sich das Kleidungsstück in einem guten Zustand befindet, erhält der*die Kund*in sogar eine Gutschrift. Das „Close the Loop"-Programm von The North Face stellt sicher, dass unsere Kleidung nicht auf einer Mülldeponie landet, und bietet Abgabestellen in ihren Geschäften für alle Kleidungsstücke und Schuhe; das Unternehmen akzeptiert alle Artikel (von allen Marken).

Fast Fashion ist neu in unserer Zivilisation, und es gibt keinen Grund, sie beizubehalten. Der erste Schritt, um diesem Trend zu widerstehen, besteht darin, unsere Kleidung länger zu tragen, sogar so lange, bis sie vollständig abgenutzt ist.

Ein wunderbares Beispiel für ein kulturelles Experiment, das die moderne Kleidung neu definiert hat, ist das Projekt „Make Thrift Mend“ (Machen, trödeln, reparieren) von Katrina Rodabaugh. Sie beschreibt ihre Arbeit:

> *Am 1. August 2013 startete ich mein Fast-Fashion-Fasten, Make Thrift Mend, und schwor mir, ein Jahr lang auf Fabrikkleidung zu verzichten, während ich mich darauf konzentrierte, meine eigenen Kleidungsstücke herzustellen, Secondhand zu kaufen und das zu reparieren, was ich bereits besaß. Als Kunstprojekt konzipiert, das die Intersektionalität von Nachhaltigkeit, Mode, Faserkunst und dem, was als soziale Praxis oder „Kunst als Aktion“ bekannt ist, war Make Thrift Mend zunächst ein persönliches Kunstprojekt. In diesem ersten Jahr stellte ich einfache Kleidungsstücke her, lernte mehr über Fasergehalt und -herkunft (und bevorzugte schnell biologisch abbaubare Secondhand-Kleidung wie Leinen, Baumwolle, Seide und Wolle, die auch natürliche Pflanzenfarbstoffe wunderbar aufnehmen). Ich durchforstete Buchhandlungen und Websites nach all den Informationen, die ich in Bezug auf Slow Fashion finden konnte, und brachte mir selbst bei, Kleidung auszubessern, nach Pflanzenfarben zu suchen und vorhandene Kleidung besser zu pflegen und zu verjüngen. Ich veranstaltete Ausbesserungspartys, erhielt ein Stipendium für einen kostenlosen Online-Kurs, leitete einen Ausbesserungsworkshop und bildete mich weiter über nachhaltige Modepraktiken.*[53]

Rodabaugh unterrichtet heute das Flicken von Kleidung, natürliche Färbeverfahren und eine langsame Textilethik als eine Möglichkeit, Stoffe und Kleidungsstücke zu pflegen und zu erneuern.
Eine der Leiterinnen der Slow-Fashion-Bewegung ist Kate Fletcher, Professorin für Nachhaltigkeit, Design und Mode an der University of Arts in London, England. Als Pionierin des „Craft-of-Use“-Konzepts (Kunst des Gebrauchs) plädiert sie für einen innovativen Ansatz beim Tragen unserer Kleidung. Er basiert auf fantasievollen und modischen neuen Wegen des Ausbesserns, Wiederverwendens und Umfunktionierens. *Gebrauch* in ihrem Sinne bedeutet so viel mehr, als nur ein Kleidungsstück zu kaufen, es zu tragen und es dann zu entsorgen, wenn wir mit ihm fertig sind. Während die Herstellung eines Kleidungsstücks viel Know-how erfordert, fließt selten die gleiche Kompetenz in den Trageprozess, insbesondere in die Verlängerung der Lebensdauer des Kleidungsstücks. Fletcher nennt diesen Ansatz *Post-Growth*, weil es bedeutet, die Nachhaltigkeit und den Mehrwert eines Kleidungsstücks zu betrachten, ein Bewusstsein zu schaffen und neue Fähigkeiten wie das Flicken mit Nadel und Faden zu erlernen. Sie hat ihre Gedanken und Designs vielfach veröffentlicht. Erst kürzlich trug sie viele

Die durch „Visible Mending" geflickten Kleidungsstücke von Katrina Rodabaugh.
Foto © Katrina Rodabaugh

Beispiele genialer und praktischer Verwendungsmöglichkeiten von Kleidungsstücken aus der ganzen Welt in einem Buch mit dem Titel *Craft of Use* zusammen. Ihr Ziel ist es, die Leser*innen zu ermutigen, „eine ökologischere Vorstellung von Mode zu übernehmen, die das, was jenseits von Design und Produktion passiert, als reichhaltig, kraftvoll und wertvoll anerkennt".[54]

Zur Pflege unserer Kleidung gehört auch das Waschen. Und während wir alle gerne sauber sind und gut riechen (oder zumindest nicht aufdringlich), sollten wir unsere Kleidung weniger waschen; *wenn* wir sie waschen, sollten wir am besten kaltes Wasser und milde Waschmittel verwenden. Dies hält unsere Kleidung länger im Umlauf und spart Süßwasserressourcen. Kaltes Wasser spart zudem das Erhitzen, was in den meisten Fällen mit Propan oder Strom geschieht. Für unsere persönliche endokrine Gesundheit und die unserer Familie ist es wichtig, dass wir uns von synthetischen Duftstoffen in unseren Waschmitteln fernhalten. Diese sind zu 95 Prozent petrochemischen Ursprungs und enthalten endokrin wirksame Phthalate. Diese Weichmacher halten Duftstoffe in unserer Kleidung, lange nachdem wir sie gewaschen haben. Wenn ihr schon einmal an der frischen Luft wandern oder laufen wart und jemandem begegnet seid, dessen Kleidung den Geruch von Waschmittel verströmt hat, habt ihr einen Duft gerochen, der über einen endokrinen Disruptor an der Kleidung festgehalten wird. Die Düfte selbst können aus über 600 synthetischen Chemikalien bestehen. Es ist eine Herausforderung, ihre molekulare Zusammensetzung aufzudecken, ganz zu schweigen davon, dass die Tenside und Wasserenthärter, die in den meisten unserer Waschmittel enthalten sind, bekannte hautreizende sowie zellzerstörende Stoffe sind. Sucht nach nicht parfümierten Reinigungsmitteln, die sich in Grauwassersystemen (Haushaltswassersysteme, die Waschwasser in unsere Gärten leiten) abbauen. Es gibt sehr gute Rezepte für DIY-Waschmittel, die deutlich günstiger sind als jede handelsübliche Seife.

Sobald unsere Kleidung aus der Waschmaschine kommt, ist das Trocknen auf der Leine die Methode mit dem geringsten Fußabdruck, um das Wasser verdunsten zu lassen. Denkt bei der Pflege von Wolloberbekleidung daran, dass Wollpullover, Mäntel und alle Kleidungsstücke der äußeren Schicht durch UV-Licht gereinigt werden können. Kleidung an heißen, sonnigen Tagen rauszulegen und sie regelmäßig zu wenden, um die Sonnenstrahlen aufzunehmen, ist eine herkömmliche Methode, um Bakterien abzutöten und die Fasern zu reinigen. Wenn sich etwas an der Oberfläche des Kleidungsstücks nicht ablöst und gewaschen werden muss, reicht ein Schonwaschgang in der Waschmaschine oder eine gründliche Handwäsche mit etwas Seife und warmem Wasser. Wollkleidung zum Trocknen flach auszulegen hilft dabei, ihre Form zu erhalten.

Natürlich ist es wichtig, darüber nachzudenken, wie wir den Wert unserer Kleidung erhalten können, indem wir ihre Lebensdauer verlängern und dann nach Möglichkeiten suchen, sie zu neuen Garnen und Textilien zu recyceln. Aber wir brauchen mehr. Wir müssen unsere gesamte Herangehensweise an die Herstellung von Kleidungsstücken überdenken, von der Farm – wo Kleidung angebaut werden sollte – bis zu unserer Haut und wieder zurück zur Erde. Denkt an die Geschichte unseres Lebensmittelsystems in diesem Land. In den Jahrzehnten nach dem Zweiten Weltkrieg wurde unser Lebensmittelsystem industrialisiert. Quantität ging vor Qualität, Chemie wurde intensiv eingesetzt und synthetische Wirkstoffe anstelle organischer genutzt. Statt regenerativer Praktiken gab es Umweltzerstörung, statt natürlicher Ressourcen wurden gentechnisch veränderte genutzt und kurzfristiger Profit kam vor Nachhaltigkeit. In den letzten Jahren ist jedoch ein alternatives Modell der Nahrungsmittelproduktion entstanden, das auf der natürlichen Fruchtbarkeit des Bodens und den bewährten agrarökologischen Praktiken verschiedener Kulturen basiert. Die Ernährungsrevolution ist über den Globus gefegt und hat unsere Einstellung zu diesem grundlegenden menschlichen Bedürfnis verändert. Textilfasern können einen ähnlichen Wandel durchlaufen. Wir müssen das aktuelle Modell der industriellen Bekleidungsproduktion mit all seinen sozialen, physischen und ökologischen Kosten nicht akzeptieren. Es gibt einen besseren Weg.

Unsere Kleidung kompostieren

Kleidung aus Naturfasern stammt aus dem Boden und kann daher in den Boden zurückkehren. Hanf, Baumwolle, Wolle, Alpaka, Kaschmir, Nessel, Ramie, Seide, Mohair, Angora, Qiviut, Guanako, Yak und Flachs sind Beispiele für Naturfasern, die nach ihrem Lebenszyklus als Kleidung in Kompost umgewandelt werden können. Wie Essensreste und Gartenabfälle besteht auch Naturfaserkleidung aus Proteinen (bei tierischen Fasern) oder Kohlenhydraten (bei Pflanzenfasern) oder einer Mischung aus beiden. Die kohlenstoffbasierten Moleküle, die in unserer Nahrung enthalten sind, sind auch in unseren Fasern enthalten. Wenn unsere Kleidungsstücke zu 100 Prozent naturbelassen und nicht mit Synthetik vermischt sind, können wir sie in unseren Gartenkompost oder in kommunale Großanlagen geben (sofern eure Kompostierungsanlage dies akzeptiert). Der Kompostierungsprozess kann beschleunigt werden, indem euer Material geschreddert oder in kleine Stücke geschnitten wird. Eine deutsche Studie, die sich auf die Herstellung von hochwertigem Kompost als Entwicklungsstrategie für die ländliche Wirtschaft konzentrierte, experimentierte mit verschiedenen Anteilen von Wolle und anderen Rohstoffen. Sie ergab, dass 25 Prozent Wolle, 50 Prozent Grünschnitt (Gartenabfall) und 25 Prozent Mist einen hervorragenden Kompost ergeben.

Am Fashion Institute of Technology nahmen Studierende an einem innovativen Projekt zur Kompostierung von Baumwollmusselin teil. Musselinstoff wird häufig von Studierenden, Designer*innen, vielen Marken und der gesamten Modeindustrie verwendet, um aus Probemustern Kleidungsstücke zu entwerfen. Ein Großteil der Baumwolle, die für diese Musselinmuster-Modelle verwendet wird, landet schließlich als Abfall auf einer Deponie. Die FIT-Studierenden entschieden sich stattdessen dafür, ihren Musselin mit Lebensmittelabfällen zu kompostieren, um Erde für den Färbegarten auf dem Dach der Schule zu gewinnen. Das Projekt war ein großer Erfolg.

Kompostierung hält nicht nur Stoffreste und Kleidung von Mülldeponien und Verbrennungsanlagen fern und verhindert, dass sie die Volkswirtschaften anderer Länder überschwemmen. Sie ist auch die

wohl beste Verwendung für abgenutzte Kleidungsstücke, deren Fasern für eine Wiederverwendung oder ein Recycling zu stark aufgelöst sind. Als erster Schritt, um eine Textilwirtschaft von der Erde für die Erde zu generieren, bietet sich der Erwerb von Kleidungsstücken an, die zu 100 Prozent aus Naturfasern bestehen, vorzugsweise ungefärbt oder natürlich gefärbt, damit ihr sie sicher tragen könnt. Sie haben die höchste Chance, leicht recycelt und schließlich in den Boden zurückgeführt zu werden. Wenn ihr bereits zu Hause kompostiert, versucht, Teile eurer abgetragenen Kleidung auf euren Komposthaufen zu legen. Falls ihr nicht kompostiert, haben wir auch schon erfolgreich Kleidungsstücke in Blumen- oder Gemüsebeeten vergraben. In einem Gartenexperiment haben wir gesehen, dass innerhalb einer Vegetationsperiode eine ganze Generation alter Unterwäsche aus Bio-Baumwolle von Mikroben in lebensspendende Erde verwandelt wurde.

Das Kompostsystem ist eine der jüngsten Nachhaltigkeitsinitiativen, die von FIT aufgenommen wurden. Es komplementiert den Rooftop Natural Dye Garden, in dem Pflanzen und Blumen erst angebaut, dann geerntet und getrocknet werden – als Quelle für natürliche Farbstoffe. Das Kompostprojekt trägt dazu bei, nährstoffreiches Material zu schaffen, damit der Färbergarten gedeihen kann. Hier trocknen Amanda Farr (links) und Lydia Baird (rechts) Kompost auf dem FIT-Dachgarten. *Foto © Smiljana Peros/FIT*

Ein Farmbesuch auf Robin Lyndes Meridian Jacobs Farm während der Lammsaison dokumentierte die Rohstoffquelle, die den Großteil der Wolle für die einjährige Wardrobe Challenge lieferte. Kacy Dapp hat den Pullover entworfen und gestrickt, und die Filzmütze wurde entworfen und hergestellt von Katharine Jolda. Beide Textilkünstlerinnen lebten und arbeiteten in Oakland, eine Autostunde von Lyndes Farm entfernt.

2. Die Fibershed-Bewegung

Ähnlich wie die Bio- und Slow-Food-Bewegungen begann die Fibershed-Bewegung im Kleinen. Ausgehend von den USA fingen Einzelpersonen und Organisationen vereinzelt an, sich eine Alternative zum ungerechten Business-as-usual-Modell der Herstellung und Entsorgung von Kleidungsstücken vorzustellen. Einige der frühen Initiator*innen dieser Bewegung waren motiviert durch den menschlichen und ökologischen Tribut, den das industrielle Bekleidungssystem in ihren Gemeinden forderte; andere waren Textilhandwerker*innen, die einfach das Gefühl und das Aussehen von Naturfasern und Farbstoffen liebten; wieder andere waren lokale Wirtschaftsorganisator*innen, die nach Wegen suchten, die Entwicklungsmöglichkeiten für kleine Unternehmen zu erweitern. Einige waren Umweltschützer*innen, die sich Sorgen um Energieverbrauch, CO_2-Fußabdruck und die Klimakatastrophe machten. Einige waren Landwirt*innen und Züchter*innen, die nach Orten suchten, um ihre Produkte auf den Markt zu bringen.

Im Laufe der Zeit wuchsen diese isolierten Teilbereiche, als die Menschen begannen, ihre Ideen zu testen. Sie setzten Faser- und Färbepraktiken dort um, wo sie lebten, oft indem sie sich mit Gleichgesinnten zusammentaten, bis irgendwann eine richtige Bewegung entstanden war. Es gab viele Wege, die dazu geführt haben. In diesem Kapitel werde ich meine persönliche Geschichte erzählen, wie ich in die Welt der ortsbasierten Faser-und-Farbstoff-Systeme kam, wie meine Entscheidung für das Wardrobe-Challenge-Jahr zur Gründung von Fibershed führte und wie ich anschließend anfing, unsere Arbeit aufzubauen. Ich werde Lehren aus meiner Erfahrung beim Aufbau von Partnerschaften und dem Eintreten für Fibershed-Systeme anbieten, meine Dankbarkeit zum Ausdruck bringen und Gedanken darüber teilen, wohin die Bewegung geht. In den folgenden Kapiteln werde ich die neuen Möglichkeiten und Herausforderungen untersuchen, mit denen sich die Bewegung konfrontiert sieht. Außerdem werde ich die Grundlagen für das Funktionieren eines Fibersheds im Detail erläutern.

FARBE ERNTEN

Meine persönliche Reise begann während eines Sommerjobs als Lehrkraft im Jahr 1998 am Arts and Crafts Center der University of California-Davis. Angeregt durch das Interesse an Textilien, das meine Urgroßmutter und Mutter, die beide talentierte Näherinnen waren, in mir geweckt hatten, wollte ich meine Fertigkeiten verbessern. Gleichzeitig wollte ich lernen, wie praxisorientierte Bildung gestaltet werden kann, um die nächste Generation zu stärken. Ich hatte mich für eine Reihe von Kursen eingeschrieben, die im Rahmen eines neuen interdisziplinären Natur- und Kulturprogramms an der Universität angeboten wurden. In jenem Sommer stellte mich das Zentrum ein, um acht- und neunjährige Kinder in Textilkunst zu unterrichten, einschließlich des Färbens ihrer eigenen Kleidung. Bevor der Unterricht begann, ertappte ich mich dabei, wie ich meinen Lehrplan mit den Handschuhen, Staubmasken und Einwegschürzen plante, die ich von den Mitarbeiter*innen des Zentrums für den Färbeprozess bekommen hatte. Jedes Mal, wenn die Kinder und ich an einem Textilprojekt arbeiteten, verpackten wir uns in Plastik. Dann öffneten wir unsere Gläser mit bunten Pulverfarben und löffelten haufenweise Chemikalien in Wasser. Wir waren dabei sehr vorsichtig, damit nichts von dem Pulver in unsere Augen oder Lunge geriet. Nachdem wir mit dem Färben der Hemden fertig waren, gossen die Schüler*innen und ich die restliche Farbe in den Abfluss.

Als ich nach unseren Gruppensitzungen das Klassenzimmer aufräumte, begann ich mich zu fragen: Warum machten wir das? Woher kamen diese Pulver? Wenn wir während des Färbeprozesses nicht mit ihnen in Berührung kommen durften, warum war es dann in Ordnung, die flüssigen Reste in den Abfluss zu schütten und dann das T-Shirt voller Farbe auf der Haut zu tragen? Ich fragte Freund*innen und Lehrerkolleg*innen, was sie über die Quelle dieser Farbstoffe wussten, und erhielt häufig *keine Ahnung* als Antwort. Die Leitung des Arts and Crafts Center erzählte mir dann von der damals kürzlich veröffentlichten Masterarbeit von Rachel Stone, einer

Absolventin der Designabteilung der Universität. Die Arbeit mit dem Titel *Opening Pandora's Box of Colors* beschrieb die Raffinationsprozesse von Rohöl und Kohlenteer, welche die molekulare Grundlage für die synthetischen Farben bilden, die ich mit den Kindern verwendet hatte.

Nachdem ich mein Wissen über die Auswirkungen der Verwendung synthetischer Farbstoffe vertieft hatte, beschloss ich, nach alternativen Substanzen zu suchen, die ich im Unterricht einsetzen konnte. Eine Anfrage im Internet (*Ask Jeeves*, aus einer Zeit vor Google ...) lieferte eine hoffnungsvolle Antwort: Farbstoffe auf Pflanzenbasis. Kurze Zeit später fand ich mich bei unserer örtlichen Lebensmittelgenossenschaft wieder, um Kohl und Rüben einzukaufen und Zwiebelschalen vom Boden des Zwiebelbehälters zu sammeln. Ich fuhr mit dem Fahrrad den Grüngürtel entlang, um Brombeeren und Löwenzahnblätter zu sammeln. Zu dieser Zeit hatte ich noch keine Bücher über das natürliche Färben gelesen und war nie persönlich theoretisch oder praktisch mit Naturfärbeverfahren konfrontiert worden. Ich beschloss, mit den Schüler*innen zu lernen. Gemeinsam würden wir herausfinden, wie Kohl, Rüben, Zwiebelschalen und Beeren gekocht werden, um eigene natürliche Farben zu erhalten.

Verschiedene Wollsorten nehmen pflanzliche Farbstoffe subtil und unterschiedlich auf. Hier wurden Corriedale-Mischwolle und maschinengesponnenes Merinogarn mit schwarzen Walnüssen gefärbt.

Im Unterricht färbten wir unsere Kleidung, aßen die Rüben und gossen das Restwasser nach dem Abkühlen auf den Rasen. Der Prozess war unglaublich einfach und die neugierigen Schüler*innen begannen, Fragen zu jeder Pflanze und jedem Baum in ihrer Umgebung zu stellen. Bald gingen wir über den Campus, identifizierten Arten mit Namen und sammelten Blätter und Stängel, während wir Hypothesen aufstellten, welche Pflanzen unserer Meinung nach welche Farben liefern würden. Selbstverständlich wurden die Staubmasken abgenommen, die Plastikschürzen recycelt und die Einweghandschuhe fanden keine Verwendung mehr. Unsere Textilkunstklasse wurde zur Ökologie-der-Farbe-Klasse. In diesem Sommer wurde ein neuer Lehrplan geboren, und für die Kinder und mich war eine neue Art des Lebens mit der Natur entzündet worden.

Ich setzte meine Experimente mit Naturfarben fort und begann an der Universität Webkurse zu besuchen. Eine neue Frage tauchte auf: Wie verbinde ich mich auf echte und sinnvolle Weise mit Farbe und Form? Wie komme ich zum „Grundgerüst" der Farbe? Im Sommer 1999 gab mir eine Freundin ein Buch der kanadischen Färberin Trudy Van Stralen. Darin erklärt sie, wie Pflanzen- und Insektenarten aus Europa, Mittelamerika und Südamerika verwendet werden können, die eine lange Geschichte als Quellen für natürliche Farbstoffe haben, darunter Indigo, Krapp und Cochenille. Van Stralen schrieb vor allem auch über viele lokale und leicht zugängliche Arten wie Ringelblumen und Zwiebelschalen. Inspiriert von dem, was ich las, begann ich, das Gelernte zu wiederholen, und entwickelte bald einen praktischen Ansatz für das Experimentieren mit pflanzlichen Farbstoffen. Während der Sommer- und Frühjahrsschulferien sowie nach meinem College-Abschluss sparte ich Geld, um weitere Studien bei Ethnobotaniker*innen und Kunsthandwerker*innen zu finanzieren, die ihr Handwerk in der Naturfärberei verfeinert hatten, darunter die Lehrenden von Tierra Wools in Los Ojos, New Mexico; Michel Garcia in der Provence; Carol Leigh in Missouri; Rose Dedman von der Navajo Nation; und Carol Lee in Wyoming.

Im Jahr 2005 reiste ich nach Thailand, Vietnam und Indonesien, um von Textilgenossenschaften auf Dorfebene zu lernen, die eine Vielzahl von Pflanzenquellen zum Färben verwenden, darunter Morindawurzel, Indigo, Mangoblätter und Pflanzenarten, die keine englische Übersetzung haben. Als ich in die umliegenden Hügel und Hochlandgemeinden reiste, bemerkte ich, dass viele der Abflusskanäle, die Wasser und Abwasser führten, chemisch komplett verseucht waren. Ich war mir nicht sicher, was die Quelle war, bis ich eines Tages über eine Brücke ging und eine Produktionsstätte sah, in der synthetische Färbearbeiten durchgeführt wurden. Aus der Fabrik leitete ein Rohr blassgraues Wasser direkt in den Süßwasserzufluss.

Während meines Studiums in Dörfern in der Nähe des Mekong an der Grenze zwischen Thailand und Laos habe ich Zeremonien miterlebt, die von Gemeindemitgliedern abgehalten wurden, die bestimmte Momente des landwirtschaftlichen Kalenders feierten, indem sie symbolische Kleidungsstücke trugen, die in einigen Fällen noch dieselben waren, die zwei oder drei Generationen zuvor zu Ehren desselben Datums getragen wurden. In den dazwischenliegenden Jahren hatte es in diesen Gemeinden keinen kulturellen Druck gegeben, fremde Kleidungsstücke zu erwerben. Die Zeremonie spiegelte die gründliche Überlegung wider, die in die Suche nach dem richtigen Kleidungsstück für genau jene Lebenserfahrung einer Person geflossen war. Die Herstellung und Verwendung von Textilien, die ich in diesen thailändischen Dörfern erlebt habe, war für mich prägend. Sie zwang mich, darüber nachzudenken, wie diese Werte auf meine Heimatregion übertragen werden könnten und eine ähnliche Verbindung zwischen Farbe, Textur, Form, Verwendung und Landschaft entstehen könnte.

Die Herstellung und Verwendung von Textilien, die ich in diesen thailändischen Dörfern erlebt habe, war für mich prägend.

Der Kreislauf des Lernens und Lehrens ist ein kontinuierlicher Prozess in meinem Leben. Was ich lerne und zusammenfasse, möchte ich schnell mit anderen teilen (immer mit Erlaubnis derer, die mich unterrichtet haben). Nach meiner Rückkehr entwickelte ich ein Lehrkonzept für ein lokales Museum in meiner langjährigen Heimat, der Bay Area. Ich nannte es *Ecological Arts*, und sein Zweck war es, Kindern zu helfen, praktische Fähigkeiten im Anbau und dem natürlichen Färben ihrer eigenen Textilfasern zu entwickeln. Die Schüler*innen analysierten jede verwendete Faser und jeden Farbstoff aus sozialer und biologischer Sicht mit dem Ziel, zentrale Fragen zu beantworten: Wo wächst diese Pflanze? Wie wird geerntet? Wer hat sie verarbeitet? Für Kinder wurde dieses Verständnis von Textilkultur am besten durch Geschichten und taktile Erfahrungen übersetzt; Sommer für Sommer wurden Erzählungen über die Geschichte der Seide mit Wollknäueln verwoben.

Als ich in jüngeren Jahren gerade in mein Verständnis der Welt hineinwuchs, bot mir das Unterrichten von Kindern eine Einsicht in grundlegende menschliche Fähigkeiten. Während ich sie beim Spinnen, Filzen, Weben, Nähen, der respektvollen Ernte von Pflanzen und dem Erlernen der Pflege ihrer eigenen natürlichen Färbergärten beobachtete, bekam ich einen Einblick in unsere eigene anthropologische Evolution. Ich erlebte die Gegensätze zwischen der materiellen Kultur der Vergangenheit und der materiellen Kultur von heute. Ich zeigte Kindern, wie sie Fasern aus dem endemischen Hundsgift spinnen können, einer Pflanzenart, die in unserer Region seit Jahrtausenden in Gebrauch ist und für Schnüre, Bindfäden und Stauanlagen verwendet wird. Ich brachte den Schüler*innen bei, die Faser mit einem Bein und einer Hand über ihren Oberschenkeln zu zwirbeln, und sah zu, wie sie ihre rutschigen Polyesterhosen zurechtziehen mussten, um die richtige Haftung für die Aufgabe zu erhalten. Ich brachte ihnen bei, einen Flicken von Hand zu nähen, um ein Loch in ihrer Kleidung zu flicken. Dabei bemerkte ich die Ironie, dass die Kinder von Kopf bis Fuß in Kleidung gekleidet waren, die aus fossilen Brennstoffen gewonnen worden war, hergestellt in 13.000 Kilometern Entfernung von Arbeiter*innen, die nicht viel älter waren als sie.

Ich sah, wie meine Schüler*innen zu selbstständigen, kreativen und intellektuell stimulierten Menschen heranwuchsen. Aber es stellte sich mir auch eine Frage: Wo in unserer Kultur würden sie ihre neuen Fähigkeiten praktizieren und weiterentwickeln können? Innerhalb ihrer modernen Wirtschaft und Kultur war es sehr wahrscheinlich, dass meine Schüler*innen nicht die Zeit haben würden, ihre eigene Kleidung zu flicken, ihre eigenen handgesponnenen Garne herzustellen oder auf einer Farm zu arbeiten, um ihr Verständnis der genetischen Vielfalt unseres Fasersystems zu vertiefen. Stattdessen würden sie wahrscheinlich dem Druck ausgesetzt sein, mit den kostspieligen und umfangreichen Erwartungen des modernen Lebens Schritt zu halten. Sie würden zunehmend abhängig vom Konsum billig hergestellter Dinge werden, deren biologische Ursprünge (wenn es welche gab) bewusst im Dunkeln bleiben würden. Ich wünschte, meine Schüler*innen würden einen Weg finden, sich auf das Handwerk zu konzentrieren, aber die Chancen standen gegen sie. Ich fragte mich, wie viele junge Leute wie ich am Ende auf einem College-Campus nach wilden Brombeeren suchen würden, um ein T-Shirt zu färben. Einzig und allein, weil sie und alle um sie herum vergessen hatten, dass sie eigentlich keine teuren und für die menschliche Gesundheit schädlichen, krebserregenden Stoffe brauchen, um ihre Kleidung zu färben.

Rose Dedman von der Navajo Nation kocht Purshia, wilde Karotten und gemahlene Flechten, um natürliche Farbstoffe für ihre Wollgarne herzustellen.

DIE MACHT DES ORTES

Auf meiner interaktiven Lernreise, die sich vom Navajo-Reservat bis zum thailändischen Dorf Doi Tao erstreckte, lernte ich eine Art Textilherstellung kennen, die sich in der heutigen industriellen Wirtschaft größtenteils nicht widerspiegelte. Stattdessen fand ich geografische Gebiete mit bewährten indigenen Praktiken und Ansätzen zur Textilherstellung, die in Symbiose mit der Gesundheit und der Funktion des Ökosystems existierten. In Nordkalifornien zum Beispiel gibt es eine 13.000-jährige (manche sagen länger) Geschichte des Webens mit Pflanzenarten wie Weide, Hasel, Hirschgras, Segge und vielen weiteren. Körbe in dieser Region werden für alle Arten von Gebrauch hergestellt – wasserdichte Gefäße für Lebensmittel, Wiegenbretter zum Tragen von Babys und Lastenkörbe für die Ernte. Darüber hinaus wurden viele dieser Pflanzenarten auch in der Herstellung von Kleidungsstücken verwendet.

Mit ihrem aufwendig gewebten Design und ihrer robusten Struktur verkörpern die California-Körbe einen ökologischen Verhaltenskodex. Die Ernte für die Korbflechterei respektiert, wenn sie gut gemacht wird, die Regenerationsfähigkeit der Pflanzenarten, auf die die Verarbeitenden angewiesen sind. So bietet sie zukünftigen Generationen von Weber*innen die Möglichkeit, ihre Textiltraditionen fortzusetzen. Ich lernte die indigene Philosophie kennen, dass Pflanzen unsere Verwandten sind und unseren Respekt verdienen, sei es durch den Gesang und die Danksagung der Webenden oder durch Erntepraktiken, die den regenerativen Wachstumszyklus der Pflanze verbessern, einschließlich Feuer und *Niederwaldwirtschaft* (der Prozess des Beschneidens der Pflanze bis zur Basis, um neues Wachstum zu ermöglichen). Es gibt viele Beispiele für ökologisch orientierte, systemisch denkende Textilkulturen auf der ganzen Welt, die alle durch die Geologie, Biologie und das Wetter ihres Ortes verfeinert werden. Durch Reisen, Workshops und Ausbildungen konnte ich Wissen und eine Reihe praktischer Fähigkeiten sammeln, die durch meine formale westliche Ausbildung nicht ohne Weiteres verfügbar gewesen wären.

Ich habe auch gelernt, dass ich mehr Farbstoff von weniger Pflanzen ernten kann, wenn der Boden gesund ist. Er muss angereichert sein mit reichlich Mikroben und Pilzen, einem angemessenen Gehalt an Kohlenstoff und anderen Nährstoffen. Ideal ist eine poröse Bodenstruktur zum Speichern von Wasser und eine Vielfalt an Pflanzenarten auf der Oberfläche. Ich habe gelernt, dass ein gesunder Boden ein Verbot von Insektiziden, Herbiziden,

Fungiziden und der Anwendung von Kunstdünger erfordert. Sie schädigen und zerstören all dieses mikrobielle Leben, das für die Aufrechterhaltung der Pflanzenvitalität unerlässlich ist. In diesem Sinne ist der Anbau von Pflanzen für Farbstoffe und Textilien genau gleich wie der Anbau von Pflanzen für Lebensmittel – es ist am besten, ein organisches, ganzheitliches System zu verwenden, das gesunde Böden wiederherstellt und erhält. Der Zusatznutzen dieser Art der Landwirtschaft – ob für Lebensmittel, Farbstoffe oder Fasern – ist für die Gesundheit von Mensch und Tier sowie für den Klimaschutz und die Widerstandsfähigkeit erheblich. Dazu gehört die Integration von Nutztieren wie Schafen und Ziegen in CO_2-Landwirtschaftssysteme. (Ich werde dieses Thema in Kapitel 3 ausführlich behandeln.)

Ich fing an, die komplexen Verbindungen zwischen der menschlichen Kultur – sei es durch Sprache, Medizin, Kunst, Religion oder Familienstrukturen – und den Einflüssen von Niederschlagsmustern, Bodengesundheit und biologischer Vielfalt mehr zu schätzen und zu respektieren. Von den komplexen doppelten Ikat-Webereien, die im Dorf Tegenungan auf Bali hergestellt werden, bis hin zu den komplizierten Ried- und Weidenkörben der indigenen Bevölkerung Kaliforniens – die Gemeinden, die ihre Beziehung zu ihrer materiellen Kultur innerhalb einer strategisch genutzten Geografie über Hunderte von Generationen weiterentwickelt haben, halten viele kraftvolle Lehren für die industrialisierten Gesellschaften bereit.

Es zeichnete sich allmählich ein Bild davon ab, wie Gemeinschaften, die versuchten, ihre natürlichen Ressourcen für eine nachhaltige Gesundheit zu verwalten, wiederholt durch externe Kräfte gestört wurden, oft auf gewaltvolle Weise. Ausländische Kolonisator*innen reduzierten indigene Gemeinschaften auf wirtschaftliche Einheiten, die gekauft und verkauft werden konnten, und erreichten ihre Ziele oft durch Gewalt. Es ist eine alte Geschichte, so alt wie Gewürze, Seide, Schildläuse, Indigofarben, Gold, Baumwolle und ein starker menschlicher Rücken, der die Arbeit verrichtet, oft in Form von Sklaverei. Leider basierte die bereinigte Version der Geschichte, die mir im amerikanischen Schulsystem beigebracht wurde, auf einer pro-industriellen Erzählung, die von Kriegen, Verträgen, Handelstreibenden und dem Triumph der (westlichen) Technologie und des Fortschritts über „Barbarei" und Ignoranz geprägt war – eine Erzählung, die den Akt der Eroberung normalisierte. Selten hat ein*e Geschichtslehrer*in die rein ressourcengetriebenen Beweggründe für diese Eroberungen erläutert.

Aber ich habe mich umerzogen. Ich las über die Geschichte der Faser- und Farbstoffsysteme und begann zu verstehen, dass die Gier nach dem tiefroten Farbstoff der Cochenille-Insekten (neben anderen Schätzen) die Spanier*innen in die Tiefen Mittelamerikas trieb. Ich sah, wie das Begehren nach Baumwolltextilien die Briten dazu veranlasst hatte, ihr Reich auf den indischen Subkontinent und schließlich nach Nordamerika auszudehnen. Diese Aktionen öffneten einem hohen Maß an kultureller und physischer Gewalt die Türen, die auch heute noch weltweit anhält. Und heute, nach Jahrhunderten des Aufbaus von Imperien, die diese einst seltenen und kostbaren natürlichen Textilien und Farbstoffe für den Massenmarkt zugänglich gemacht haben, werden wir mit synthetischen Farben und industriell angebauten Materialien überschwemmt und führen weiterhin Kriege und beuten Gemeinschaften aus, um diese Ressourcen zu erhalten, die wir in großem Maßstab überproduzieren.

DIE WARDROBE CHALLENGE

Anfang 2009 war ich auf dem Rückweg vom Navajo-Reservat, wo ich mit mehreren Frauen und ihren Familien die Naturfärberei studiert hatte. Auf einem Flughafen sah ich die Nachrichten. Weitere amerikanische Truppen wurden in Afghanistan stationiert. Aus Wut über die endlosen Ressourcenkriege dachte ich intensiv darüber nach, was ich als Erzieherin und Textilentwicklerin tun könnte, außer Petitionen zu unterschreiben und mit meinen gewählten Kommunalpolitiker*innen zu sprechen. Ich schaute auf den Plastikstuhl hinunter, auf dem ich saß, und sah meine graue, dehnbare Cordhose. Mir wurde klar, dass sowohl der Stuhl als auch meine Kleidung aus demselben Rohstoff bestanden: Öl. Ich betrachtete den Teppich unter meinen Füßen – auch er war aus Öl. Das Kerosin, das meinen Heimflug antreiben würde – Öl. Tatsächlich handelte es sich bei fast allem, was mich umgab, um Produkte aus fossilen Brennstoffen, die in kriegszerrütteten Ländern gewonnen wurden. Der fossile Kohlenstoff wurde raffiniert und verbrannt, um diese Materialien zu erzeugen, wobei erhebliche Konzentrationen von Kohlendioxid in unsere Atmosphäre gepumpt wurden, wodurch eine Schicht aus wärmespeichernden Gasen entstand und das Klimachaos verstärkt wurde. Im Jahr 2009 erschienen mir alle persönlichen Maßnahmen, die Alternativen zur Abhängigkeit von fossilem Kohlenstoff schafften, am sinnvollsten. Bis heute mache ich mich stark für ein

Tatsächlich handelte es sich bei fast allem, was mich umgab, um Produkte aus fossilen Brennstoffen, die in kriegszerrütteten Ländern gewonnen wurden.

Tandem aus individuellen Verhaltensänderungen und groß angelegten intersektionalen und parteiübergreifenden Bemühungen zum Aufbau einer Klimagerechtigkeitsbewegung.

Dieses Engagement hatte sich schon seit einigen Jahren angebahnt, seitdem ich erkannt hatte, dass ich zwar Menschen beibrachte, wie Textilien aus Naturfasern und Farbstoffen hergestellt werden, aber das, was ich webte und färbte, nicht am eigenen Körper trug. Ich hatte einen Schrank voller Kleidung, die größtenteils aus fossilen Kohlenstofffasern stammte. Fast alle waren mit denselben nicht erneuerbaren Materialien gefärbt, die aus den Tiefen des uralten Kohlenstoffreservoirs der Erde stammten. (Später habe ich herausgefunden, dass die Herstellung von Fasern auf Kunststoffbasis jährlich etwas mehr als 300 Millionen Barrel Öl verbraucht. Die Treibhausgasemissionen der Textilindustrie verbuchen jedes Jahr fast eine Milliarde Tonnen Kohlendioxid, mehr als der gesamte internationale Flugverkehr und die Seeschifffahrt zusammen.) Als ich an diesem Tag am Flughafen saß, wurde mir klar, dass ich mich anders kleiden musste. Ich musste meinen eigenen Worten folgen. Meine Fähigkeiten in der Verarbeitung von Naturfasern und natürlichen Farbstoffen – und all der kulturellen und ökologischen Integrität, die sie repräsentierten – ließen sich mit meinen Sorgen über die Klimakatastrophe, Ressourcenkriege und Wasserverschmutzung verknüpfen. Indem ich änderte, wie ich meinen Körper jeden Tag kleidete, wollte ich mich von diesen ungesunden Systemen lösen.

Ich traf eine Entscheidung: Nach meiner Rückkehr nach Hause würde ich meine Konsumkultur und meine Tragegewohnheiten von Textilien auf den Kopf stellen. Als Teil dieser Veränderung wollte ich mich und meinen Körper zum Zentrum eines Experiments werden lassen. Das Flughafenerlebnis war eine Art Blitzschlag. Ich hatte plötzlich das Bild einer Garderobe, hergestellt aus Naturfasern und Farbstoffen, die in einem strategischen Gebiet rund um meinen Wohnort angebaut wurden – eine ortsbezogene Geografie. Später prägte ich dafür den Begriff *Fibershed*. Ich fokussierte meine Aufmerksamkeit auf die Pflanzen, Tiere und Menschen, die mit mir in diesem Fibershed lebten. Ich überlegte, wie oder ob ich einen Prototypen einer Garderobe erstellen und zwölf Monate in diesen selbst angebauten Kleidungsstücken leben konnte. Ein Test, um zu sehen, wie ich Kleidungsstücke aus dem Boden der Region herstellen konnte, in der ich lebte.

Ich erfuhr, dass noch 1965 95 Prozent der Kleidung im Kleiderschrank einer durchschnittlichen Person aus den USA innerhalb der politischen Grenzen unserer Nation hergestellt wurden. Heute sind es nur noch 2

Prozent. Leider wurde diese Verlagerung der Textilindustrie nicht ausgelöst durch den Wunsch nach höheren Produktionsstandards, wirtschaftlicher Gerechtigkeit für die Arbeitnehmer*innen oder strengeren Umweltvorschriften. Ganz im Gegenteil – es wurde getan, um die Richtlinien, Gewerkschaften und Umweltschutzkosten zu umgehen, die mit der Geschäftstätigkeit in Amerika verbunden sind. Während meinen Teenagerjahren und frühen Zwanzigern erlebte ich die Hochphase des Todesstoßes in das Herz der amerikanischen Produktion. Richtlinien wie NAFTA und CAFTA (das nordamerikanische Freihandelsabkommen und das zentralamerikanische Freihandelsabkommen) wurden zu einer Negativspirale der föderalen Entscheidungsfindung. Sie erlaubten es dem friktionslosen Kapitalismus (ein neoklassisches Modell, in dem es keine Kosten oder Beschränkungen für Transaktionen gibt), amerikanische Vermögenswerte schnell zu liquidieren und gleichzeitig in Niedriglohnländern zu „reinvestieren". Amerikanische Produktionssysteme, die unverderbliche Rohstoffe verarbeiteten, ließen sich viel einfacher nach Übersee verlagern – eine Faser ohne Verfallsdatum konnte überall hinreisen, um zu Kleidungsstücken verarbeitet zu werden.

Es wäre anzunehmen, dass der Faserrohstoff in meiner Region durch diese Verlagerung der Fertigung knapp geworden wäre. Dies war jedoch nicht der Fall. Als ich tiefer in die Ressourcenbasis meines Fibersheds eintauchte, um Materialien zu finden, erfuhr ich, dass es eine Fülle von natürlichen Faser- und Farbstoffoptionen gab. Vielen Landwirt*innen und Viehzüchter*innen wohl bekannt, mir jedoch völlig neu war die Erkenntnis, dass in meiner Region die verfügbaren Proteinfasern (vorwiegend Wolle und Alpaka) nicht ausreichend genutzt wurden – hauptsächlich, weil die Fasern vor Ort nicht einfach verarbeitet werden konnten. In der Zwischenzeit joggten, kletterten und radelten viele Leute in meiner Gemeinde in Kleidung aus Wolle, die in Neuseeland angebaut und in Asien verarbeitet wurde. Während dieser Reise entdeckte ich, dass Kalifornien jedes Jahr genug feine Fasern produziert, um mehrere Millionen Kleidungsstücke und langlebige

Eine Karte der einjährigen 150-Meilen-Wardrobe-Challenge. Jede Person, die mitgearbeitet hat, wurde mit den Symbolen kartiert, die ihre Fähigkeiten repräsentieren.
Freundlicherweise zur Verfügung gestellt von Fibershed.

fibershed
local fibers · local dyes · local labor
Faserbauer•bäuerin
Stricker•in
Weber•in
Designer•in
Näher•in
Filzer•in
Spinner•in
Baumwollbauer•bäuerin
Naturfärber•in
Fabrikbesitzer•in
Sonstiges
Jean Near
UTOPIA RANCH
Sue Reuser
CORMO WOOL
Julie Rosenfeld
Renaissance Ridge Alpacas
at Mt. Aukum
Sally Fox
FOXFIBRE MILL
Genine Coleman
(brain tanner)
HIGHWAY 101
Jane Deamer
YOLO WOOL MILL
Jo Ann Slissman WYAMMY RANCH
Heidi Iverson
Judith Ashley
BODEGA PASTURES
Robin Lynde
MERIDIAN JACOBS FARM
Mary Pettis-Sarley
TWIRL
WINDRUSH FARM
Mimi Luebberman
Petaluma
Paige Green
(PHOTOGRAPHER)
Susan Hayes
Marlie de Swart
Julie & Alex Benjamin
BLACK WALNUT farmers
Kenny Kirkland · WOOLLY EGG FARM (fiber AND meat)
Amber Elandt
Diane Matthews
(INDIGO project hosts)
Katie Warfield
Louise Jenkins
Noelle Marquis
Sue Warhaftig
Danielle Svelar Christianson (pattern drafter)
Delia van der Plas
Molly deVries
machine
Zara Franks
Allison Reilly
Mill Valley
Berkeley
Thara Srinivasan
Dustin Kahn
Oakland
Daniel DiSanto
Kerry Keefe
Dyan Ashby
Rebecca Burgess
San Francisco
Sierra Reading
Olga Ozilikhova & Mina Yazdi
Kacy Dapp
Ri Molnar
Heather Brady
Zoe Minikes graphic designer
Ashley Brock
Sachi Henrietta
Nance Ottenstein
Coti Coccia
Mali Mrozinski
Monica Paz Soldan
Katherine Jolda
Kurt Fausset
Palo Alto
Amber Steinhauer

Güter herzustellen. Bei so viel verfügbarem Rohmaterial war es sowohl bizarr als auch frustrierend, so viele arbeitslose und unterbeschäftigte Menschen in meiner Gemeinde zu sehen. Sie konnten bei uns sinnvolle Arbeit finden und gleichzeitig unseren Rohstoffen einen Mehrwert verleihen.

Das Fibershed-Konzept basiert auf *Wasser-* und *Lebensmitteleinzugsgebieten*: begrenzten geografischen Gebieten, in denen Wasser oder Nahrung gewonnen wird. Trotzdem ist Kleidung nicht so simpel wie Nahrung, die roh geerntet, fermentiert oder über Hitze gekocht, in den Mund genommen und gekaut werden kann. Die Herstellung einer Garderobe umfasst Materialien, die in mehreren Schritten zu funktionalen Kleidungsstücken verarbeitet werden müssen. Ich fragte mich: Gab es in meinem Fibershed die Ausrüstung und das Fachpersonal, um diese Schritte zu ermöglichen? Ich wusste, dass es dort, wo ich lebe, eine starke Ernährungsgemeinschaft gibt, die sich über viele Jahre entwickelt hat, aber wäre es möglich, eine ähnliche Gemeinschaft für Textilfasern aufzubauen?

Ich beschloss, ein Jahr lang meine gesamte Kleidung aus meinem eigenen Fibershed zu beziehen, was ich die einjährige Wardrobe Challenge nannte. Es begann mit einer erfolgreichen Kickstarter-Kampagne, um Geld für die Deckung der Kosten für Rohstoffe und Dienstleistungen von Textilhandwerker*innen aufzutreiben sowie um den Fortschritt des Projekts mit der langjährigen Freundin, Kollegin und Naturlichtfotografin Paige Green zu dokumentieren. Ich recherchierte, führte Interviews und publizierte Texte, die Artikel über die Zusammenarbeit zwischen Landwirt*innen und Handwerker*innen beinhalteten. Nach Abschluss der Kickstarter-Kampagne war der nächste Schritt schnell klar: Es war an der Zeit, Treffen mit benachbarten Farmen, Ranches, Designstudent*innen und Community-Mitgliedern zu vereinbaren, die an einer Zusammenarbeit in der Entwicklungsphase der Bekleidungsherstellung interessiert waren.

GEMEINSCHAFT SCHAFFEN

Eine der Fasern, die in meinem Fibershed angebaut werden, ist Baumwolle, und ich schätze Baumwollstoffe sehr. Ich war sehr daran interessiert, diese in Kalifornien angebaute Faser in die Wardrobe Challenge aufzunehmen. Obwohl mir bewusst war, dass Baumwolle eine Reihe komplexer ökologischer Gegebenheiten und Auswirkungen mit sich bringt (siehe Kapitel 5), wusste ich auch, dass es ein breites Spektrum an Praktiken gibt, die zur Herstellung der Faser verwendet werden. Mir wurde schnell klar, dass wir über Baumwolle nicht viel sagen können, bis wir die Farm kennen, auf der sie angebaut wird. Ich war zufällig zwei Autostunden von Sally Fox entfernt, einer Baumwollzüchterin, Textildesignerin und Landwirtin von biologischer, biodynamischer, bunt angebauter Baumwolle, Merinowolle, Weizen und Alfalfa. Die unmittelbare Nähe bot mir die Gelegenheit, ihre Geschichte zu hören und die *Gossypium-hirsutum-* und *G.-barbadense-*Baumwollarten als Kleidungsstück auf meiner Haut zu fühlen.

Ich lernte auch die Fasern der *Camelidae*-Tierfamilie – Alpakas, Lamas und Guanakos – zu schätzen, die alle in meinem Fibershed existieren und zartweiche Proteinfasern liefern. In den Ausläufern der Sierra, 236 Kilometer von meiner Haustür entfernt, hatte ich meinen ersten Kontakt mit der Renaissance Ridge Farm, die für ihre wunderschön gefärbten und feinfaserigen Alpaka-Herden bekannt ist. Als ich später einen Jahrmarkt in Mendocino County besuchte, traf ich Jean Near, eine inspirierende, über 100 Jahre alte Viehzüchterin, und lernte ihre Herde Merinoschafe auf der Utopia Ranch im Redwood Valley kennen.

Bei meinem wöchentlichen Ausflug zum örtlichen Bauernmarkt, um Eier aus der Region zu kaufen, entdeckte ich die Besitzer*innen einer Schafherde, die mitten in einem Vorort in Mill Valley, direkt gegenüber der Golden Gate Bridge von San Francisco, weidete. Auf Kenny Kirklands 1867 gegründetem Familiengehöft werden Hühner gezüchtet, eigener Biodiesel produziert und eine kleine Schafherde gehalten, und das alles auf zwei Hektar Land, eingebettet zwischen zwei hochpreisigen Gutshäusern, die seit der Gründung gebaut wurden. Während ich Fasern und Garne von diesen Farmen und Ranches kaufte, organisierte ich gleichzeitig Treffen mit Freund*innen und Kolleg*innen, die daran interessiert waren, Prototypen von Kleidungsstücken aus lokal angebauten Materialien herzustellen. Mehrere lokale Stricker*innen halfen mir freundlicherweise bei der Herstellung von Pullovern, Mützen, Stulpen,

Jean Near (rechts), die Inhaberin der Utopia Ranch, bewundert gemeinsam mit California-College-of-the-Arts-Textildesignstudentin Henrietta Sachi (links) und Rebecca Burgess Sachis Talent für die Herstellung von Strickwaren.

Leggings und Socken, die mich hoffentlich auch bei schlechtestem Wetter warmhalten würden. Der bevorstehende Winter beunruhigte mich, weil ich mir nicht sicher war, ob ich bei sinkenden Temperaturen und einsetzenden Regenfällen genügend Schutz haben würde (selbst in Kalifornien brauchen wir Winterkleidung, obwohl es in einem kälteren Klima definitiv intensiver gewesen wäre). Wegen der voluminösen Garne musste ich mehrere Schichten tragen, um zu verhindern, dass der Wind durch die Stoffstruktur dringen konnte. Obwohl die Herstellung dieser Schichten viel Zeit in Anspruch nahm, kamen durch die Arbeit vieler einzelner Stricker*innen genau die richtigen Teile zusammen, um in den kältesten Monaten des Jahres ausreichend Schutz zu bieten. Letzten Endes wuchs der Prototyp der Fibershed-Garderobe um Shorts, Caprihosen mit weitem Bein zum Radfahren, Arbeitshosen, ärmellose Tuniken, die auch als Kleider dienen, separate Ärmel, lange Unterhosen, Socken und Unterwäsche.

Mit Fortschreiten des Projekts des Wachsens, Spinnens, Strickens, Webens und Nähens wurde klar, dass eine der größten Herausforderungen bei der Kreation von lokalen Kleidungsstücken die Herstellung von Stoffen war.

Die mechanisierten Maschinen zur Herstellung feiner Garne und fertiger Textilien waren in meiner Gegend seit Jahrzehnten nicht mehr vorhanden, teilweise auch schon seit mehr als einem Jahrhundert. Dementsprechend waren wir auf von Menschenhand betriebene Geräte angewiesen. Wir nutzten Handkämme, Spinnräder, Stricknadeln und Bodenwebstühle sowie die altehrwürdigen Fertigkeiten, die für die Verwendung der von Menschen betriebenen Geräte erforderlich sind. Glücklicherweise hatten wir die Gelegenheit, mit der letzten verbliebenen Wollspinnerei in unserer Region, der Valley Oak Wool Mill, zusammenzuarbeiten. Dank der Hartnäckigkeit und der Courage ihrer ursprünglichen Eigentümerin Jane Deamer (heute wird die Wollmanufaktur von der langjährigen Mitarbeiterin Marcail Williams betrieben) hatte sie die Einschmelzung beziehungsweise den Verkauf an eine Offshore-Firma überstanden. Jane hatte es mit der Unterstützung lokaler Faserproduzent*innen geschafft, im Geschäft zu bleiben und Garne für die Strick- und Weberei-Community zu fertigen. Ihre Verarbeitungsanlage lieferte den Großteil der Garne für meine Prototypen-Garderobe und ihre Maschinen versorgen unsere Region bis heute mit Garnen aus eigenem Anbau.

Marcail Williams, Besitzerin und Betreiberin der Valley Oak Wool Mill.

Eines der wichtigsten Ziele der Challenge war es, eine Community-Verbindung herzustellen, indem lokale Kunsthandwerker*innen mit lokalen Landwirt*innen zusammengebracht wurden, um ein Kleidungsstück zu konstruieren. Als das Projekt im Laufe der Zeit wuchs, identifizierten wir unsere kollektiven Fähigkeiten und kartierten die teilnehmenden Farmen, Ranches, Spinner*innen, Weber*innen, Näher*innen, Naturfärber*innen und Kreativen in der Region. Ich war erfreut zu sehen, wie kleine Unternehmen durch diese Experimente wuchsen, während die beteiligten Personen ihre Zusammenarbeit vertieften. Einige der Faserproduzent*innen begannen, ihre eigenen komplexeren Mischgarne zu entwickeln, die nicht nur Materialien aus ihren eigenen Betrieben, sondern auch Fasern aus den Farmen ihrer Nachbar*innen und Freund*innen verwendeten. In dieser Zeit entstanden viele neue Garnrezepturen. Wir lernten und erforschten gemeinsam die Tiefen und Grenzen des neuen Textur- und Farbspektrums, das unsere Region bereitstellte.

Es war nicht nur aufregend zu sehen, wie eine Faser-, Naturfarben- und Design-Gemeinschaft geografisch kartiert wurde, auch bei der Beobachtung, wie sich Faserproduzent*innen und Designer*innen zum ersten Mal gegenseitig entdeckten, stellte sich Freude ein. Das Projekt entwickelte sich organisch zu einem sozialen Netzwerk von Mitarbeiter*innen, das den gesamten Soil-to-Skin(von der Erde auf die Haut)-Kreationsprozess umfasste. Die Qualität der Handwerkskunst, die aus der Zusammenarbeit von Landwirt*innen und Kunstschaffenden hervorgegangen ist, erwies sich als eine unendliche Quelle der Inspiration.

Wir überraschten uns immer wieder selbst mit unserer Fähigkeit, lokale Lösungen für Herausforderungen zu erarbeiten. Als Reaktion auf den Bedarf an bestimmten Farbstoffen haben wir beispielsweise im Frühjahr 2010 ein Indigo- und Coreopsis-Anbauprojekt ausgeweitet. Durch diese beiden Arten bekam die Design-Community den Zugang zu pflanzenbasiertem Blau und Orange. Andere Farben stammen von eingebürgerten und einheimischen Pflanzenarten, die wir in den Gärten und Ranches der Region gefunden haben. Bei Textilfasern war es ähnlich. Konventionellerweise gilt Wolle von Schafen, die zum Verzehr gezüchtet werden, als nicht geeignet für Bekleidungsmaterial. Wir haben aber festgestellt, dass dies nicht immer der Fall sein muss. Aus einigen haben wir sogar lange Unterwäsche gemacht.

Es war eine tiefgreifende Erfahrung, meine anonym hergestellte, industriell gefertigte Garderobe in eine zu verwandeln, die von Kopf bis Fuß aus Fasern von Tieren bestand, die ich kannte, und von mir vertrauten

Weniger ist mehr

Das Weniger-ist-mehr-Kleiderschrank-Konzept geht davon aus, dass weniger Unordnung gut für die Psyche ist und Klarheit in den Alltag bringt. Ebenso geht es bei einer einfachen, nachhaltig verarbeiteten Garderobe darum, die Voraussetzungen für mehr Wohlbefinden zu schaffen. In unserer Gesellschaft arbeiten viele von uns an einer individuellen Identität, während wir gleichzeitig versuchen, durch die Kleidung, die wir tragen, ein Gefühl der Zugehörigkeit zu erzeugen. Allzu oft halten wir dadurch aber unser Bewusstsein für uns selbst und andere oberflächlich, anstatt tiefer einzutauchen in unsere wahre menschliche Natur. Wenn wir unsere Garderobe so zusammenstellen und pflegen, dass sie uns mehr Verbundenheit, Funktionalität und Dankbarkeit vermittelt, dann erfüllen unsere Kleidungsstücke ihren wahren Zweck. Die Idee, es warm zu haben, wenn es warm sein muss, kühl, wenn es kühl sein muss, vor der Sonne geschützt zu sein und Kleidung zu haben, die sich bei Bewegung angenehm mitbewegt, Kleidung, die an ein besonderes Ereignis erinnert – das sind die grundlegenden Gründe, warum wir Kleidung haben.

Eine einfache Garderobe ermöglicht es euch, in weniger, dafür hochwertige Artikel zu investieren, die gut auf eure tatsächlichen Bedürfnisse zugeschnitten sind. Wenn ihr euren Konsum verlangsamt, könnt ihr euch auch die Zeit nehmen, eure eigenen Kleidungsstücke durch Nähen, Stricken, sichtbares Flicken oder Filzen zu entwickeln oder zu bearbeiten. Hier sind vier Strategien, um eine einfache Garderobe anzulegen und aufrechtzuerhalten:

1. Kauft Artikel aus zweiter Hand und passt sie durch Änderungen an. Färbt Kleidung mit Küchenabfällen wie Avocadokernen und Zwiebelschalen oder verwendet einzigartige Aufnäher oder Verzierungen, die die Artikel stärker oder funktionaler machen.

2. Kauft Garn (oder Stoff, falls verfügbar) direkt von einem Bauernhof oder einer Ranch (oder einem Strickgeschäft, das lokal angebaute Garne und Textilien verkauft) und strickt oder näht ein Kleidungsstück, das für mehrere Gelegenheiten geeignet ist.

3. Gebt eure eigenen Stücke bei Leuten aus eurer Gemeinde in Auftrag. Es gibt Landwirt*innen und Künstler*innen, die gerne mit lokal angebauten Materialien für individuelle Strick-, Näh- und Färbeprojekte arbeiten. Der Aufbau eines kleinen Teams, das euch hilft, ein sinnvolles Kleidungsstück zu entwickeln und den richtigen Lebensunterhalt zu sichern, ist eine großartige Möglichkeit, eure Fibershed-Wirtschaft und eure Garderobe aufzubauen.

4. Zieht in Erwägung, bei Designer*innen zu kaufen, die zeitlose Erbstücke herstellen, die biologisch abbaubar sind und schließlich in die Erde zurückkehren. Die Suche nach möglichst lokalen Lieferketten ist wertvoll, um sinnvolle Lebensgrundlagen in unseren Heimatgemeinden zu unterstützen.

Menschen gefärbt, gesponnen, gestrickt und genäht wurde. Ich habe bei diesem Projekt einiges über handgestrickte Socken gelernt und musste oft alle drei oder vier Tage ein Paar stopfen. Die Corriedale-Wolle von Mimi Luebbermanns Windrush Farm im Chileno Valley erwies sich als die mit Abstand robusteste Wolle dafür. Marlie de Swart, die Besitzerin von Black Mountain Weavers in Point Reyes Station, strickte ein Paar Kniestrümpfe, die mit ihren schwarzen Walnüssen und meinen *Heteromeles arbutifolia* (einer einheimischen kalifornischen Strauchart) gefärbt worden waren. Um bei regnerischem Wetter bestehen zu können, war klar, dass Filz die beste Option für meine Oberbekleidung sein würde, und Mali Mrozinski und Katharine Jolda, beide Designer*innen aus Oakland, arbeiteten zusammen an der Entwicklung eines Filzmantels aus der Wolle eines schwarzen Alpakas namens Blackberry. Bei starkem Regen perlte das Wasser am Mantel ab. Ich konnte trocken bleiben und spürte keine Kälte vom Wind.

Die Fibershed-Garderobe war wie eine regionale Sprache, die die wilde, natürliche und gezähmte Vielfalt meiner Heimatregion vermittelte. Die biologische Vielfalt, die die Farbe und Form meiner Kleidungsstücke vorgab, beruhte auf der Geologie, den Niederschlagsmustern, den Hängen und den jährlichen Temperaturschwankungen, die unsere Bioregion definierten. Und wie mein Fibershed sprechen regionale Textilkulturen auf der ganzen Welt die Bildsprache des Landes und erzählen die Geschichten ihrer Menschen. Insgesamt eröffnen diese kleinen, aber miteinander verbundenen Gemeinschaften eine Gelegenheit und einen Weg, uns auf eine Art und Weise neu zu kleiden, die unsere persönlichen Bedürfnisse besser mit der größeren Ökologie in Einklang bringt, auf die wir für Selbsterneuerung, Gleichgewicht und Widerstandsfähigkeit angewiesen sind. Ein Fibershed ist kein neues Konzept, sondern eines, zu dem wir zurückkehren und welches wir neu definieren müssen. Die Wardrobe Challenge begann als eine raue sensorische Erfahrung. Sie war nicht immer schmeichelhaft für meine Hauttöne oder meine Körperform, und die Anstrengung zerbröselte mein bisheriges Identitätsgefühl und meine Vorstellung davon, was Mode war oder wie ich sie haben wollte. Ich erkannte jedoch bald, dass meine Kleidung eine andere Art von Gemeinschaftsgeschichte erzählte, die es allen, die das wollten, ermöglichte, etwas dazu beizutragen. Diese Garderobe hatte wenig bis gar nichts mit Vermögenskonzentration, Modetrends oder kultureller Dominanz zu tun. Meine Kleidung war eine lebendige Kommunikation darüber, wo ich lebe, welche Werte ich habe und zu welcher Gemeinschaft ich gehöre.

Die Fibershed-Garderobe war wie eine regionale Sprache, die die wilde, natürliche und gezähmte Vielfalt meiner Heimatregion vermittelte.

Ein Garten voller Coreopsis (auch Mädchenauge genannt), einer beliebten Pflanze für orange und gelbe Färbemittel.

Ein Besuch bei den Alpakas der Renaissance Ridge Farm nach der Fertigstellung des gefilzten Alpaka-Regenmantels. Die in Oakland ansässige Designerin Mali Mrozinski und die Filzerin Katharine Jolda arbeiteten gemeinsam an dem Stück und verwendeten Fasern von Blackberry, dem ansässigen schwarzen Alpaka, dessen Farbe und Stärke eine hervorragende Materialquelle für diesen warmen und wasserabweisenden Mantel boten.

DER AUFSCHWUNG AUS DER KRISE

In einem Interview mit einem spanischen Journalisten- und Filmemacher-Ehepaar, das während meines Wardrobe-Challenge-Jahres stattfand, sprach ich über unsere Wirtschaft – die vom Finanzcrash 2008 hart getroffen worden war und immer noch wankte. Dies war ein offensichtliches Beispiel dafür, wie völlig abgekoppelt unsere lokale Wirtschaft von jeglicher regionalen materiellen Ressourcenbasis war und wie leicht eine zentralisierte Wirtschaft so viele Gemeinschaften eigenmächtig destabilisieren konnte. Aber trotz des Chaos der Krise, erzählte ich den Interviewern, produzierten die Schafe in meinem Fibershed weiterhin Wolle, die Baumwollpflanzen blühten, die natürlichen Färberpflanzen wuchsen weiter, die Stricknadeln in den Händen der Menschen bewegten sich und die Spinnräder drehten sich weiter unter dem Gewicht menschlicher Füße. Trotz des Dominoeffekts der mit Hypotheken abgesicherten Wertpapiere hatte sich innerhalb des Fibersheds nichts geändert.

Durch die Erfahrung, wie der Alltag auf unseren Höfen, Gärten und Webstühlen einfach weiterging, wurde das tägliche Radio- und Internet-Bombardement über das Finanzchaos in eine ganz neue Perspektive gerückt. Es zeigte mir, dass die Wirtschaft, wie sie in den Medien allgemein diskutiert und von den meisten von uns erlebt wird, ein System ist, das Wert auf einen einzelnen Teilbereich unserer tatsächlichen gemeinsamen Erfahrungen legt. Es hat mir auch gezeigt, dass es ein großes Potenzial gibt, eine neue und relevante Währung oder sogar eine Reihe von Währungen zu schaffen. Solche, die eine Wirtschaft stützen könnten, die biologische und menschliche soziale Faktoren in Echtzeit widerspiegeln. Der Kontrast zwischen dem, was ich hörte, und dem, was ich in den Jahren nach dem Absturz lebte, war drastisch. Ich bin nach wie vor überzeugt, dass es diverse Wirtschaftsmodelle gibt, die unserer gelebten Erfahrung und den Ökosystemen, auf die wir uns verlassen, mit viel mehr Würde begegnen.

Ich habe ein Beispiel für die unzusammenhängenden Beziehungen zwischen Angebot und Nachfrage, die durch das aktuelle Design unserer Wirtschaft geschaffen wurden: Während des Wardrobe-Challenge-Jahres erfuhr ich, dass mehr Rohfasern regional produziert werden, als unsere Gemeinde zu Kleidung verarbeiten kann. Wolle und andere tierische Rohfasern lagern in riesigen Mengen in Säcken in Scheunen, während die Gewinnspannen für Landarbeiter*innen und Tierhalter*innen hauchdünn bleiben. Durch eine anschließende Analyse fanden wir heraus, dass Kalifornien weniger als

1 Prozent der im Staat produzierten Wolle verarbeitet. Aber wir könnten dieses Ungleichgewicht zwischen Angebot und Nachfrage relativ leicht ausbalancieren. Zum Beispiel durch Investitionen in die regionale Infrastruktur einschließlich vertikal integrierter Wertschöpfungsketten. Warum nicht so regional wie möglich anbauen, mahlen, nähen, kochen, essen und sich bekleiden? Wie kommt es, dass ein Kleidungsstück, das fast 25.000 Kilometer bis zu einem Kaufhaus zurücklegt, gefärbt und genäht mit Materialien aus nicht erneuerbaren, fossilen Kohlenstoffressourcen, trotzdem günstiger ist als Kleidung aus der eigenen Region? Warum überleben die meisten Bauern*Bäuerinnen und Tierzüchter*innen wirtschaftlich kaum und werfen ihre wertvolle Wolle weg? Warum werden unvollkommene Lebensmittel auf eine Deponie geworfen? Die Armut in unseren Gemeinden ist ein fruchtbarer Boden für unternehmerische Ideen. Die Fibershed Wardrobe Challenge hat mir diese kulturellen und wirtschaftlichen Möglichkeiten auf unvergessliche Weise nähergebracht.

Die Einsparungen bei den CO_2-Emissionen und die Vorteile einer solchen Lebensweise wären auch ein Segen für unsere regionale Wirtschaft. Um unser Verständnis des reellen Wertes regional angebauter und verarbeiteter Kleidungsstücke zu vertiefen, führte Thara Srinivasan, eine der Fibershed-Designer*innen, eine wissenschaftliche Analyse für Peace Labs, eine Ökobilanzgruppe in East Bay, durch. Thara entdeckte, dass die Hose, die sie für die einjährige Wardrobe Challenge hergestellt hatte, *ein Sechstel* des CO_2- und Wasser-Fußabdrucks eines konventionell hergestellten Äquivalents hatte. Selbstverständlich gibt es große und komplexe Infrastrukturhürden, um Zugang zu solchen Kleidungsstücken für die breite Öffentlichkeit zu schaffen, und wir benötigen fachkundige Planung, Geschäftssinn und technische Fähigkeiten, um diese Herausforderungen zu meistern (dieses Thema wird in Kapitel 3 ausführlicher behandelt).

Die Stadt-Land-Verbindungen, die während des Wardrobe-Challenge-Jahres geknüpft wurden, haben auch das Gesicht unserer Fibershed-Gemeinde verändert. Als Ergebnis des Projekts wurden vier neue Unternehmen sowie eine Reihe von informellen Kooperationen gegründet, die bis heute florieren. Aber als das Challenge-Jahr zu Ende ging, wurde es essenziell, die Community, die wir gemeinsam aufgebaut hatten, fortzuführen und ihr weiteres Wachstum zu unterstützen. Wir mussten herausfinden, wie wir diese Gemeinschaft von Kunstschaffenden und Landwirt*innen weiterhin bei der Zusammenarbeit unterstützen konnten. Gleichzeitig mussten wir Wege finden, um den Zugang zu unseren lokalen Materialien weiter zu verbessern, um diese Arbeit für Interessierte zugänglicher zu machen. Diese neue Bewusstseinsebene in meinem Heim-Fibershed war ein Beweis dafür, dass uns keine biophysikalischen Einschränkungen davon abhalten, natürliche Faser- und Farbtraditionen in unsere Schränke zurückzubringen. Mir wurde klar, dass diese Wiederaufnahme der Textiltradition in den Startlöchern steht und es an unseren regionalen Gemeinschaften liegt, zu definieren, wie dies erreicht wird.

Die Wardrobe Challenge hatte kein genau vorherbestimmtes Ergebnis, als ich sie begann, und in gewisser Weise ist sie nie abgeschlossen worden; bis heute trage ich viele der handgefertigten Kleidungsstücke, die für das Projekt geschaffen wurden. Und da ich der Öffentlichkeit auch weiterhin die reichhaltigen Faserressourcen unserer Heimatregion näherbringen wollte, beschlossen meine Mitarbeiter*innen und ich, dass es ein guter nächster Schritt wäre, eine Veranstaltung zu entwickeln, bei der die Wardrobe-Challenge-Kleidung vor einem Publikum präsentiert wird, damit die Menschen das „Tragen der Landschaft" sehen und erleben können. Dazu mieteten wir eine Scheune in der Nähe der Point Reyes Station. Wir nutzten Strohballen, um einen Laufsteg für die Models und Sitzgelegenheiten für das Publikum zu schaffen. Wir servierten Wein, der von lokalen Winzern angebaut und produziert wurde, Bier aus unserer Nachbarschaftsbrauerei, Käse aus den Molkereien unserer Region, wilde Brennnesseln, die von Freund*innen geerntet wurden, und einen Birria-Ziegeneintopf; mein Bruder hat einen hausgemachten Kombucha kreiert, um ihn unseren Gästen zu servieren. Die Models trugen aus der Kermesbeere gewonnene, magentafarbene Wolle, mit Krappwurzel gefärbtes Garn und Galläpfel, die an den Ohren und um den Ausschnitt baumelten. Es war unsere Absicht, die Schnittstelle zwischen den Nahrungs- und Fasersystemen unserer Region zu beleuchten, und wir haben uns sehr gefreut, als ein paar 100 Menschen an diesem Abend zu uns kamen.

Dank einer Teamleistung konnten wir in dieser Nacht 6.000 Dollar aufbringen, eine Summe, die wir für den Bau einer kleinen Baumwollfabrik für die Region verwenden wollten. Das gesammelte Geld machte jedoch nur einen winzigen Prozentsatz der rund 500.000 Dollar aus, die für die Inbetriebnahme der neuen Fabrik benötigt wurden, ein Großteil für den Kauf und Import von Mikrospinnmaschinen aus Indien. Infolgedessen verlagerte sich unsere Diskussion erneut darauf, wie wir unsere Mittel einsetzen können, um eine breitere und absichtlich langfristige Wirkung in unserer Region zu erzielen. Es entstand die Idee, eine gemeinnützige Organisation zu gründen, die sich auf lokale Faser- und natürliche Farbstoffsysteme konzentrieren sollte. Wir sahen die positive Rolle, die die Organisator*innen lokaler Lebensmittelsysteme dabei spielten, den Gemeinden beim Zugang zu lokal angebauten, gesunden Lebensmitteln zu helfen, aber es gab nichts Vergleichbares im Faser- und Farbstoffsystem, um den Zugang zu lokal produzierten, sauberen und gesunden Textilien zu unterstützen. Wir sprachen mit verschiedenen Expert*innen, darunter auch Pro-Bono-Anwält*innen, und schon bald wurde die Idee Wirklichkeit. Fibershed (die gemeinnützige Organisation) wurde im Frühjahr 2012 mit dem Bildungsauftrag ins Leben gerufen, regionale und klimafreundliche Fasersysteme im Auftrag unabhängiger Hersteller*innen zu entwickeln. Dazu erweiterten wir die Möglichkeiten zur Anwendung von Carbon Farming, legten die Grundsteine für den Wiederaufbau der regionalen Produktion und brachten durch öffentliche Aufklärung Endverbraucher*innen in Kontakt mit Farmen und Ranches.

WOLL- UND FEINFASER-SYMPOSIUM

Eines unserer ersten Projekte als Organisation war die Gründung eines Woll- und Feinfaser-Symposiums, das wir jeden Herbst erneut veranstalten würden. Das Ziel der Veranstaltung ist es, Menschen zusammenzubringen, die in der Region an der Herstellung von „bauernhoffrischer“ Kleidung beteiligt sind, darunter Landwirt*innen, Scherer*innen, Designer*innen, Stricker*innen, Kunsthandwerker*innen, Unternehmer*innen und die Öffentlichkeit. Unser Wunsch ist es, in der Gemeinschaft rund um den Soil-to-Skin-Ansatz bei der Bekleidungsproduktion Diskussionen anzuregen. Das Eröffnungssymposium war schnell ausverkauft und der überfüllte Raum war voll mit inspirierenden Gesprächen und Energie. Die neun an diesem Tag vortragenden Faserproduzent*innen behandelten ein breites Spektrum an Themen im Zusammenhang mit nachhaltiger Landwirtschaft, darunter ganzheitliches Herdenmanagement, schädliche Unkrautbekämpfung, Herdengesundheit, Wasserverbrauch, Herausforderungen durch Raubtiere, Faserqualität, Farbe, Verbraucher*innennachfrage und den Mangel an Verarbeitungsgerätschaften.

Ein direktes Ergebnis des Symposiums waren die Verbindungen zwischen Kunsthandwerker*innen und Geschäftsinhaber*innen, die auf der Suche nach lokal angebauten und gefärbten Fasern und Garnen waren,

Die Fibershed Fashion Gala 2013 stellte Stücke aus Designer*innen-kollaborationen vor. Diese Jacke aus Robin Lyndes handgewebtem Jacob-Woll-stoff wurde von Shari Schopp entworfen und hergestellt. Das Kleid wurde von Meredith Buck und Marlie de Swart entworfen und hergestellt aus Sally Fox' Bio-Baumwolle Foxfibre. *Präsentiert von Lauren Ortega.*

Stephany Wilkes, Schäferin, Autorin und die Präsidentin der Northern California Fibershed Cooperative, bietet bei Fibersheds jährlichem Woll-Symposium eine kostenlose, öffentliche Vorstellung des Wollsortierungsprozesses an.

und den Landwirt*innen und Tierhalter*innen, die diese liefern konnten. Ein Hindernis für die Design-Community ist nach wie vor die mangelnde Transparenz über die Herstellungsbedingungen von Fasern. Auf der landwirtschaftlichen Seite war für viele Betriebsinhaber*innen der Mangel an Märkten ein Hindernis für den Verkauf vor Ort. Auf dem ersten Symposium zeichnete sich ein Weg zur Überwindung dieser Hindernisse ab, da Beziehungen zwischen Erzeuger*innen und Käufer*innen aufgebaut wurden, was die entscheidende Rolle zeigt, die persönliche Treffen bei der Ausweitung von Bewegungen spielen.

Ein weiteres wichtiges Unterfangen für Fibershed war damals die Umsetzung eines Online-Marktplatzes, der den Kund*innen von der Rohfaser bis zur Fertigware alles bot. Ziel war es, online einen Ort für einzelne Landwirt*innen und Züchter*innen einzurichten, an dem sie ihre Fasern, Garne und Watte direkt der Community anbieten konnten. So konnten Künstler*innen, Stricker*innen, Ladenbesitzer*innen und andere interessierte Menschen problemlos Rohstoffe beziehen. Wenn eine Person, die in San Francisco lebt, nicht ins Napa Valley fahren wollte, um Garn zu kaufen, konnten die Landwirt*innen das Produkt verschicken. Es bot

Solidarische Landwirtschaft

Im Jahr 2018 wurde die Idee eines Online-Marktplatzes als Service der Northern California Fibershed Cooperative wiedergeboren. Sie ist eine landwirtschaftliche Marketingkooperative, die die Verwendung und Produktion regional angebauter Fasern fördert. Über die Genossenschaft können Landwirt*innen, Tierhalter*innen und andere Produzent*innen, die Waren aus lokal angebauten Materialien herstellen, ihre Ressourcen, einschließlich Geld, Markenattraktivität und Know-how, bündeln und ihre Produkte den Verbraucher*innen auf der Website zur Verfügung stellen. Zu den Zielen der von den Mitgliedern geführten Genossenschaft gehören die Unterstützung der Expansion in neue Märkte für Landwirt*innen und selbstständige Kunsthandwerker*innen sowie eine Hilfestellung für die Menschen, die regional angebaute und im Inland produzierte Waren finden und kaufen möchten, die dem Land und der Wirtschaft vor Ort zugutekommen. Außerdem werden Schulungen, Workshops, Agrartourismusprojekte, Retreats und andere Veranstaltungen angeboten, die den Lebensunterhalt von Fibershed-Produzent*innen unterstützen.

Solidarische Landwirtschaft gibt es schon lange; sie ist seit mehr als 100 Jahren ein Teil der amerikanischen Agrarkultur. Nach Angaben des USDA (U.S. Department of Agriculture, US-Landwirtschaftsministerium) gibt es in den USA 3.000 landwirtschaftliche Genossenschaften mit fast drei Millionen Mitgliedern, die jährlich 96 Milliarden Dollar erwirtschaften. Genossenschaften sind eine effiziente Möglichkeit für Einzelpersonen, kollaborativ zusammenzuarbeiten. Sie repräsentieren außerdem jeden Aspekt der Landwirtschaft, einschließlich Anbau, Lieferung, Verarbeitung, Verpackung und Vermarktung. Sie sind strukturierte Organisationen mit Satzungen. Sie werden demokratisch durch ihre Mitgliedschaften kontrolliert und von Bund und Ländern als „nützlich für die Gesellschaft“ anerkannt – das heißt, sie sind von Kartellgesetzen ausgenommen. Sie verfügen über zahlreiche Steuervorteile und dienen den Bedürfnissen ihrer Mitglieder, hauptsächlich durch die Bündelung von Ressourcen und die gemeinsame Arbeit an definierten Zielen. Der Gewinn wird gleichmäßig an alle Teilnehmenden verteilt. Der integrative Charakter solidarischer Landwirtschaft, „ein Mitglied/eine Stimme“, bedeutet, dass sie nicht von einer Minderheit kontrolliert werden und dem übermäßigen Einfluss wohlhabender Investor*innen widerstehen können.

Online-Kund*innen auch die Möglichkeit, fertige Kleidungsstücke zu kaufen, Samen für Färbegärten zu erhalten oder sich für Workshops und andere Bildungsaktivitäten anzumelden. Für uns bei Fibershed haben die über den Marktplatz verkauften Produkte dazu beigetragen, die Zusammenarbeit innerhalb der lokalen Gemeinschaft zu beleuchten.

Das Projekt war ein anfänglicher Erfolg, der den Bedarf für einen Online-Markt signalisierte, aber unsere Anwält*innen sagten, dass es zu sehr nach einem Geschäft aussehe und somit den Rahmen des legalen Status von Fibershed als gemeinnützige Organisation sprengte. So legten wir das Projekt beiseite und fokussierten uns auf die Bildungsarbeit und landgestützte Aktivitäten. Es hat vier Jahre gedauert, bis wir einen Weg gefunden hatten, den Marktplatz unter einer anderen Rechtsstruktur wieder zum Leben zu erwecken. Er existiert jetzt unter dem Dach der Northern California Fibershed Cooperative, einer produzent*innengeführten landwirtschaftlichen Genossenschaft.

DAS PRODUZENT*INNENPROGRAMM

Ein weiteres Projekt, das aus meinem Wardrobe-Challenge-Jahr hervorgegangen ist, war die Einführung eines offiziellen Programms zur Registrierung von Kunsthandwerker*innen und Produzent*innen, das heute über 170 Mitglieder in unserem Fibershed zählt. Ziel dieses Programms war es, der Gemeinschaft zu vermitteln, dass sie direkt bei unabhängigen Unternehmen einkaufen kann. Besser noch, dass sie damit die regionale Landwirtschaft, eine faire Wirtschaft und ein ökologisches Gleichgewicht unterstützt. Dieses Produzent*innenprogramm, das eine starke Online-Präsenz auf der Fibershed-Website hat, hat viele neue und direkte Verbindungen zwischen Stadt- und Landbewohner*innen und insbesondere zwischen Designer*innen, Student*innen, Landwirt*innen und Hirt*innen geschaffen.

Alle Mitglieder sind verpflichtet, ihre Fasern und natürlichen Farbstoffe in 51 Landkreisen in Nordkalifornien herzustellen. Ausnahmen gelten für die Verarbeitung von Baumwolle und Feinwolle, die aufgrund mangelnder Verarbeitungskapazitäten weiterhin außerhalb des Bundesstaates produziert werden, sowie für Nähgarn, das ebenfalls noch nicht in unserer Region hergestellt wird. Im Gegenzug werden die Mitglieder in das Online-Verzeichnis von Fibershed aufgenommen. Sie haben die Möglichkeit,

Diese Twirl-Garne aus Naturfasern färbt Mary Pettis Sarley mit Hilfe verschiedener wilder sowie domestizierter Pflanzen, die auf ihrer Ranch im Napa Valley wachsen.

Ein Treffen der Fibershed-Produzent*innen auf Carleen Weirauchs Schaffarm und Molkerei in Sonoma County. Die Produzent*innen treffen sich zweimal im Jahr, um ihre Projekte, Interessen und Kooperationen zu besprechen.

kohlenstoffspezifische Bodenuntersuchungen für ihre Betriebe zu erhalten, bekommen Zertifizierungsetiketten, die sie zum Verkauf an ihren Produkten anbringen können, und die Möglichkeit eines kostenlosen Fotoshootings und eines Artikels, der ihr Leben und ihre Arbeit porträtieren soll.

In letzter Zeit verschwimmen die Grenzen zwischen Hersteller*innen- und Endverbraucher*innenkategorien, da immer mehr Designer*innen Zeit auf den teilnehmenden Farmen verbringen – Baumwolle pflücken, Schafe scheren und Indigo ernten –, während viele Landwirt*innen selbst die Gefilde des modernen Bekleidungsdesigns testen. Im weiteren Verlauf fungiert das Produzent*innenprogramm weiterhin als grundlegender Service für das Wachstum neuer Kleinunternehmen in der Region. Der Effekt war enorm. Das gemeinsame Engagement, lokal angebaute, gefärbte und hergestellte Kleidungsstücke zu tragen, hat Pfade zusammengeführt. Das Potenzial wächst jedes Jahr weiter, basierend auf dem Wissen darüber, wie reich und lebensbejahend unsere Arbeit sein kann. Es ist auch ein Beweis für die Kraft der Gemeinschaft und was erreicht werden kann, wenn Menschen zusammenarbeiten, um ein gerechtes, gesundes und schönes Textilfaser- und Nahrungssystem zu schaffen.

Als Ergebnis dieser Fibershed-Projekte wurde deutlich, wie wichtig unsere öffentliche Aufklärungsarbeit für die aufkeimende Faserbewegung war.

Die Bevölkerung hatte weitgehend vergessen, dass Kleidung ein landwirtschaftliches Produkt war. Viele Menschen waren sich der hohen Konzentrationen an giftigen Chemikalien und der sozialen und ökologischen Kosten, die mit der Herstellung ihrer Kleidung verbunden waren, gar nicht bewusst. Viele potenzielle Kund*innen wussten auch nicht, dass natürliche Farbstoffe und Fasern aus der Region überhaupt eine Alternative darstellten. Selbst für Landarbeiter*innen und Züchter*innen gab es eine Lernkurve. Viele Produzent*innen, die direkt an die Öffentlichkeit verkauften, lernten nicht nur neue, klimafreundliche Praktiken kennen und einzusetzen. Bis dato verwendeten sie synthetische Farbstoffe, um die leuchtenden Farben zu erzielen, von denen sie dachten, dass Kund*innen sie wollten. Wir ermutigten sie hingegen, ein Risiko einzugehen und mit mehr natürlichen Farbstoffen in das Textur- und Farbspektrum unserer Region zu investieren – und auf magische Weise erschienen die Kund*innen.

Als Ergebnis dieser Fibershed-Projekte wurde deutlich, wie wichtig unsere öffentliche Aufklärungsarbeit für die aufkeimende Faserbewegung war.

FRÜHE FIBERSHED-PIONIER*INNEN

Ich hatte das Glück, in diesen entscheidenden frühen Jahren eine Gruppe inspirierender Personen zu treffen und mit ihnen zu arbeiten, die alle unterschiedliche Spezialgebiete in der Faser-Community hatten. Diese Beziehungen wurden durch unsere kollektiven Interessen und sich gegenseitig unterstützenden Fähigkeiten und Dienstleistungen gebildet. Als die Wardrobe Challenge in die gemeinnützige Organisation Fibershed überging, wurden sie für unsere Arbeit unglaublich wichtig, besonders, als wir begannen, die Verbindungen zwischen lokalen Faserunternehmen und globalen Themen wie dem Klimawandel anzugehen. Ich möchte eine Auswahl der vielen Geschichten der Frauen teilen, die zur Garderobe beigetragen haben – Frauen, die eine Inspiration waren, es weiterhin sind und einen Querschnitt des Fibershed-Modells darstellen.

Monica Paz Soldan war eine der ursprünglichen Kunsthandwerker*innen von Fibershed. Sie ist seit vielen Jahren Strickerin und Weberin und verfügt über umfangreiche Erfahrung in der Faserlandwirtschaft, nachdem sie ihre prägenden Jahre auf der Baumwoll- und Milchfarm ihres dänischen Großvaters in Arizona verbracht hat, wo sie eine Baumwollsorte namens Pima anbauten. Ironischerweise stammt diese Sorte aus Peru – der Heimat von Monicas anderen Großeltern. Als junge Frau spürte sie die Anziehungskraft der Fasern in ihrem Leben, aber auch die Konflikte, die mit der industriellen Produktion verbunden waren. Monicas dänischer Großvater baute Baumwolle als Monokultur an und begrüßte die „Chemikalisierung" der Industrie, wie sie es ausdrückte. Ein gewöhnlicher Anblick in ihrer Kindheit war Wasser in einer seltsamen fluoreszierenden grünen Farbe in einem Bewässerungsgraben in der Nähe der Farm. Sie verlor einen Onkel an Krebs, wahrscheinlich infolge einer Pestizidvergiftung. Auf ihrer peruanischen Seite stand jedoch eine 5.000-jährige Tradition des nachhaltigen Baumwollanbaus, möglicherweise die längste der Welt. Baumwolle kam in dieser Region natürlich in einer Reihe von Farben vor, darunter Rot, Grün und Braun. Die meisten Fasern werden noch von Hand verarbeitet und nicht als Ware gehandelt.

Nach einem Umzug nach San Francisco startete Monica ein Heimunternehmen namens Tiny Textiles. Mit Näh- und Schnitttechniken, die sie von ihrer walisischen Großmutter gelernt hatte, verkaufte sie gestrickte Textilien zuerst an Freunde, bevor sie ihre Reichweite durch Mundpropaganda vergrößerte. Ich lernte Monica bei einer der ersten Präsentationen kennen, die ich zur Vorbereitung auf das Wardrobe-Challenge-Jahr organisiert hatte. Sie hat ihre immensen Fähigkeiten begeistert in das Projekt eingebracht. Bekannt ist Monica für ihre komplizierten Designs und Stickereien und sie kreiert Muster, die in ihren Worten „die Passform erfreulich machen". Ihre mehrlagigen Designs machten die Kleidungsstücke bequem dehnbar, und die Farbstoffe kamen aus ihrem Hinterhof: fermentierter und frischer Indigo, Schönauge, Kermesbeeren, Krapp und Gelbkraut. Sie verglich ihren Färbeprozess mit abstrakter Malerei, einer Art gezielter Unvollkommenheit, die gemischte und marmorierte Farben in den Garnen beinhaltete. Für Monica ist die Freude an handgemachten Waren groß. In diesem Sinne verkörperte jedes Stück von Tiny Textiles das Modell des Fibersheds, vom Boden der Weidewolle über die Samen eines urbanen Färbereigartens bis hin zum Geist der Künstlerin selbst. Obwohl Monica inzwischen aus unserem Fibershed ausgezogen ist, um eine permakulturell gestaltete Farm für natürliche Farbstoffe und Lebensmittel im Osten Washingtons zu eröffnen, werde ich für immer dankbar sein für die Freundlichkeit, Großzügigkeit und die unglaublichen Fähigkeiten, die ihre Arbeit und ihre Einstellung geprägt haben.

Hazel Flett, die Teil einer Gemeinschaft von umsichtigen Landverwalter*innen ist, lebt und arbeitet seit über 30 Jahren auf Bodega Pastures, einer wunderschönen, elf Quadratkilometer großen Schaffarm in Küstennähe im

Monica Paz Soldan, Textildesignerin und Strickerin der 150-Meilen-Wardrobe-Challenge, arbeitet mit farbig gewachsener Baumwolle von Sally Fox' Farm.

westlichen Sonoma County. Sie kennt jedes Tier auf der Farm persönlich und züchtet eine Herde Mischlingsschafe, darunter Suffolk, Wensleydale, Romney, Corriedale und Navajo Churro. Auf ihren täglichen Spaziergängen führt Hazel über jedes Schaf Buch. Sie arbeitet hart daran, sich nicht nur ihr äußeres Erscheinungsbild, sondern auch ihr Verhalten, ihre Fürsorgeeigenschaften, ihre Fellqualität und ihre Fortpflanzungsfähigkeit einzuprägen. Die gebürtige Engländerin hat schon als Kind mit dem Stricken begonnen und beschäftigt sich seitdem mit der Faserkunst. Es war für sie ein natürlicher Schritt, Wollproduzentin zu werden, als sie nach Bodega Pastures kam. Zusammen mit den Mitgliedern ihrer Gemeinschaft produziert die Ranch jährlich fast 450 Kilo Wollfasern von der Herde, die sie als Garn, Watte, Vlies und andere Produkte verkauft. Bodega bewirtschaftet ihre Schafherde nach dem natürlichen Vorbild der Pflanzenfresser. Die Herde wird häufig über die Weiden bewegt. So wird Überweidung vermieden und es gibt immer gesundes Futter. Außerdem werden keine synthetischen Chemikalien benötigt und die Tiere leben artgerecht. Bodega-Wolle ist bei der Fibershed-Community wegen ihrer Farbe und Textur sehr beliebt.

Katharine Jolda ist eine der handwerklichen Unterstützerinnen von Bodega Pastures, eine selbst ausgebildete Filzerin, die in Oakland aufgewachsen ist und sechs Jahre lang im Navajo-Reservat in Arizona gearbeitet hat, hauptsächlich bei Hirt*innen und Bauern*Bäuerinnen. Sie war eine frühe und begeisterte Teilnehmerin des Wardrobe-Challenge-Jahres und kreierte für mich unglaublich strapazierfähige Filzkleidungsstücke, darunter einen wunderschönen Fedora und eine Handtasche aus Bodega-Pastures-Wolle. Ihre Arbeit ist für ihr innovatives Design ebenso bekannt wie für ihre Nützlichkeit und Haltbarkeit. Ihr unglaublich warmer und bequemer „147-Meilen"-Wintermantel für die Garderobe war ihr erster Versuch, Alpaka zu filzen. Katharine engagiert sich auch für die wechselseitigen Beziehungen, die das Herzstück des Fibershed-Modells bilden. Sie ist die Gründerin des Yerba Buena Institute, das handwerkliches, ökologisches Wissen über die Bay Area vermittelt, und Mitglied von Black Mesa Weavers for Life and Land, das kosmopolitische und indigene Faserhandwerker*innen zusammenbringt.

Katharines Filzprozess steht stellvertretend für ihre jahrelange Beteiligung an der Navajo-Kultur, die seit Jahrhunderten im Rahmen ihrer ökologischen Mittel lebt. Von menschlichen Händen erzeugt aus Wasser, Wolle und Seife, ist Filz das unmittelbarste Textil, das vom Rücken eines Schafes hergestellt werden kann. Durch die neue Nähe des Prozesses und

die Praktikabilität des fertigen Produkts hat das Filzen tief in ihr Herz gefunden und viele inspiriert, die mit Katharine in Kontakt gekommen sind. Sie ist auch eine natürliche Erfinderin; um die Fasern zu verarbeiten, nachdem sie von den Schafen geschoren und im Reservat gewaschen wurden, entwickelte sie einen fahrradbetriebenen Wollkamm, den sie Cyclocarder nannte. Dieser von Menschenhand betriebene Trommelkamm stellt in nur vier bis fünf Minuten durchschnittlich 170 Gramm kardierte Wolle her. Sie brachte den Cyclocarder mit nach Hause nach Oakland, wo er einen großen Eindruck hinterlassen hat, zumal er so wunderbar zur Fahrradkultur der Gegend passt. Katharines Erfindungsgabe entstand aus der Not und wird nun in eine Gemeinschaft integriert, die trotz ihres finanziellen Reichtums nur wenig Zugang zu Ausrüstung und Produktion hat. Der Trommelkamm wird auf unseren Farmen und Studios nach Bedarf wie im Reservat verwendet.

Hazel Flett von Bodega Pastures in Sonoma County steht neben roher und frisch geschorener Wolle, die in der Scheune gelagert wird, die sie und andere nutzen, um Schulkinder über lokale Fasern zu unterrichten.

Robin Lynde lebt als Schafzüchterin und Weberin auf einer zehn Hektar großen Farm namens Meridian Jacobs im Solano County am westlichen Rand des Sacramento Valley. Ihre Herde besteht aus 65 Tieren, hauptsächlich aus Jacob-Schafen, einer Erbrasse, die für ihr schwarz-weißes Fell, mehrere Hörner und hochwertige Fasern bekannt ist. Sie besitzt auch ein

Katharine Joldas handbetriebener Fahrrad-Trommelwollkamm bei der Arbeit – entworfen von Katharine, während sie Gesundheitserziehung über die Navajo Nation anbot und bei der Hütearbeit und Landwirtschaft half.

paar Bluefaced-Leicester-Schafe, die, wenn sie mit dem Jacob gekreuzt werden, der weichen Wollfaser Glanz verleihen können. Robin macht alles. Sie wählt und sortiert die Wolle zum Spinnen und kreiert aus der Wollernte jedes Jahres einzigartige Garne; sie webt Decken auf einem Dobby-Webstuhl; sie lagert Spinn- und Webmaschinen; sie kreiert kommerzielle Garne, handgewebte Stücke und Geschenkartikel auf dem Bauernhof; sie unterrichtet Weben, Spinnen und Färben; und sie veranstaltet dreimal im Jahr Open-House-Veranstaltungen auf ihrem Bauernhof. Vor Kurzem gründete sie den beliebten Farm Club für Leute, die mehr darüber wissen wollen, was es braucht, um Schafe zu züchten und Fasern zu produzieren. Damit die Farm finanziell nachhaltig bleibt, verkauft Lynde Jacob-Lämmer, die für ihr mildes Fleisch bekannt sind, direkt an Farm-Club-Mitglieder. All dies führt zu einem sehr persönlichen Unternehmen, das sie eifrig mit der ganzen Welt teilt und das starke, gegenseitige Beziehungen schafft, die maßgeblich zu unserem Fibershed beigetragen haben.

Zu Beginn meines Wardrobe-Challenge-Jahres hatte ich Sally Fox kennengelernt, eine Farbbaumwollzüchterin sowie eine Schaf- und Getreidezüchterin. Ihr Betrieb ist bio- und biodynamisch zertifiziert. 30 Jahre Pflanzenzüchtung von Hand haben es Sally ermöglicht, bunte Baumwollsorten zu züchten, darunter Buffalo Brown, Coyote Brown und Palo Verde. Ihre Pflanzenzüchtung konzentriert sich auf klassische Methoden, die akribisches Geschick, Geduld und Feldarbeit erfordern. Als Ergebnis hat sie Samen entwickelt, die bunte Fasern produzieren und die genug Länge haben, um auf mechanischen Baumwollspinnmaschinen hergestellt zu werden. Dieser revolutionäre Fortschritt brachte Anfang der 1990er-Jahre für Marken wie Levi's, LL Bean und andere die Möglichkeit, Sallys Baumwolle zu kaufen, um sie in die Produktion ihres Bio-Denim- und Hemdenmaterials aufzunehmen, das 70 Prozent weniger Farbstoff benötigt als Kleidungsstücke aus konventioneller weißer Baumwolle. Eine Zeit lang wurden in Amerika Jeans hergestellt und angebaut, die aus biologisch angebauten Böden stammten. Als jedoch das Nordamerikanische Freihandelsabkommen (NAFTA) in Kraft trat, waren die ersten Betriebe, die schließen mussten, die Färbereien, die natürlich ein integraler Bestandteil des Textilproduktionssystems sind. Als Folge davon wurden Partnerfabriken, die Textilien kämmten, spannen, strickten und webten, in rascher Folge geschlossen, was zu einer viel geringeren Nachfrage nach Sallys Baumwolle führte, trotz ihres

Als jedoch das Nordamerikanische Freihandelsabkommen (NAFTA) in Kraft trat, waren die ersten Betriebe, die schließen mussten, die Färbereien, die natürlich ein integraler Bestandteil des Textilproduktionssystems sind.

Robin Lynde züchtet auf ihrer Farm in Solano County eine Erbrasse von Jacob-Schafen – Meridian Jacobs. Lynde hat einen Hofladen, bietet Kurse in einer Reihe von Faserfertigkeiten an und stellt ein beeindruckendes Farmgarn her, das von Kacy Dapp, einer talentierten Oakland-Strickerin, verwendet wurde, um das „Sweater Shirt" herzustellen. Dieses wichtige Kleidungsstück wurde von Rebecca Burgess während des Winters und Frühlings der 150-Meilen-Wardrobe-Challenge als Kleidungsstück auf der Haut getragen.

Nutzens. Glücklicherweise konnte sie an der aufkeimenden Faserbewegung teilhaben und an kleinere Marken, Handweber*innen und Spinnereien verkaufen. Ihr Wissen deckt alle Facetten der Farbbaumwollproduktion ab, von der Wissenschaft bis zur Kulturgeschichte.

Sally kaufte eine kleine Herde farbiger Merinoschafe, um einen schädlichen Unkrautbefall zu bekämpfen und eine kommerziell tragfähige Mischung aus Baumwolle und Wolle für den Verkauf herzustellen. Heute bewirtschaftet sie die 140-köpfige Herde auch für Carbon-Farming-Zwecke mit dem Ziel, den organischen Kohlenstoff in ihren Böden zu erhöhen. In einem Jahrzehnt hat sie ihn verdoppelt. Aus demselben Grund verliebte sie sich in Sonora-Weizen, auch seinen Geschmack mochte sie. Diese samenfeste Art, eine der ältesten Sorten Nordamerikas und beliebt als traditionelle Mehlquelle für Tortillas, hat außergewöhnlich lange Wurzeln. Das bedeutet, dass sie im Austausch für Nährstoffe Kohlenstoff tief in den Boden transportieren kann. Sally begann mit einem winzigen Sonora-Weizen-Feld, das heute auf fast einen halben Quadratkilometer angewachsen ist. Nachdem sie fast verschwunden war, wurde die Art in Kalifornien von Monica Spiller, einer Saatgutretterin und Gründerin der Whole Grain Connection, die sich der Wiederbelebung des Mahlens mit Mühlsteinen in den USA widmet, wieder eingeführt.

Was als persönliches Experiment begann, um zu sehen, ob ich mit Kleidung aus Naturfasern und Farbstoffen aus der Region leben kann, hat sich innerhalb weniger Jahre zu einem hoffnungsvollen Gemeinschaftsbestreben entwickelt, das die Produktion von Textilien aus Naturfasern und Farbstoffen in unserem Fibershed wiederbeleben und ausweiten will. Inzwischen sind wir auf ähnliche Initiativen in anderen Regionen aufmerksam geworden. Zahlreiche Landwirt*innen, Züchter*innen, Textildesigner*innen, Handwerker*innen, Bekleidungshersteller*innen und viele mehr haben begonnen, sich über die Möglichkeiten und Chancen des schnell wachsenden Fibershed-Modells auszutauschen. Gleichzeitig sind wir uns immer mehr der Zusammenhänge bewusst, die zwischen der Naturfaserproduktion und globalen Bedrohungen, einschließlich der Klimakatastrophe, existieren. Wir wissen, wie Fibersheds auf der ganzen Welt ein wichtiger Teil der Lösung sein können.

Thara Srinivasan, PhD, ist eine autodidaktische Nähmuster-Entwicklerin, die für die einjährige Wardrobe Challenge eine Hose aus Sally Fox' büffelbraunem Baumwollflanell entwarf und erstellte. Srinivasan arbeitete für das Pacific Ecoinformatics and Computational Ecology Lab in Berkeley, Kalifornien. Sie führte die erste Ökobilanz für die einjährige Wardrobe Challenge durch. Ihre umfassende Recherche ergab, dass die von ihr entwickelten Hosen ein Sechstel des CO_2-Fußabdrucks herkömmlicher Alternativen aufweisen.

Der Backyard-Hoodie

Im Jahr 2014 wurden Baumwollproduzent*innen aus unserer Fibershed-Gemeinde ins Rampenlicht gerückt und die Fasern von lokalen Farmen im Backyard-Hoodie-Projekt von The North Face verwendet. Das Unternehmen hatte seinen Hauptsitz zu dieser Zeit in Alameda, Kalifornien, ein Standort mit einer guten Grundlage, um seine eigene 150-Meilen-Wardrobe-Challenge zu starten. Der Versuch, ein bioregionales Kleidungsstück auf den Markt zu bringen, war der erste einer großen Marke seit der Einführung des Nordamerikanischen Freihandelsabkommens. The North Face gehört der VF Corporation, dem größten Textilkonglomerat der Welt. Es war eine erfrischende Überraschung, mit einem so großen Unternehmen auf so innovativem Niveau zu arbeiten. Dieser Hoodie betonte ein kulturell und wirtschaftlich transformierendes neues Ethos, das sich nicht nur positiv auf die Landwirt*innen (die neue Märkte für ihre Baumwolle erhielten) und die Träger*innen (die die Möglichkeit erhielten, in ihre lokale und umweltbewusste Landwirtschaftsgemeinde zu investieren) auswirkte, sondern auch einen transformativen Einfluss auf die Menschen im Unternehmen hatte.

Wir haben gesehen, wie eine kreative Vision von den Designer*innen bis hin zu den Teams für Nachhaltigkeit und Öffentlichkeitsarbeit aufblühte. Die Verpflichtung, mit Materialien zu arbeiten, die in der Region angebaut wurden, und keine synthetischen Farbstoffe zu verwenden, war eine große Herausforderung, die das, was die Leute bei The North Face für möglich hielten, übertraf. Das Unternehmen bezieht seine rohe, farbig angebaute Baumwolle von Sally Fox. Weiße Pima erhält es von der Familie Martin, die Mitglied des Sustainable Cotton Project ist, einer Gruppe von Familienbetrieben im kalifornischen Central Valley. Sie bauen Baumwolle mit biologischen Schädlingsbekämpfungsmethoden an. The North Face unternahm auch alle Anstrengungen, um die Produktion aus Übersee nach Hause zu bringen; das Wachsen und

Der The North Face Backyard Hoodie – eine 150-Meilen-Challenge, um ein Kleidungsstück aus dem Fibershed des Unternehmens herzustellen – besteht aus Baumwolle von Sally Fox' Viriditas Farm und dem Sustainable Cotton Project.

Nähen fand im Umkreis von 80 Kilometern um den Firmensitz statt, und das Muster basierte auf einem nahezu verschnittfreien Design des technischen Designers Daniel DiSanto.

Da es in unserer Region jedoch keine Verarbeitungsinstallationen gab, die diese Arbeit leisten konnten, fand das Kämmen, Spinnen und Stricken in North und South Carolina bei Hill Spinning and Clover Knits statt. Nichtsdestotrotz waren alle erfreut zu sehen, dass das gesamte Kleidungsstück in den Vereinigten Staaten hergestellt wurde. Das Unternehmen hatte sich verpflichtet, alles physisch Mögliche innerhalb einer halben Tagesfahrt von seinem Hauptsitz zu erledigen. Die Hoodies erwiesen sich auch auf dem Markt als beliebt. Die limitierte Auflage war selbst zu einem Verkaufspreis von 125 US-Dollar schnell ausverkauft, dem doppelten Preis von konventionell produzierten Hoodies. Dieses Projekt hat dazu geführt, dass das Unternehmen weiterhin positive Schritte unternommen hat, um auf regional angebaute Naturfasern zurückzugreifen. Die Marke zieht eine Verkürzung der Lieferketten in Betracht, um den Lebensunterhalt sowohl regional als auch landesweit zu sichern.

3. Soil-to-Soil-Bekleidung und der Kohlenstoffzyklus

Die Natur ist voller Zyklen. Pflanzen und Tiere werden geboren, wachsen, pflanzen sich fort, sterben und kehren in die Erde zurück, aus der alles Leben entspringt. Wasser reist in Zyklen vom Meer zu den Wolken, dann runter aufs Land, in Seen, Bäche und schließlich wieder zurück zum Meer. Der Kohlenstoffkreislauf bewegt Moleküle durch und zwischen alten Kohlenstoffspeichern auf dem Planeten, einschließlich Ozeanen, Pflanzen, Böden und der Atmosphäre. Ein besonders wichtiger Kohlenstoffstrom ist der Transport von Kohlendioxid aus der Luft in ein Pflanzenblatt, dann in die Wurzeln und in den Boden, bevor ein Teil in die Atmosphäre zurückkehrt. Die Natur zirkuliert und recycelt, indem sie organisches Material seiner Quelle – dem Boden – zurückführt, um von vorne zu beginnen. Zersetzung ist der Weg der Natur, abgelaufenes Leben in neues Leben zu verwandeln; nichts geht verloren, nichts verschmutzt, nichts wird weggeworfen. Jeder Teil der Natur verfügt über ein „vollständiges Buchhaltungssystem", das Einnahmen und Ausgaben im Lauf der Zeit ausgleicht, auch wenn es zu unerwarteten Störungen wie einem Waldbrand oder einem Hurrikan kommt. Das ist das Schöne an sich selbst erneuernden Zyklen – sie füllen die Giro- und Sparkonten der Natur auf.

Stellt euch für einen Moment vor, wie ein freischwebendes Kohlendioxid-Molekül vom grünen Blatt einer Pflanze absorbiert wird. Dort angekommen, trennt der Prozess der Photosynthese, angetrieben durch die Energie der Sonne, das Kohlenstoffmolekül von den beiden Sauerstoffmolekülen, die anschließend wieder an die Luft abgegeben werden, wodurch wir atmen können. Der Kohlenstoff wird in einfache Kohlenhydrate (Kohlenstoff + Wasser)

Marie Hoff führt Ouessant-Schafe auf eine neue Weide, wobei die Bewegung der Herde ihre Funktion als strategische Weidetiere unterstützt; sie helfen dabei, dass Nährstoffe zirkulieren, die Brennstoffbelastung so reduziert wird und die Brandgefahr sinkt. *Foto © Alycia Lang*

umgewandelt, darunter zwei Arten Zucker (Saccharose und Glukose). Die Pflanze verwendet Kohlenhydrate, um komplexe Ökosysteme über ihre Wurzeln zu ernähren und ihre eigene Struktur aufzubauen. Stellt euch die Pflanze als eine von vielen auf einer grasbewachsenen Wiese vor, deren Gewicht 40 bis 60 Prozent Kohlenstoff enthält – alles aus der Atmosphäre gewonnen. Stellt euch nun einen hungrigen Pflanzenfresser vor, der die Pflanzen auf der Wiese verzehrt. Das Tier wandelt den Kohlenstoff in verschiedene Arten von Proteinen um, einschließlich des Fells – zum Beispiel Wolle. Anschließend wird die Wolle geschoren, verarbeitet und mit Naturfarben gefärbt und wird so zu Garn. Bald wird daraus ein Pullover. Nach vielen Jahren wiederholten Gebrauchs landet der Pullover, der dieses ursprünglich losgelöste Kohlenstoffmolekül enthält, zusammen mit vielen anderen Arten von organischem Material auf einem Komposthaufen und zersetzt sich sanft. Schließlich findet der fertige Kompost seinen Weg in einen Garten, eine Farm oder ein Weideland. Dort füttert er die Bodenmikroben, die zur Erhaltung einer gesunden Pflanzengemeinschaft beitragen, und so beginnt der Kreislauf von vorne.

Betrachten wir nun ein zweites freies Kohlendioxid-Molekül, das in der Luft schwebt. Es wird ebenfalls in ein grünes Blatt gezogen und der Kohlenstoff wird in Saccharose eingebaut. Diesmal aber gelangt das Zuckermolekül zu den Wurzeln. Dort wird es von der Pflanze als Teil ihrer symbiotischen Beziehung mit Mykorrhiza-Pilzen und anderen Bodenmikroben, die *Humus* produzieren, in den Boden gedrückt. Wenn ihr gärtnert, wisst ihr alles über Humus: Es ist der dunkle, reichhaltige und lebensfördernde Boden, der für das Wachstum gesunder Pflanzen unerlässlich ist. Wenn er ungestört bleibt – nicht von hungrigen Mikroben bearbeitet oder verzehrt –, kann der im Humus gespeicherte Kohlenstoff für lange Zeit sicher im Boden gelagert bleiben. Währenddessen findet unter der Erde zwischen Pflanzenwurzeln und Bodenmikroben eine kräftige „Tauschwirtschaft" statt, bei der Kohlenstoff gegen essenzielle Nährstoffe ausgetauscht wird, die grüne Pflanzen zum Gedeihen benötigen. Das wiederum macht die Pflanze für einen hungrigen Pflanzenfresser attraktiv, der die Blätter mit anderen Kohlenstoffmolekülen verzehrt und den Prozess von vorn beginnt.

Der Boden ist einer der fünf großen natürlichen Kohlenstoffspeicher oder -senken auf dem Planeten. Die anderen vier sind die Ozeane, die Atmosphäre, die Lithosphäre (die felsige Kruste der Erde) und die Biosphäre (wo die Menschen leben). Das Wesen des natürlichen Kohlenstoffkreislaufs besteht im planetaren Auf und Ab zwischen diesen fünf Kohlenstoffspeichern, über kurze und lange Zeiträume hinweg. In der heutigen Zeit sind wir Menschen

Das Soil-to-Soil-Konzept als Herzstück des Fibershed-Modells. *Illustration von Andrew Plotsky, mit freundlicher Genehmigung von Fibershed.*

stark abhängig von 300 Millionen Jahre altem Kohlenstoff, der in der Lithosphäre in Form von Kohle-, Öl- und Erdgasvorkommen eingeschlossen ist. Ohne ihn können wir weder unsere Industrie noch unseren Transportsektor betreiben. Die kontinuierliche Verbrennung dieser Energiequellen über mehr als ein Jahrhundert durch Motoren, Fabriken und Kraftwerke hat jedoch so viel zusätzliches Kohlendioxid produziert, dass es den atmosphärischen Kohlenstoffspeicher überwältigt und ein Klimachaos verursacht hat. Grüne Pflanzen absorbieren Kohlenstoff, der in den Himmel gepumpt wird, aber sie allein können das Kohlenstoffkonto nicht ausgleichen. Der Boden muss den Unterschied ausgleichen. Biologische und ökolandwirtschaftliche Modelle der Nahrungsmittelproduktion und Landbewirtschaftung können dazu beitragen, dieses Ziel zu erreichen.

SOIL-TO-SOIL-KLEIDUNG

Wenn wir unsere Kleidungsauswahl berücksichtigen, treffen wir oft Entscheidungen nach Farbe, Größe und Stil, nicht nach dem Kohlenstoffspeicher, aus dem ein Kleidungsstück stammt. Aber die ultimative Quelle eurer Kleidung macht einen großen Unterschied. Wir sollten Kleidung im Zusammenhang mit folgenden Fragen betrachten: Tragen wir Kleidung aus fossilen Kohlenstoffreserven oder im Boden gewachsene Kleidung? Sind unsere Kleidungsstücke so konzipiert, dass sie in den Kohlenstoffspeicher zurückkehren, aus dem sie stammen? Können wir unsere Kleidung kompostieren und an den Boden zurückgeben? Oder zerfällt unsere Kleidung lediglich in immer kleinere synthetische fossile Kohlenstofffasern (Plastik) und verursacht Mikroplastikverschmutzung in unseren Ozeanen, Böden und Mülldeponien? Wie kann uns unsere Kleidungswahl dabei helfen, atmosphärischen Kohlenstoff in den Boden zu transportieren? Wir müssen unseren Anteil an der Produktion von Kohlendioxidemissionen stoppen, indem wir uns konsequent von fossilen Kohlenstoffquellen der Kleidung trennen: Acryl, Nylon und Polyester sowie synthetische Farbstoffe und synthetische Appreturmittel. Sobald wir uns wieder auf Naturfasersysteme konzentrieren – Materialien, die gepflanzt, gezüchtet und in einigen seltenen Fällen wild geerntet werden –, wird die Möglichkeit, unseren Böden wieder Kohlenstoff zuzuführen, Realität.

Der nächste Schritt ist die Wiederherstellung und Erhaltung gesunder Böden auf unseren Farmen und Ranches. Auch hier ist die Art und Weise, wie wir Bio-Lebensmittel anbauen, ein guter Vergleich. Die gleichen Faktoren, die den Boden für Bio-Lebensmittel produktiv machen – reichlich mikrobielles Leben, ein funktionierender Nährstoffkreislauf, kräftige Pflanzen, ganzheitliche Viehbewirtschaftung und widerstandsfähige Wassereinzugsgebiete –, produzieren auch langlebige und sich selbst erneuernde Fasern für unsere Kleidung. Pflanzen- und Tierfasern wurden in der Vergangenheit ohne Pestizide, Insektizide oder fossile Brennstoffe angebaut. Stattdessen *mit* natürlichen Prozessen, die die natürliche Ökologie nachahmen. Das Soil-to-Soil-System ist unabhängig davon, ob ein*e Landwirt*in Bio-Salat oder Bio-Baumwolle anbaut, und Verbraucher*innen sollten bei der Herkunft ihrer Kleidung genauso anspruchsvoll sein wie bei der Herkunft ihrer Salate. Diese natürliche Affinität zwischen Nahrung und

Verbraucher*innen sollten bei der Herkunft ihrer Kleidung genauso anspruchsvoll sein wie bei der Herkunft ihrer Salate.

Kleidung sowie den entsprechenden Märkten und sozialen Bewegungen ist ein entscheidendes Element des Fibershed-Modells.

Wissenschaftler*innen schätzen, dass wir seit Beginn der industriellen Revolution weltweit 136 Gigatonnen (136 Milliarden Tonnen) Kohlenstoff aus unseren Böden verloren haben. Das durch Bodenschädigung und fossile Kohlenstoffverbrennung freigesetzte, überschüssige Kohlendioxid in unserer Atmosphäre bündelt die Langwellenstrahlung der Sonne. Es erwärmt unseren Planeten in einem in der geologischen Geschichte beispiellosen Tempo. Erschwerend kommt hinzu, dass unsere industriellen Faser- und Lebensmittelsysteme Netto-Emittenten von Treibhausgasen sind und ungefähr 50 Prozent der jährlichen globalen Emissionen beitragen.[55] Nahezu jeder Aspekt der Produktion und Verteilung von Nahrungsmitteln und Textilfasern in den Industrienationen, ganz zu schweigen vom Abfall, den sie erzeugen, hat einen großen CO_2-Fußabdruck. Das beinhaltet sowohl die fossilen Brennstoffe, die für den Antrieb von Maschinen und Transportmitteln benötigt werden, als auch die synthetischen Chemikalien, die als Düngemittel verwendet werden, und Herbizide zur Steigerung der Erträge.

Doch so schlimm es klingt, diese Situation kann umgedreht werden. Soil-to-Soil-Systeme sind so angelegt, dass Landwirtschaft und die damit verbundenen Versorgungsketten von Netto-Emittenten von Treibhausgasen zu Netto-*Reduktoren* werden können. Mit anderen Worten: Durch den Einsatz regional auf den Kohlenstoff abgestimmter Anbaumethoden können Lebensmittel- und Fasersysteme dazu beitragen, den Kohlenstoffpool im Boden mit der Zeit zu vergrößern und so Teil der Lösung für den Klimawandel zu werden.[56] Diese Wende in den Nahrungs- und Fasersystemen kommt auch Landwirt*innen und Viehhalter*innen zugute, denn die globale Erwärmung führt zu immer häufigeren und unvorhersehbaren Wetterextremen, die die Landwirtschaft in einer Vielzahl von Regionen erschweren. Wir beobachten einen zunehmenden Verlust an Bodenfeuchtigkeit durch Verdunstung und eine zunehmende Bodenerosion durch schwere Wetterereignisse, von Überschwemmungen bis hin zu Dürren. Die allgemeine Erwärmung unseres Planeten trägt auch zu Kohlenstoffverlusten in unseren Böden bei.[57] Insgesamt führen diese Folgen der Klimakatastrophe zu einem weit verbreiteten Bodenabbau. Es besteht ein großer Bedarf an Resilienzstrategien, die Landwirt*innen und Nutztierhalter*innen dabei unterstützen können, unsere Textilfasern und Lebensmittel regenerativ anzubauen und zu produzieren.

Den organischen Boden zu regenerieren hat einen wichtigen Zusatznutzen: Es erhöht die Wasserspeicherfähigkeit des Bodens und verringert so den Bedarf der Landwirtschaft an Grundwasser und oberirdischen Wasserquellen. Das Wasser kann so für andere Zwecke, einschließlich des Überlebens gefährdeter Arten, bewahrt werden, wodurch die Spannung zwischen biologischer Vielfalt und vom Menschen verwalteten Systemen verringert wird. Aus wirtschaftlicher Sicht kann die Verbesserung der Fähigkeit des Bodens, Wasser aufzunehmen und zu speichern, auf natürliche Weise und relativ kostengünstig durchgeführt werden. Gleichzeitig werden die Erträge und die Netto-Primärproduktivität auf Ländereien erhöht. Das Ergebnis ist eine erhöhte Textilfaser- und Lebensmittelsicherheit und weniger Land, das zur Deckung unseres Grundbedarfs benötigt wird. Die Konzentration auf den Boden unter unseren Füßen ist eine ortsbezogene Strategie, an der sich jede Gemeinschaft beteiligen kann, ohne dass komplexe Technologien mit versteckten Kosten erforderlich sind.

Ein Beispiel für die vielen Vorteile, die sich ergeben, wenn die organische Bodensubstanz erhöht wird, stammt aus der Forschung des Silver Lab der University of California-Berkeley. Im Jahr 2008 wurde auf zwei verschiedene Arten von Weideland in Nordkalifornien eine Schicht von einem halben Zoll Kompost aus Grünabfällen und Tierdung aufgebracht, um zu sehen, ob es zu einer Erhöhung der Futterproduktion, des Bodenkohlenstoffs und der Wasserspeicherkapazität des Bodens kommen würde und ob diese Steigerungen über einen längeren Zeitraum aufrechterhalten werden könnten. Erste Ergebnisse waren sehr vielversprechend. Nach drei Jahren zeigten die Daten, dass die Futterproduktion an beiden Standorten um 40 bzw. 70 Prozent zunahm; die Wasserspeicherkapazität der Böden stieg um fast 25 Prozent, während der Bodenkohlenstoff um etwa 0,4 Tonnen (entspricht 1,49 Tonnen CO_2) pro Hektar und Jahr zunahm. Bezeichnenderweise hält dieser Anstieg über zehn Jahre der Datenerhebung an, und die Ökosystemmodellierung durch die Wissenschaftler*innen des Silver Lab deutet darauf hin, dass diese Verbesserungen auch in Zukunft anhalten werden – alles als Reaktion auf eine einzige Kompostanwendung.[58] Die Forschungsarbeiten bildeten einen wichtigen Ausgangspunkt, um mit Hilfe wissenschaftlicher Gutachten nachzuweisen, wie das Ökosystem auf die Zufuhr von Energie (Kohlenstoff) reagieren kann, um das System zu regenerieren und gleichzeitig positive Auswirkungen auf das Klima zu haben. Diese Forschungsergebnisse ermöglichten eine Änderung der Politik auf staatlicher Ebene.

Wasser und Kaliforniens Alexander Valley

Süßwasser ist eine knappe Ressource und macht weniger als 3 Prozent des gesamten Wassers auf der Erde aus. Im Zuge des Klimawandels werden Dürren voraussichtlich gravierender, was bedeutet, dass die Bewirtschaftung unserer Süßwasserressourcen eine immer wichtigere Aufgabe wird. Wir brauchen jeden Tropfen, den wir finden können. Ein neuer Ansatz von staatlichen und bundesstaatlichen Behörden besteht darin, die Wassermenge im Boden (im Gegensatz zu einem Gewässer) zu untersuchen und zu bestimmen, welche Praktiken umgesetzt werden müssen, um die dort aufgenommene Wassermenge zu erhöhen.

Eine kürzlich durchgeführte Bewertung des United States Geological Survey (USGS) unter Verwendung eines Wasserbilanzmodells, das die Korrelation zwischen der Menge an organischer Substanz in einem Boden und seiner potenziellen Fähigkeit, Wasser zurückzuhalten, analysiert, konzentrierte

Die Wild Garden Farm im kalifornischen Chileno Valley veranstaltet ein Fibershed-Carbon-Farming-Gruppen-treffen mit benachbarten Faser- und Farbstoffbetrieben, um die Landschaft für eine Heckenpflanzung zu evaluieren. Die Farm arbeitet daran, ober- und unterirdischen Kohlenstoff zu speichern, um die Produktivität und die Wasserinfiltration zu verbessern.

sich beispielsweise auf das Alexander Valley, einen Teil des Wassereinzugsgebiets des Russian River in Mittelkalifornien. Die Studie untersuchte, wie sich diese Korrelation auf die Fähigkeit der Region auswirkt, einen erheblichen Teil ihres klimatischen Wasserdefizits (CWD) auszugleichen – ein wichtiger, aber technischer Begriff, der ein prognostiziertes Defizit bei der Wasserverfügbarkeit beschreibt, das sich aus der zunehmenden Erwärmung infolge des Klimawandels und dem erhöhten Bedarf der landwirtschaftlichen und kommunalen Wassernutzenden ergibt. Mit steigenden Temperaturen wird erwartet, dass die Verdunstungsraten steigen, was das klimatische Wasserdefizit erhöhen wird.

Im Alexander Valley wird der geschätzte Bedarf an Bewässerungswasser bis zum Ende des Jahrhunderts um 2.000 acre-feet (2500 Millionen Liter oder fast zweieinhalb Millionen Kubikmeter) steigen, wenn man* von einem Business-as-usual-Szenario ausgeht. Wenn die landwirtschaftlich genutzten Flächen in dieser Region jedoch den Gehalt an organischer Bodensubstanz um 1 bis 2 Prozent erhöhen würden, könnte die Wasserhaltekapazität dieses Bodens um bis zu 25 Prozent steigen. Dies hat das Potenzial, das CWD landwirtschaftlicher Systeme im Tal um bis zu 776 acre-feet (fast eine Million Kubikmeter oder 30 Prozent) zu reduzieren. „Wasser, das im Einzugsgebiet verbleibt, dient auch dazu, Grundwasser- und Ufersysteme während Niedrigwasserperioden zu erhalten, und kann möglicherweise dazu dienen, die Infiltration in das Grundwassersystem aufrechtzuerhalten", sagt Dr. Lorraine Flint, die zusammen mit Dr. Alan Flint beim Geologischen Dienst der USA tätig ist.[59] Die beiden entwickelten vor Kurzem eine umfassende Analyse, die die Auswirkungen des Bodenwasserspeichervermögens im Zusammenhang mit der Zunahme der organischen Bodensubstanz in allen kalifornischen Böden maß und kartierte. Sie stellten fest, dass eine Zunahme der gesamten organischen Bodensubstanz von nur 3 Prozent in den kalifornischen Landnutzungsgebieten die Wasserhaltekapazität um 4,7 Millionen acre-feet (ca. 5,8 Milliarden Kubikmeter) erhöhen würde. (Das bedeutet, dass die Böden jedes Jahr zur Regenzeit diese Menge an Niederschlag zusätzlich aufnehmen und halten könnten. So würden Grundwasserspeicher aufgefüllt, der oberirdische Wasserfluss erhöht und Leben erhalten. Das entspricht der Wassermenge, die von über 12,5 Millionen kalifornischen Haushalten pro Jahr verbraucht wird.)[60]

Je mehr wir über die positiven Auswirkungen der Erhöhung des organischen Kohlenstoffgehalts in unseren Böden erfahren, desto vielversprechender sind die Möglichkeiten, wenn wir die Arbeit auf weite Landschaften ausdehnen wollen. Diese Analyse hinterfragt und ermöglicht es uns, einen differenzierteren Ansatz für die traditionellen landwirtschaftlichen Wasserhaushalte für Ackerbau und Weideland zu entwickeln. Wenn Ackerland zu einem Wasserschwamm wird, der die Grundwasserreservoirs mit mehr Wasser füllt, als für den Anbau dieser Pflanzen verbraucht wird, besteht eine reale Möglichkeit, Textilfasern, Nahrungsmittel und Farbstoffe so anzubauen, dass die wasserbasierten Funktionen unseres Farm- und Ranchlands regeneriert werden.

Es gibt viele Methoden zur Erhöhung der organischen Bodensubstanz (die etwa 58 Prozent Kohlenstoff enthält), von denen Kompost nur eine ist. Integrierte Acker- und Viehhaltungssysteme, Windschutz, Hecken, Waldweiden und die Renaturierung von Uferkorridoren sind einige bemerkenswerte Praktiken, die in unserer Region häufig eingesetzt werden. Diese Methoden sind am effektivsten, wenn sie kombiniert in einer Farm- oder Ranch-Umgebung eingesetzt werden. Unabhängig von den Methoden, die ein*e Landverwalter*in für den jeweiligen Standort wählt, bietet das Soil-to-Soil-System Organisationsprinzipien, die für die Regeneration von Boden, Nahrung und Textilfasern von entscheidender Bedeutung sind.

DIE WIEDERHERSTELLUNG UNSERES WEIDELANDES

Weideland hat erhebliche Auswirkungen auf die Bewegung und den Fluss von Kohlenstoff auf unserem Planeten. 40 Prozent der Landfläche der Erde befinden sich in semitrockenen und semihumiden Zonen, die sich vor 40 Millionen Jahren gemeinsam mit Weidetieren entwickelt haben.[61] Aufgrund ihrer enormen geografischen Ausdehnung haben richtig beweidete Weideflächen ein großes Potenzial, als bedeutender Speicher für atmosphärisches Kohlendioxid zu fungieren. Einigen Schätzungen zufolge könnten diese Weidelandsysteme bis zu 25 Prozent der potenziellen Kohlenstoffbindung aller Böden weltweit enthalten.[62]

Bei guter Planung stimuliert die Beweidung durch Pflanzenfresser das Pflanzenwachstum durch eine Vielzahl von Mechanismen. Das beginnt mit einer erhöhten Wurzelaktivität, die die Kohlenstoffbindung erhöhen kann. Die großen Herden der Erde ziehen nach genauen Zeitplänen über das Land und sind sozial so organisiert, dass sie zusammenbleiben. Durch die ständige Bewegung können Herden auch Gras vermeiden, das vorübergehend durch Kot und Urin verschmutzt wurde, neue Wasserquellen finden und die Auswirkungen von großflächigen Bränden umgehen.[63] Historisch gesehen hielten sich Herden wild weidender Pflanzenfresser nie lange an einem Ort auf. Die Herde graste essbare Pflanzenarten ziemlich gleichmäßig ab, was der Landschaft Zeit gab, sich von der nützlichen Intervention der Herde, einschließlich des zurückgelassenen Mists, zu erholen. Darüber hinaus halfen die von den Abdrücken ihrer Hufe erzeugten Rillen im Boden dabei, Grassamen zu halten, zu schützen und Wasser aufzunehmen.

Modernes, das Verhalten wilder Pflanzenfresser nachahmendes Herdenmanagement bündelt Tiere zu einer einzigen Herde und kontrolliert den Zeitpunkt, die Intensität und die Häufigkeit ihrer Einwirkung auf das Land streng. *Timing* bezieht sich nicht nur auf die Jahreszeit, sondern auch darauf, wie viele Tage die Herde auf einer bestimmten Weide oder Koppel verbringt. Die *Intensität* bezieht sich darauf, wie stark die Tierbewegungen auf einer Weidefläche gelenkt werden. Die Häufigkeit misst, wie lange eine Koppel unbeweidet bleibt, bevor eine Herde zurückkehrt, ein Zeitraum, der je nach ökologischen Zielen und Bedingungen erheblich variieren kann. Es gibt verschiedene Denkansätze für die Umsetzung von Weidemanagement. Einige der Begriffe, die zur Beschreibung dieser Praktiken verwendet werden, sind „Holistic Planned Grazing" (ganzheitlich geplantes Weiden) und „Adaptive-Multi-Paddock (AMP)"-Beweidung sowie kurzzeitige, managementintensive Impuls-Beweidung und Zellbeweidung. Die Prinzipien gehen auf die Ideen des französischen Landwirts und Biochemikers André Voisin zurück und wurden später von Allan Savory weiterentwickelt, der diese Techniken nach Jahren der Beobachtung des Verhaltens von Wildtieren und der Reaktionen von Ökosystemen im südlichen Afrika verfeinerte.

Vertragsbeweidung durch SweetGrass Grazing Service wird zur Reduzierung der Treibstoffbelastung in Landschaften an der Schnittstelle zwischen Wildnis und Stadt in Nordkalifornien implementiert. *Foto © Aaron Gilliam*

Grasland braucht periodische Störimpulse wie Feuer oder Weiden, um abgestorbene oder sterbende Gräser zu entfernen, damit neue Pflanzen wachsen und gedeihen können, wenn der Regen kommt. Zu viel Ruhe ist für das Land genauso schlecht wie zu viel Beweidung. Genauso wie Feuer altes und totes Gras leicht in Nährstoffe für neues Pflanzenleben umwandeln kann, können dies auch Grasfresser wie Hirsche, Antilopen, Bisons, Schafe und Rinder tun, die Nährstoffe in Form von Urin und Mist an den Boden zurückgeben. Das Timing, die Intensität und die Häufigkeit von Tiereinwirkungen, die mit der AMP-Beweidung einhergehen und oft durch temporäre Elektrozäune oder menschliche Hirt*innen kontrolliert werden, können eingesetzt werden, um die Vitalität und Widerstandsfähigkeit der Pflanzen zu fördern und gleichzeitig die natürlichen Kreisläufe, insbesondere den Kohlenstoffkreislauf, so funktionieren zu lassen, wie es die Natur vorgesehen hat.

Im Gegensatz dazu findet kontinuierliche Beweidung – das Standardmanagementsystem auf den meisten Ranches der Welt – statt. Das bedeutet, dass es den Tieren erlaubt wird, sich Tag für Tag, Jahr für Jahr, unkontrolliert über dieselben Weiden zu verteilen, ihre Lieblingspflanzen bis auf den Boden zu fressen und weniger beliebte zu ignorieren, was dem Land schwere Schäden zufügt. Diese Art der Beweidung kann zu biologischem Stress für Pflanzen, Bodenerosion und sogar zur völligen Wüstenbildung führen. Leider gab es trotz der offensichtlichen Vorteile der AMP-Beweidung eine anhaltende und zeitweise hitzige Debatte zwischen Forscher*innen, Umweltaktivist*innen und einigen Tierzüchter*innen über die Vorzüge einer kontinuierlichen gegenüber einer geplanten Herdenwirtschaft.[64] Erst vor Kurzem wurden die Themen Klimawandel, Kohlenstoffbindung und Bodengesundheit in diese Debatte eingebracht.

Ein Versuch zur Beilegung dieses Streits wurde von Dr. Richard Teague, einem Weidelandökologen an der Texas A&M University, in Zusammenarbeit mit Kolleg*innen aus Wisconsin, Ohio und Michigan geleitet. Sie verglichen auf der Edwards Plateau Ranch in Nord-Zentral-Texas die Auswirkungen der kontinuierlichen Beweidung auf den Kohlenstoffgehalt des Bodens mit denen der adaptiven Multi-Paddock-Beweidung. Sie stellten fest, dass die AMP-Beweidungsflächen drei Tonnen (2,7 Tonnen entspricht einem Sechstel des jährlichen Treibhausgasbeitrags eines Individuums) *mehr* Kohlenstoff pro Hektar speicherten als die kontinuierlich beweideten Systeme. Gleichzeitig verbesserte sich die Biodiversität der Pflanzenarten und sie verzeichneten eine Verringerung der unbewachsenen Bodenflächen sowie eine Anreicherung der mikrobiellen Zusammensetzung des Bodens. Weitere Untersuchungen von Teague und seinen Kolleg*innen ergaben, dass die Kohlenstoffspeicherung in Böden infolge der AMP-Beweidung die Methanemissionen von Rindern mehr als ausgleicht. „Die Einbeziehung von Weidetieren und Wiederkäuern in regenerativ bewirtschaftete Agrarökosysteme", schreiben sie in einem von Fachleuten begutachteten Artikel, „kann den organischen Kohlenstoffgehalt des Bodens erhöhen. Die ökologische Funktion des Bodens wird durch Minimierung der Schäden durch Bodenbearbeitung und anorganische Düngemittel und Biozide unterstützt und die Biodiversität und der Lebensraum von Wildtieren verbessert."[65]

Im Fibershed-Modell gibt es einen wichtigen Zusammenhang zwischen dem restaurativen Weidelandmanagement und der Faserproduktion, insbesondere wenn wir das natürliche Verhalten von Schafen, Ziegen, Alpakas und anderen faserproduzierenden Pflanzenfressern berücksichtigen. Diese Tiere bewegten sich ursprünglich angepasst an die Anwesenheit oder Abwesenheit von Raubtieren und die Verfügbarkeit von Futter durch die Landschaft. Später wurden sie von Menschen gehütet, die sie im Laufe der Jahreszeiten zu neuen Weiden führten. Traditionell wird diese Aktivität

Robert und Jaime Irwin betreiben Kaos Sheep Outfit. Ihre Herden grasen in Weinbergen, Obstgärten und auf privaten und öffentlichen Weideflächen, um die Treibstoffbelastung in Nord- und Zentralkalifornien zu reduzieren.

Pastoralismus oder *Wanderhirtentum* genannt, die es bis in die moderne Ära geschafft hat, angeführt von Hirt*innen, die hart dafür gearbeitet haben, ihre pastorale Kultur und ihre Praktiken aufrechtzuerhalten (die in Ostafrika lebenden, Rinder-hütenden Massai sind ein gutes Beispiel). Im Gegensatz dazu schadet die moderne industrielle Landwirtschaft, einschließlich des Einsatzes von synthetischen Bioziden und der kontinuierlichen Beweidung, der Gesundheit des Bodens. Der Boden wird dadurch schlechter, es kommt zu einem langfristigen Rückgang der Pflanzenproduktivität, verringerter biologischer Vielfalt, negativen Auswirkungen auf das Einkommen der Landwirt*innen und einer allgemeinen Verschlechterung der Widerstandsfähigkeit des Systems.[66]

Es gibt zwar Beweise für überweidete Hütewirtschaft, dennoch stellt sich die Frage, wie man* die Einführung von Praktiken fördern kann, die den Boden regenerieren und gleichzeitig den kulturellen Werten einer Region treu bleiben – und parallel dazu Kohlenstoff aus der Atmosphäre abbauen. Eine Antwort ist einfach: Als Träger*innen von Kleidung haben wir die Möglichkeit, historisch verwurzelte Fasersysteme zu schützen und zu verbessern, die die natürliche Fähigkeit zur Selbsterneuerung des Landes anregen. Unsere Unterstützung für diese Systeme beinhaltet die Identifizierung der Hirt*innen, Rinderzüchter*innen, Bauern*Bäuerinnen, die sich für die Wiederherstellung des Landes einsetzen. Sobald diese identifiziert sind, liegt es an uns, sie zu unterstützen, indem wir eine Nachfrage generieren: nach Kleidung aus ihren feinsten Fasern und Füllungen aus gröberen Fasern für unsere Kissen, Matratzen und gewebten Teppiche.

Im Soil-to-Soil-Konzept gehört kontinuierliche, reflektierte Verwaltung zur Rolle der Hirt*innen und anderen Landbewirtschaftenden. Sie sollen die Bedingungen besser verstehen, unter denen die Erde Leben ermöglichen, wiederherstellen und erhalten kann. Es ist wichtig, Gräsern und Kräutern früh genug Ruhezeiten vom Weiden zu bieten und Entscheidungen darüber zu treffen, wo und wann Herden weiden sollen. Die Zeichen des gesamten Ökosystems müssen dazu aufmerksam gelesen werden. Wenn wir unser Verständnis für die historische ökologische Rolle der Wiederkäuer vertiefen, können wir eine vorausschauende Diskussion darüber beginnen, wie wir unseren Umgang mit großen Pflanzenfressern, einschließlich Rindern, verbessern und verfeinern können. Allerdings lassen wir uns allzu oft von ideologisch getriebenen Diskussionen ablenken. Hinter Schreibtischen oder auf Social-Media-Plattformen entstehen regelmäßig Debatten darüber, wie die Landwirtschaft aussehen muss – etwa wer was

Hüteschulen

Von Brittany Cole Bush

Wie können wir die nächste Generation von Hirt*innen finden und ausbilden? Seit Jahrzehnten decken Spanien und Frankreich ihren Bedarf an Hirt*innen durch die Förderung gut besuchter Ausbildungsprogramme, die Hunderte von Hirt*innen ausgebildet haben. Viele Bewerber*innen für diese Schulen sind junge Leute aus Städten, die in der Landwirtschaft arbeiten möchten. Die Schüler*innen lernen, mit Sprachbefehlen und Hütehunden zu arbeiten. So können sie die Platzierung einer Schafherde sorgfältig kontrollieren, um ernährungsphysiologische und ökologische Ziele zu erreichen.[67]

Spanien hat fünf Hüteschulen, von denen sich eine in den Pyrenäen in Katalonien befindet, die Escola de pastors Catalunya. Sie wird von der Associació Rurbans betrieben, einer gemeinnützigen Organisation, die sich der Unterstützung und Erhaltung der Kulturen und Landschaften der Region verschrieben hat. Der Lehrplan der Schule konzentriert sich auf die Vermittlung wissenschaftlicher Grundlagen in der Tierhaltung und Ökologie in Kombination mit praktischer Herdenhaltung und Anleitung bei der Produktion von Milch, Fleisch und Fasern. Im Laufe der sechsmonatigen Ausbildung entwickeln die Schüler*innen (das Durchschnittsalter liegt bei 30 Jahren) eigene Projekte und Businesspläne, so dass sie die Schule mit einem Fahrplan für die praktische Anwendung der erworbenen Kenntnisse und Erfahrungen abschließen können.

Die Schule arbeitet mit der Wollzüchter*innenvereinigung Xisqueta Obrador zusammen, die eine Wollmarke namens Xisqueta geschaffen hat, nach dem Namen der regionalen Merino-Schafrasse. Die Marke bringt regional produzierte Faserprodukte von Tieren auf den Markt, die von den Hirt*innen der Schule gepflegt werden. In den Berglandschaften, in denen die Schafe behütet grasen, wird wertvolle Rohwolle produziert, geerntet und zu Garnen verarbeitet, mit denen lokale Kunsthandwerker*innen arbeiten. Oft geschieht dies mit natürlichen Färbetechniken und in Zusammenarbeit mit kreativen Menschen, um ortsbezogene Kleidung zu kreieren. Ein weiteres Beispiel für eine Zusammenarbeit ist Serradet de Borneres, ein kleiner Schafbetrieb, im Besitz und betrieben von Absolvent*innen der Hüteschule. Der dort produzierte Schafskäse wird direkt auf lokalen Märkten verkauft.

Durch das Erreichen der Ziele des Kulturerhalts, die Unterstützung eines regionalen Lebensmittel- und Fasereinzugsgebietes und die umweltgerechte Bewirtschaftung ihrer Herden zeigen diese Unternehmen, wie Hüteschulen neue Landwirt*innen und Pastoralist*innen zu innovativen Unternehmer*innen ausbilden und befähigen können.

und wie isst –, was dazu führt, dass wir größere ökologische Fragen aus den Augen verlieren. Wir könnten uns fragen: Welche Rolle spielen Wiederkäuer derzeit auf unserem Planeten und wie können wir unsere Beziehung zu ihnen verbessern, um die Ökologie der Erde wiederherzustellen?

DIE BEDEUTUNG VON CARBON FARMING

Eine von Kaliforniens letzten langen Dürren, die 2013 begann und bis 2017 andauerte, war so gravierend, dass es keinen historischen Präzedenzfall gab. Das veranlasste eine Gruppe kooperierender Organisationen in meinem Fibershed dazu, die Umsetzung von Projekten zum Aufbau von Bodenkohlenstoff im gesamten Arbeitsgebiet unserer Region zu beschleunigen. Die Notwendigkeit, die Fähigkeit unseres Bodens, Feuchtigkeit zu speichern, zu erhöhen, wurde zu einer drastischen Realität, bei der es um Leben und Tod ging. Die daraus resultierenden Gespräche beleuchteten die ökologische Funktion *ganzer* Farmen oder Ranches. Mit anderen Worten, wenn wir uns darauf konzentrieren, die Menge der Sonnenenergie zu erhöhen, die durch die Pflanzen und den von ihnen erzeugten Kohlenstoff in unser gesamtes landwirtschaftliches System eingebracht wird, profitiert das ganze Ökosystem. Diese Art der Auseinandersetzung mit dem Land durch eine Kohlenstoff-Brille hat eine Reihe von Praktiken hervorgebracht, die als *Carbon Farming* bekannt sind. Manche nennen es *umweltfreundliche Landwirtschaft*, aber wenn wir es Carbon Farming nennen, behalten wir das Ziel im Auge, Treibhausgase zu reduzieren, indem wir uns auf das Hauptelement konzentrieren, das sowohl Anlass zur Besorgnis als auch einen enormen Nutzen für die Gesellschaft darstellt.

Praktiken, die die Fähigkeit zur Selbsterneuerung beeinträchtigen oder zerstören, sollten eingestellt werden. Gemeint sind Bodenbearbeitung, Überweidung, Verwendung von Diesel als Energiequelle und die Nutzung von Düngemitteln, Pestiziden und Herbiziden auf Basis fossiler Brennstoffe.

Carbon Farming beinhaltet Praktiken, von denen bekannt ist, dass sie die Geschwindigkeit erhöhen, mit der CO_2 aus der Atmosphäre entfernt und in Pflanzenmaterial und organische Bodensubstanz umgewandelt wird. Es ist erfolgreich, wenn der Boden durch die Landbewirtschaftung mehr Kohlenstoff gewinnt als verliert. Der berühmte amerikanische Schriftsteller und Naturschützer Aldo Leopold sagte: „Landgesundheit ist die Fähigkeit zur Selbsterneuerung in den Böden, Gewässern, Pflanzen und Tieren, die kollektiv das Land ausmachen."

Carbon Farming ist ein Ansatz, um diese Fähigkeit zur „Selbsterneuerung" zu aktivieren und aufrechtzuerhalten. Praktiken, die die Fähigkeit zur Selbsterneuerung beeinträchtigen oder zerstören, sollten eingestellt werden. Gemeint sind Bodenbearbeitung, Überweidung, Verwendung von Diesel als Energiequelle und die Nutzung von Düngemitteln, Pestiziden und Herbiziden auf Basis fossiler Brennstoffe. Praktiken, die die Selbsterneuerung unterstützen, sollten gefördert werden. Dazu gehört die ganzjährige Bedeckung des Bodens mit lebenden Pflanzen, die Minimierung von Bodenstörungen, die Erhöhung der Pflanzen- und Tiervielfalt und die Bewirtschaftung des Nutztierbestands gemäß geplanter Weideprinzipien.

Die Fibershed-Carbon-Farm-Gruppe trifft sich entlang eines Süßwasserbachs auf der Freestone Ranch, um den Wasserfluss und die Auswirkungen einer Reihe guter Winterregen zu untersuchen.

Viele der Praktiken und Prinzipien des Carbon Farming haben ihren Wert weltweit bewiesen, werden jedoch von Landwirt*innen und Herdenhalter*innen zu wenig genutzt, was die Frage aufwirft, wie eine breitere Umsetzung angeregt werden kann. Landwirt*innen arbeiten oft in sehr engen finanziellen Spielräumen. Sie müssen täglich schwierige Entscheidungen treffen, die häufig mit sich ständig ändernden Variablen wie Wetter, Tiergesundheit, Gerätefunktion und Arbeitskraft verbunden sind. Diese Beschränkungen behindern die Umsetzung innovativer Praktiken, insbesondere

Jacob-Schafe, die auf der Meridian Jacobs Farm von Robin Lynde auf eine neue Weide kommen.

wenn sie Bargeld oder Kapitalinvestitionen erfordern. Um Züchter*innen zur Umstellung auf ein CO_2-steigerndes Management zu bewegen, müssen neue finanzielle Anreize gefunden werden. Ein solcher Anreiz muss nicht nur das finanzielle Risiko verringern, das mit veränderten Praktiken einhergeht, sondern Betriebsinhaber*innen dazu ermutigen, schnell zu handeln – aus gutem Grund. Christiana Figueres, Generalsekretärin der Klimarahmenkonvention der Vereinten Nationen, hat erklärt, dass die Emissionen

bis 2020 ihren Höhepunkt erreichen müssen, um zu verhindern, dass unser Planet den bedrohlichen Anstieg der globalen Temperatur um zwei Grad Celsius überschreitet. „Manche sagen, es ist unmöglich, aber unmöglich ist eine Einstellung, keine Tatsache. Die Landwirtschaft spielt eine entscheidende Rolle, sowohl bei der drastischen Reduzierung der Emissionen als auch bei der Bereitstellung einer Senke, um der Atmosphäre Kohlenstoff zu entziehen“, sagte Figueres einem Raum von Wissenschaftler*innen,

Direktsaat zwischen die Stoppeln der Ernte der vorangegangenen Vegetationsperiode. *Foto © Maggilautaro*

Landwirt*innen und politischen Entscheidungsträger*innen während der Sequestering-Carbon-in-Soil-Konferenz 2017 in Paris, Frankreich.[68]

In den Vereinigten Staaten haben jüngste Entwicklungen die Erfassung und Speicherung von atmosphärischem CO_2 in Böden sowohl umsetzbar als auch überprüfbar gemacht. Eine ist der Carbon-Farm-Planning (CFP)-Prozess, der von Dr. Jeffrey Creque, einem Weidelandökologen am Carbon Cycle Institute in Petaluma, Kalifornien, entwickelt wurde. CFP konzentriert sich auf die Ausweitung der Kapazität landwirtschaftlicher Betriebe, Kohlenstoff zu binden und diesen in Pflanzen und organischem Bodenmaterial zu speichern. CFP basiert auf dem Planungsprozess, der vom Natural Resources Conservation Service des USDA entwickelt wurde. Es verwendet jedoch Kohlenstoff und Kohlenstoffabscheidung als Organisationsprinzip, um das herum landwirtschaftliche Pläne erstellt werden, und verbindet die landwirtschaftlichen Praktiken direkt mit den Ökosystemprozessen.

Die Carbon-Farming-Planung erfasst zunächst die natürlichen Ressourcenbedingungen auf der Farm oder Ranch, konzentriert sich jedoch auf Möglichkeiten zur Reduzierung von Treibhausgasemissionen und verbesserter Kohlenstoffaufnahme und -speicherung. Die ermittelten Bestände werden auf eine oder mehrere Karten der Ranch übertragen. Diese wird dann verwendet, um potenzielle Kohlenstoffbindungsorte wie Waldweiden (Einbindung von Bäumen in ein Weidesystem) oder Bachrestaurierungsprojekte zu markieren. Das übergeordnete Ziel ist es, zu prognostizieren, wie die Farm oder Ranch über mehrere Jahre operieren könnte. Als Nächstes werden die Kohlenstoff-Vorteile der einzelnen Projekte und landwirtschaftlichen Praktiken analysiert, damit eingeschätzt werden kann, wie viele Tonnen Kohlendioxid und andere Treibhausgase als Emission *reduziert* oder im Boden *gespeichert* werden können. Anschließend wird eine Liste von Praktiken und Vorteilen entwickelt und auf Grundlage der Bedürfnisse und Ziele der Farm oder Ranch nach Prioritäten geordnet, wobei auch wirtschaftliche Erwägungen und mögliche Finanzierungsquellen berücksichtigt werden. Nach der Umsetzung wird die CFP stetig überwacht und aktualisiert, um den wechselnden Bedingungen, Zielen und neuen Möglichkeiten gerecht zu werden, während gleichzeitig das Gesamtziel für CO_2-Emissionen eingehalten wird.

Das Modellierungsprogramm, das Treibhausgasemissionen und Kohlenstoffbindung im Boden einschätzt und testet, heißt Carbon Management and Evaluation Tool (COMET) und wurde von der Colorado State University entwickelt. Während das Werkzeug ursprünglich für die

Die vielversprechende Agroforstwirtschaft

Eines der wichtigsten Werkzeuge des Carbon-Farming-Toolkits ist die Anpflanzung und sorgfältige Integration von Bäumen und Sträuchern in Pflanzen- und Tierproduktionssysteme. Diese als Agroforstwirtschaft bezeichnete Methode hat viele Vorteile für Landbesitzer*innen: Sie kann bei der Bekämpfung von Schädlingen helfen, indem sie Nützlingen und Vögeln Lebensraum bietet; der gebotene Schatten und Unterschlupf verringert den Kälte- und Hitzestress für Tiere; sie verlangsamt den Abfluss, um Überschwemmungen, Bodenerosion und Wasserverschmutzung zu reduzieren und gleichzeitig die Infiltration zu erhöhen; sie schützt Pflanzen vor Windschäden; speichert Schnee für zusätzliche Bodenfeuchtigkeit; und bietet diverse Lebensmittel und Handelsprodukte, darunter Obst, Nüsse, Holz, Zaunpfosten und Lebensraum für Wildtiere.

Agroforstwirtschaft gibt es in vielen Formen. Hier sind einige:

LITORALE WALDPUFFER: Anpflanzungen von Bäumen und Sträuchern am Flussufer, die die Wasserverschmutzung reduzieren, die Ufererosion stabilisieren und Gewässern Schatten spenden.

WALDLANDWIRTSCHAFT: Der Anbau von hochwertigen Nichtholzpflanzen (Nahrungsmittel, Medizin und Handwerk) unter dem Schutz eines Waldes, der so bewirtschaftet wurde, dass er ein günstiges Umfeld für die Ernte bietet.

WINDSCHUTZ UND WINDSCHUTZSTREIFEN: Baum- und Strauchreihen, die die Windgeschwindigkeit reduzieren. Sie verbessern die Ernteerträge und die Wassereffizienz, schützen Nutztiere und sparen Energie. Diese Anpflanzungen können die Kohlenstoffspeicherung in der Biomasse und im Boden erhöhen und die Bodenerosion und den Verlust von Bodenfeuchtigkeit durch Wind reduzieren. Sie können Weiden und Feldfrüchte vor Schäden durch Wind schützen und das Mikroklima für das Pflanzenwachstum verbessern. Außerdem bieten sie Wildtieren Schutz, verbessern ihren Lebensraum und bieten Lärm- und Sichtschutz.

ALLEY CROPPING SYSTEMS: Weit auseinanderstehende Reihen hochwertiger Bäume, die Alleen für Pflanzen schaffen. Dies kommt sowohl Bäumen als auch Nutzpflanzen zugute und sorgt für einen jährlichen und langfristigen Umsatz. Das Anpflanzen von Getreide in diesen Gassen und das Beweiden der Felder zu Beginn der Saison und nach der Getreideernte bringt diesem System Vorteile für den Kohlenstoff- und Nährstoffkreislauf.

SILVOPASTORALE AGROFORSTSYSTEME: Eine Kombination von Bäumen mit Futtermitteln und Viehzucht auf demselben Feld. Die Bäume werden zur Holzgewinnung bewirtschaftet und bieten gleichzeitig Schatten und Schutz für Tiere und Pflanzen. Bäume können langfristige wirtschaftliche Erträge liefern, während das Vieh und die Futtermittel ein jährliches Einkommen aus derselben Weide generieren. Bei richtiger Bewirtschaftung kann die kombinierte Produktion größer sein als getrennte Forst-, Feldwirtschafts- und Viehhaltungssysteme. Besonders in den ersten Jahren während der Baumanpflanzung ist eine adaptive Viehhaltung im Multi-Paddock-Stil erforderlich. Ein schönes Beispiel für ein integriertes System aus Pflanzenanbau und Viehhaltung findet ihr in Nordkalifornien, wo einige Weinberge von Schafen beweidet werden (mehr dazu in Kapitel 6, ab Seite 217).

Massenlandwirtschaft entwickelt wurde, war das CSU-Team offen dafür, es für eine Reihe verschiedener Anbaumethoden und Sonderkulturen zu verfeinern. Seitdem ist das COMET-Modell angewachsen, um die vielen unterschiedlichen Praktiken in unseren Betrieben abzudecken. Heute ist es eine Plattform für Landwirt*innen, um die Treibhausgasemissionen ihrer Aktivitäten einzuschätzen. Außerdem können sie Szenarien testen, um Emissionen zu reduzieren und den aufgenommenen Kohlenstoff in Böden und Vegetation zu erhöhen. COMET ermöglicht es ihnen, „Was-wäre-wenn“-Szenarien durchzuspielen, darüber, wie sich Änderungen in ihrem Pflanzen- und Tiermanagement auf das Klima auswirken könnten. Später unterstützt es sie dabei, die eingeführten Veränderungen in der Landschaft im Laufe der Zeit zu verfolgen.

Laut Dr. Keith Paustian (einem leitenden Wissenschaftler, der an dem Modell arbeitet) basiert COMET auf mehr als 40 verschiedenen Treibhausgasemissionsmodellen, die von Forschenden entwickelt wurden. „Jedes der Modelle prognostiziert die Treibhausgasemissionen oder die Kohlenstoffbindung, die mit einem anderen Aspekt des Ackerbaus und der Tierhaltung verbunden sind“, so Paustian, „wie zum Beispiel die Nutzung von Dünger, das Pflanzen von Bäumen, die Lagerung von Dung oder die Anreicherung der Böden mit organischem Material. Das Modell baut auf mehreren Jahrzehnten der Forschung zur Bodenkohlenstoff- und Stickstoffdynamik auf und wurde anhand von buchstäblich Hunderten von Experimenten validiert.“[69]

In der ersten Gruppe von Plänen für Carbon-Farming-Höfe waren zwei Ranches in von Dürre betroffenen Gebieten in Kalifornien enthalten – die Counties Modoc und Santa Barbara. Zu dieser Zeit waren diese Ranches mehrere Jahre lang von unterdurchschnittlichen Niederschlägen beeinträchtigt worden. Jeffrey Creque arbeitete dort zusammen mit lokalen Ressourcenschutzbezirken und Vertreter*innen des Natural Resources Conservation Service an der Erstellung eines Bewirtschaftungsplans für die familieneigenen Ranches. Dieser Plan beinhaltete verschiedene und mehrschichtige Strategien für eine verbesserte Kohlenstofferfassung, einschließlich Windschutz, Hecken, Süßwasser(Ufer)-Restaurierungen, geregelte Beweidungspläne und die Zugabe von Kompost zu den Weidegebieten. Auf der Ranch von Modoc County wurde die Treibhausgasauswirkung in Kohlendioxid-Äquivalenten gemessen. Dabei wurde festgestellt, dass die nicht einmal 20 Quadratkilometer große Landbasis in der Lage ist, über einen Zeitraum von 20 Jahren 111.581 Tonnen CO_2e (CO_2-Äquivalente, CO_2e vom Englischen „equivalent“, sind eine Einheit zur Messung der Klimawirkung

Sarah Keiser vom Penngrove Community Grazing Project inspiziert eine junge Eiche, die auf der Freestone Ranch in der Nähe von Sebastopol, Kalifornien, vor Beweidungsdruck geschützt wurde.

unterschiedlicher Treibhausgase) abzuspeichern. Dabei handelt es sich um die Zeitspanne, die durchschnittlich benötigt wird, um viele der Projekte zu ihrer vollen Reife zu bringen. Dies entspricht den Emissionen von 23.740 Pkw pro Jahr. Die Zunahme der Wasserspeicherkapazität wurde mit über 520 acre-feet (640 Millionen Liter oder über 600.000 Kubikmeter) gemessen. Diese Wasserspeicherkapazität entspricht der Wassermenge, die von 1.730 kalifornischen Haushalten pro Jahr verbraucht wird.[70]

Im Fall des Santa Barbara Carbon Farm Plan, der für eine 80 Quadratkilometer große Ranch entwickelt wurde, beträgt das geschätzte Bindungspotenzial über einen Zeitraum von 20 Jahren 200.000 Tonnen CO_2e. Das entspricht der Menge an Emissionen, die von 43.478 Pkw in einem Jahr ausgestoßen wird. Wird der Plan umgesetzt, wird er auch die Wasserhaltekapazität des Bodens um 1.109 Millionen Liter oder etwas mehr als eine Million Kubikmeter erhöhen, was dem Verbrauch von 31 Haushalten entspricht – eine Ersparnis, die den derzeitigen Stand der oberirdischen Wasserkapazität um 1.800 Prozent erweitern würde.

Die Vorhersage von Kohlenstoff- und Wasserauswirkungen mit Hilfe der heute existierenden Computermodelle ist derzeit der kostengünstigste Weg, um die Auswirkungen der Landbewirtschaftung zu verstehen. Es entstehen Systeme, die hoffentlich in Zukunft verbreiteter und zugänglicher werden und sich auf die Erfassung von Echtzeitdaten von Landwirt*innen und Herdenhalter*innen stützen (durch Sensoren und Satellitenbilder); dies würde eine unmittelbare Rückmeldung über die ökologischen Auswirkungen von Managemententscheidungen geben. Es werden Pilotprojekte initiiert, um neue wirtschaftliche Plattformen zu etablieren, die es ermöglichen sollen, Landwirt*innen und Viehzüchter*innen für die Schaffung ökologischen Mehrwertes zu bezahlen – auf Basis von Echtzeitdaten aus bewirtschafteten Landschaften. Die Arbeiten zur Überwachung der ökologischen Abläufe in Echtzeit sind derzeit noch kostspielig. Wie bei allen neuen Technologien wird es wichtig sein, ihre Nutzung weiterhin darauf auszurichten, Wohlstandslücken zu schließen und einen höheren Wert für die Arbeit der Menschen zu schaffen, die dauerhaften Wohlstand für zukünftige Generationen generieren.

Um ein Gefühl dafür zu bekommen, wie sich Carbon Farming positiv auf die globale Erderwärmung auswirken könnte, stellt euch zehn Ranches mit jeweils etwa 3 Quadratkilometern vor (eine Landfläche, die für den Betrieb eines mittelgroßen Weidebetriebs in unserer Region erforderlich ist). Die zehn Ranches arbeiten mit Carbon Farming und erwirtschaften eine konservative Kohlenstoffbindungsrate pro Jahr. Bei dieser Größenordnung und mit nüchternen Schätzungen zum Kohlenstoffabbau entsprächen die gesamten Nettogewinne für Kohlenstoff über 20 Jahre 120.000 Tonnen CO_2e – oder dem, was 25.532 Pkw pro Jahr ausstoßen. Für die Grundwasserspeicherkapazität wäre es eine Erhöhung von 660 acre-feet (815 Millionen Liter oder etwa 1 Million Kubikmeter). Das entspricht dem Verbrauch von 2.250 Haushalten im Jahr. Diese Zahlen verdeutlichen die Verbindung zwischen Wasser und Kohlenstoff. Sie belegen, wie wir Landwirtschaft unterstützen und die Widerstandsfähigkeit gegen langfristige Trockenperioden verbessern können, wenn wir unsere Aufmerksamkeit auf den Kohlenstoff in den Böden richten.

EINE LÖSUNG: KLIMAFREUNDLICHE FASERN

Es gibt nicht den einen richtigen Weg, klimafreundliche Fasern anzubauen. Stattdessen können Fibersheds einen ortsbezogenen Ansatz fördern, der es Landwirt*innen, Züchter*innen und anderen Landbewirtschaftenden ermöglicht, die vielfältigen Möglichkeiten der CO_2-Speicherung zu erkunden. Obwohl die Praktiken von Hof zu Hof unterschiedlich sein können, ist das Gesamtziel das gleiche: die Verbesserung der Bindung atmosphärischen Kohlenstoffs. Wir können die Klimakrise nur durch einen Paradigmenwechsel in der Landbewirtschaftung bekämpfen. Ein Begriff, der in letzter Zeit populär geworden ist, um diesen Paradigmenwechsel zu beschreiben, ist die *regenerative Landwirtschaft.* Sie kann als ein landwirtschaftliches System definiert werden, das die Fähigkeit der Natur zur Selbsterneuerung wiederherstellt und gleichzeitig die landwirtschaftliche Produktivität steigert. Bei Fibershed verwenden wir den markenrechtlich geschützten Begriff „Climate Beneficial“, um die Materialien zu beschreiben und zu kennzeichnen, die wir auf Ranches und Farmen anbauen, die Carbon-Farming-Pläne umsetzen. Da unsere regionalen Agrarsysteme im Laufe der Jahrhunderte erhebliche Mengen an Kohlenstoff verloren haben (mehr als 50 Prozent allein in unseren Weidegebieten), haben wir ein Kohlenstoff-Minus, das wir unseren Böden schulden und welches wir aktiv durch Carbon Farming ausgleichen. Jede Tonne Kohlenstoff, die wir

von der Atmosphäre in den Boden transportieren, kommt unserem Klima zugute, und aufgrund dieser messbaren Maßnahmen sind wir zuversichtlich, unsere Bemühungen als Climate Beneficial zu betiteln. Die Begleichung dieser Kohlenstoff-Schuld ist der notwendige erste Schritt, um landwirtschaftliche Systeme zu etablieren, die letztendlich ihre Fähigkeit zur Selbsterneuerung bewahren und somit wirklich regenerativ werden.

Eine beträchtliche Anzahl von Schafen wird auf Feldern, Weideflächen sowie mehrjährigen und einjährigen Ackerlandsystemen beweidet. Alpaka-, Lama- und Mohairproduzent*innen nutzen ebenfalls regionales Weideland und Felder für ihre landwirtschaftlichen Praktiken. Alle diese grasgefütterten, faserproduzierenden Tiere haben das Potenzial, auf bewirtschafteten Landschaften zu grasen, in denen Carbon Farming betrieben wird. Daher sind wir in der Lage, Produkte zu schaffen, die aufgrund ihres integralen Platzes im Carbon-Farming-System als Climate Beneficial, also als klimafreundlich gekennzeichnet sind.

Communitymitglieder und Anführer*innen der Bewegung präsentieren Climate-Beneficial, lokale, gewebte und genähte Designs, die vielfach aus Bare-Ranch-Wolle von der Huston Textile Company gewebt wurden.

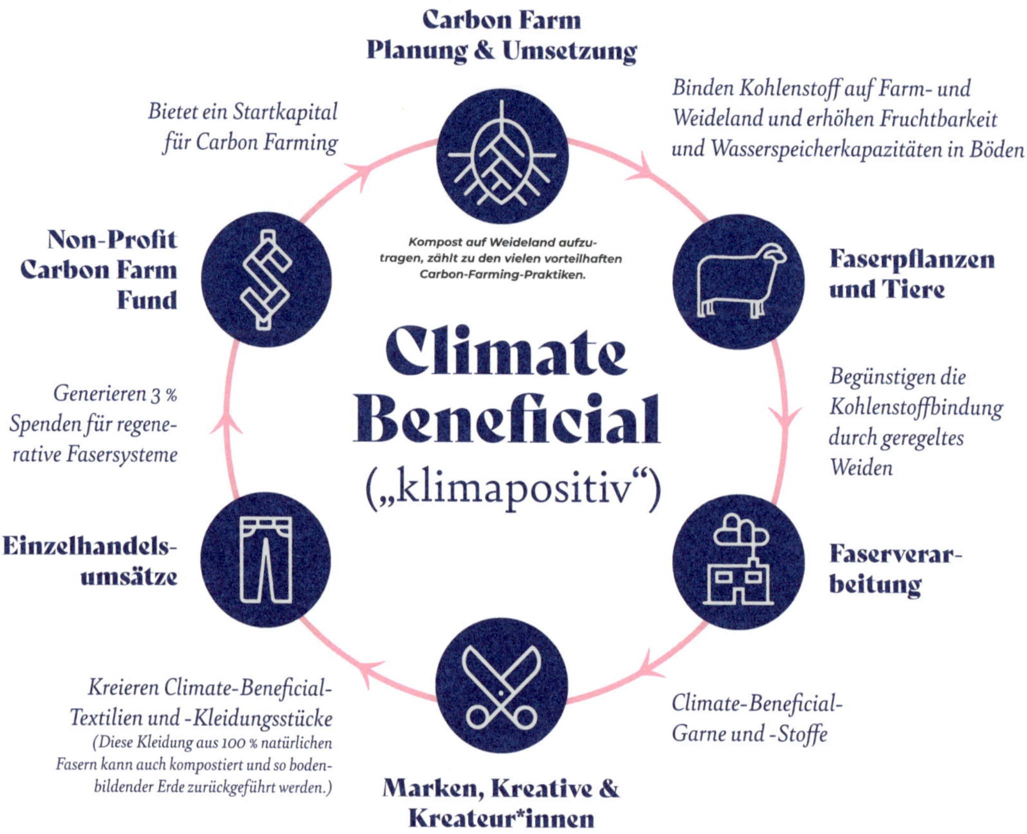

Die Bestandteile des Climate-Beneficial-Prozesses. *Illustration von Andrew Plotsky, mit freundlicher Genehmigung von Fibershed.*

Es gibt jedoch einige Herausforderungen, um teurere klimagünstige Produkte auf den Markt zu bringen. Verbraucher*innen sind generell höheren Preisen gegenüber abgeneigt, und es herrscht ein allgemeines Unwissen über die Rolle der Landwirtschaft als Klimalösung (insbesondere, was die Tierhaltung betrifft). Es ist wichtig, diese Bedenken anzuerkennen, aber wir müssen zu einer tiefergehenden Diskussion übergehen. Wenn ihr beispielsweise den Kauf eines hochwertig verarbeiteten, aber teureren Kleidungsstücks in „cost per wear“ (auf Deutsch: die Kosten pro Tragen) aufschlüsselt – und insgesamt weniger Kleidungsstücke kauft –, werdet ihr schnell feststellen, dass ein nachhaltig verarbeitetes Kleidungsstück, insbesondere ein Pullover oder Mantel, pro Tragen nur wenige Cent kostet, und in den meisten Fällen wird das Kleidungsstück den*die Träger*in sogar überleben.

Im Fall der Aufzucht von Tieren für Textilfasern verdient dieses Thema sowieso ein weiteres Buch, aber es ist hoffentlich bis hierher klar geworden, dass Pflanzenfresser für die Gesundheit der Bodenwirtschaft von entscheidender Bedeutung sind. Sie leisten einen wichtigen Beitrag zur Verminderung der Klimakrise.

Die Nachfrage nach Naturfasern und ethisch, lokal und im Inland produzierten Waren steigt landesweit, ebenso wie der Wunsch von Textilhersteller*innen und Einzelhändler*innen nach mehr Transparenz in der Lieferkette und der Rückverfolgbarkeit von Materialien. Es ist logisch, dass die Nachfrage der Verbraucher*innen auch für Wollproduzierende, die im Inland angebaute, rückverfolgbare Wolle anbieten, einen Mehrwert schaffen könnte. Eine Möglichkeit, den Verbraucher*innen zu versichern, dass klimafreundliche Fasern die zusätzlichen Kosten verdienen, besteht in einem Prozess namens *Life Cycle Assessment* (LCA, auf Deutsch: Lebenszyklusanalyse), der verwendet wird, um ökologische Fußabdrücke (vor allem Wasser und Kohlenstoff) zu verfolgen. In der Textilindustrie bewerten die meisten kohlenstofforientierten Ökobilanzen den Fußabdruck eines Kleidungsstücks spezifisch für die Emissionen von Treibhausgasen aus der mechanischen Produktion – „Schornsteine und Auspuffrohre". Diese werden verglichen mit den Emissionen, die allgemein und weltweit auf der Grundlage der gesamten Landfläche für die Produktion einer bestimmten Faser geschätzt werden. Nach dem, was wir heute jedoch über den Kohlenstoffspeicher des Bodens und seine Fähigkeit zur Kohlenstoffsenkung (und nicht zur Kohlenstoffemission) verstehen, verfügen wir über die Instrumente, um die Auswirkungen auf den Kohlenstoff auf ganz andere Weise zu steuern und zu messen – beginnend mit der Entscheidung, wo die Faser angebaut oder aufgezogen wird.

Eine Möglichkeit, den Verbraucher*innen zu versichern, dass klimafreundliche Fasern die zusätzlichen Kosten verdienen, besteht in einem Prozess namens *Life Cycle Assessment*, der verwendet wird, um ökologische Fußabdrücke zu verfolgen.

Wir wissen heute, dass eine Ökobilanz, die nur die gesamte Landfläche und die Emissionen bei der Herstellung berücksichtigt, ein unvollständiges Bild des Beitrags eines Kleidungsstücks zur globalen Erwärmung liefert. Dank eines sich entwickelnden und zunehmend verfeinerten ortsbasierten biogeochemischen Verständnisses sind wir in der Lage, den Kohlenstoffaustausch im Boden und in der Atmosphäre in faserproduzierenden Regionen unserer Heimatgemeinde zu messen, überall dort, wo Carbon Farming und andere bodenregenerierende Praktiken angewandt werden.

Im Jahr 2013 arbeitete Fibershed im Rahmen des Forschungsprojekts „Wool Mill Vision" mit Dr. Marcia DeLonge vom Silver Lab der University of California in Berkeley zusammen. DeLonge analysierte sieben Szenarien, die ein breites Spektrum an Landmanagement- und Produktionspraktiken für ein Wollkleidungsstück repräsentieren, Szenarien, die eine Reihe von CO_2-Fußabdrücken mit hohen bis niedrigen Treibhausgasemissionen beleuchten. Das Einzigartige an dieser Ökobilanz ist, dass sie sich auf lokale, von Fachleuten überprüfte Forschungsergebnisse zur Kohlenstoffbindung im Boden für beweidetes Weideland stützte.[71] Die Ökobilanz war standortspezifisch und umfasste eine Reihe von Bodenarten in unserem Teil Kaliforniens. Von der Küste bis zur Sierra Nevada, einer Region, die über eine Million Pfund Wolle pro Jahr herstellt, ein Drittel dessen, was Kalifornien pro Jahr insgesamt produziert.

DeLonge untersuchte diese sieben Szenarien für die Auswirkungen von Treibhausgasen in verschiedenen Phasen des Lebenszyklus eines Wollkleidungsstücks: Landbewirtschaftung, Tierproduktivität, Tieremissionen, Transport von Roh- und verarbeiteten Materialien, Arbeitswege der Mitarbeiter*innen, Produktionssysteme und die Pflege des Kleidungsstücks durch die Endverbraucher*innen. Das erste Szenario analysierte ein konventionelles System mit höheren Emissionen; die fünf nachfolgenden Szenarien stellten unterschiedliche Emissionsverbesserungen dieses ersten Szenarios dar. Alle der ersten sechs Szenarien waren Nettoemittenten von Kohlendioxid. Das siebte Szenario stellte einen Fall dar, in dem die Treibhausgasemissionen durch Landbewirtschaftungspraktiken erheblich reduziert wurden. Der in diesem Szenario gespeicherte Bodenkohlenstoff wurde aus Messungen modelliert, die in einer inzwischen jahrzehntelangen Analyse der Auswirkungen auf die Veränderungen der organischen Substanz auf Grünlandböden durchgeführt wurden.[72]

Ein entscheidender Pflanzbereich auf Loren Poncias Ranch wird mit einer Auswahl einheimischer Arten ausgestattet, die von STRAW (Students and Teachers Restoring a Watershed) ausgewählt wurden. *Foto © STRAW*

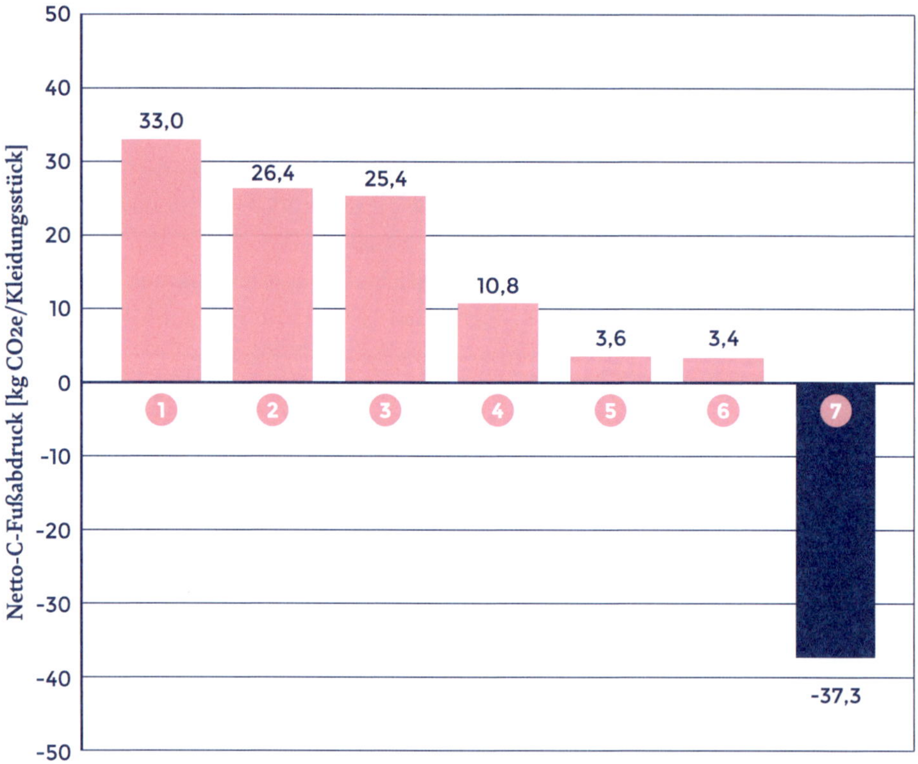

Eine erste Ökobilanz von Dr. Marcia DeLonge vom Silver Lab der UC Berkeley zeigte, dass Schafe, die auf kompostierten Weideländern grasen, Wolle mit negativem Nettokohlenstoff-Fußabdruck produzieren können. Ein anschließender Transport dieser Wolle durch eine regionale und mit erneuerbaren Energien betriebene Lieferkette könnte ein Kleidungsstück mit einem negativen CO_2-Fußabdruck produzieren. *Diagramm von Fibershed-Mitarbeiter*innen.*

VON KONVENTIONELL BIS KLIMAFREUNDLICH

Produktion für Wollkleidung

(1) Conventional Realistic: Energie aus dem CA-Netz (kalifornisches Stromnetzwerk), etwas höherer C-Fußabdruck (C ist das Elementsymbol für Kohlenstoff) im Vergleich zu anderen Fällen aufgrund von Verlust an Boden-C, Verwendung von Kunstdünger, höhere Transportkosten

(2) Conventional Optimistic: CA-Netz-Energie, aber keine Erhöhung des Boden-C

(3) Fibershed Neutral Soil: geothermische Energie, aber keine Erhöhung des Boden-C

(4) Fibershed Conservative: geothermische Energie, gute Landbewirtschaftung erhöht den Boden-C in einer konservativeren Zuwachsrate als Fall 7

(5) Fibershed Realistic: geothermische Energie, konservative Kompostgutschrift, gute Landbewirtschaftung erhöht Boden-C mit einer konservativeren Rate als Fall 7

(6) Fibershed Possible: Solarenergie, konservative Kompostgutschrift, gute Landbewirtschaftung erhöht Boden-C mit einer konservativeren Rate als Fall 7

(7) Fibershed Optimistic: Solarenergie, optimistische Kompostgutschrift, gute Landbewirtschaftung erhöht Boden-C mit optimistischer Zuwachsrate, geringfügige Reduzierung im C-Fußabdruck im Vergleich zu anderen Fällen bei mehreren Schritten (Transportentfernungen, Pendler*innen-km/l, Tieremissionen, luftgetrocknete Kleidung usw.)

DeLonges Analyse zeigte, dass, wenn die Weiden pro Hektar drei zusätzliche Tonnen CO_2e binden könnten (zeitgleich mit einer Regionalisierung der Lieferkette und produziert von regionalen Arbeitskräften mit erneuerbarer Energie), es möglich ist, Wollkleidung mit *negativen Netto*-Emissionen herzustellen – das bedeutet, dass mehr Kohlenstoff aus der Atmosphäre entnommen wurde, als bei der Herstellung und Pflege des Kleidungsstücks ausgestoßen wurde. Es war die Kapazität des Bodens, Kohlenstoff zu binden, die den größten positiven Einfluss hatte. Diese Ökobilanz hat gezeigt, dass wir ein Kleidungsstück aus Wolle mit positiven Auswirkungen auf den Klimawandel herstellen können. Mit anderen Worten, Schafweiden sind in der Lage, erhebliche Mengen an CO_2 und anderen Treibhausgasen aufzunehmen, um gleich mehrere Faktoren auszugleichen: (1) die Methanemissionen der Tiere (enterische Fermentation); (2) die Fertigungssysteme; und (3) die Endnutzung. Seitdem diese Analyse abgeschlossen ist, hat unsere Organisation ihre programmatische Arbeit rund um die Forschung von DeLonge weiterentwickelt und wir haben versucht, ein Arbeitsmodell auf Gemeinschaftsebene für die Herstellung eines klimafreundlichen Kleidungsstücks zu verwirklichen.

Das Soil-to-Soil-Konzept bekämpft die Symptome der Klimakrise, indem es die Ursachen bekämpft. Dies geschieht durch zyklisches Denken und die Sensibilisierung für den Kohlenstofftransfer zwischen Kohlenstoffpools. Dieser Rahmen hinterfragt sofort jede Faser oder Farbe, die unsere Böden schädigt. Der Anbau von Naturfasern und Farbstoffen kann durch integrierte Pflanzen- und Tierhaltungssysteme, die Entwicklung von Fruchtfolgen und die Umsetzung verifizierter Carbon-Farming-Praktiken in bestehende landwirtschaftliche Modelle integriert werden. So können die 136 Milliarden Tonnen Kohlenstoff wieder aufgefangen werden, die wir im Laufe der Jahrzehnte in unsere Atmosphäre freigesetzt haben. Wir haben immer wieder gezeigt, dass die Landwirtschaft eine „Auffanglösung“ sein kann – und das *muss* sie sein, angesichts des kurzen Zeitfensters, in dem der katastrophale Klimawandel ein Handeln noch zulässt.

Darüber hinaus basiert das Soil-to-Soil-System auf der Entwicklung effizienter und mit erneuerbarer Energie betriebener Produktionsstätten, die in der Nähe der Orte liegen, an denen unsere Fasern und Färberpflanzen angebaut werden. Strategien für die Entsorgung von Kleidung basieren auf der Rückführung von Kohlenstoff in den Boden, aus dem sie stammt (nachdem die Recycling- und Reparaturoptionen erschöpft wurden). Naturfasertextilien, die aus sich regenerierenden Böden stammen, können und müssen

Lani's Lana: Eine Erfolgsgeschichte von der Ranch bis zur Textilfaser

Lana bedeutet auf Spanisch „Wolle", und „Lani's Lana" ist der Name des Feinwolle-Unternehmens, das der Schafzüchterin und Textilkünstlerin Lani Estill gehört. Sie arbeitet dort mit ihrer Familie an der Herstellung von klimafreundlicher Wolle, die von Weber*innen, Spinner*innen, großen Marken und kommerziellen Garnhersteller*innen verwendet wird. Lanis Wolle stammt von Rambouillet-Schafen, die in den trockenen, weitläufigen Gebieten im Nordosten Kaliforniens gut gedeihen. Die von ihnen produzierte Wolle ist perfekt für die Verwendung in Kleidungsstücken. Darüber hinaus werden einige Tiere mit natürlichen, nichtweißen Farben wie Grau und Schwarz geboren, was ihre Wolle als Garn sehr begehrt macht.

Die traditionelle Schafhaltung auf dem Weideland hat sich auf die Herstellung und Ausbringung von Kompost sowie die Entwicklung von Schutzgürteln (Bestäuberkorridoren) und Waldweiden ausgeweitet. Lani und ihre Familie begannen ab 2016 mit Fibershed, dem Carbon Cycle Institute, dem Natural Resources Conservation Service (NRCS), Point Blue und einer Reihe lokaler Auftragnehmer*innen zusammenzuarbeiten, um klimafreundliche Wolle herzustellen. Mit der Unterstützung des NRCS und des bekannten Outdoor-Unternehmens The North Face begann die Ranch mit der Umsetzung des 2015 von Dr. Jeffrey Creque entwickelten Plans fürs Carbon Farming. Der Plan umfasst eine Vielzahl spannender Projekte, darunter Ufersanierungen (Süßwasser-Bachpflanzungen) und kilometerweite Baumpflanzungen,

um Schatten für Tiere zu spenden, als Windschutz sowie als ober- und unterirdische Kohlenstoffsenken.

Wollgarne und Fertigwaren von Lani Estill können über den Northern California Fibershed Marketplace erworben werden, ein Projekt, das von der Northern California Fibershed Cooperative entwickelt wurde. Die Wolle wurde in zahlreichen Kleidungsstücken von regionalen Designer*innen verarbeitet, oft in Zusammenarbeit mit der familieneigenen Huston Textile Mill, und in der jährlichen Fibershed Gala Show präsentiert.

Lani's Lana Climate-Beneficial-Wollgarne werden mit Indigoferment aus Kalifornien und Krappwurzel gefärbt. Die Garne sind Teil eines Schalstricksets, das von Kira K Designs entworfen wurde.

Die Praxis des Hinzufügens einer 1,5-cm-Schicht aus biologischen Zusatzstoffen zu kalifornischen Weidelandsystemen erwies sich als hilfreich. Sie unterstützen diese Bodensysteme bei der Aufnahme von zwischen einer und drei Tonnen Kohlendioxid pro Jahr. *Foto © Marin Carbon Project*

dem Boden wieder zugeführt werden. Diese Aktion schließt den Zyklus ab und beginnt ihn von neuem. Kohlenstoff aus unserer Kleidung erzeugt einen ausgewogenen Kompost, wenn er mit Stickstoff und mineralreichem Material wie Dung und Lebensmittelabfällen vermischt wird..

Es ist wichtig, sich daran zu erinnern, dass die Erde unseres Planeten dreimal so viel Kohlenstoff enthält wie unsere Atmosphäre und viermal so viel Kohlenstoff wie die Vegetation. Die Erde stellt die größte Kohlenstoffsenke dar, zu der wir Zugang haben und die wir in vielen Fällen direkt über die Landwirtschaft bewirtschaften. Wir glauben, dass zwei Dinge für unsere gemeinsame Zukunft von entscheidender Bedeutung sind: ein Verständnis für die Wichtigkeit des Bodenkohlenstoffs und die lebenswichtige Bedeutung einer Lebensweise im Gleichgewicht mit diesem Kohlenstoffkreislauf. Wir sehen auch, dass die strategischste Neugestaltung unseres Textilsystems darin besteht, sich auf die Entwicklung regionaler Fasersysteme zu konzentrieren. Auf lokaler Ebene können wir zurückgreifen auf die Weisheit und

das Wissen über unser eigenes Land und unsere Wassereinzugsgebiete. Hier haben wir die politische Macht, die Community-Verbindungen und die direkten praktischen Fähigkeiten, um sinnvolle und signifikante Änderungen an unseren Unternehmen, Schullehrplänen, Richtlinien, Verbrauchspraktiken und atmosphärischen Kohlendioxidkonzentrationen vorzunehmen. Bei der Verwaltung von Ressourcen und Wirtschaft auf regionaler Ebene haben wir den größten Erfolg bei der Entwicklung bodenbasierter Fasersysteme erfahren.

So aufregend, hoffnungsvoll und umsetzbar diese Entwicklungen auch sind, so stellen die jüngsten Entwicklungen in der Textilwelt mit einer privatwirtschaftlichen, extremen Version genetisch veränderter Organismen eine erhebliche Bedrohung für den Fortschritt dar. Bevor ich das Fibershed-Modell in diesem Buch weiter untersuchen kann, muss ich daher erklären, inwiefern diese neue Bedrohung – synthetische Biologie genannt – ein falsches Versprechen ist.

Als wichtiger Rohstoff für die synthetische Biologie wird Zucker häufig auf Plantagen wie dieser in Brasilien angebaut, die immer weiter in den Regenwald eindringen. *Foto © BrazilPhotos/ Alamy Stock Foto*

4. Die Scheinlösung der synthetischen Biologie

In den letzten zehn Jahren haben durch Risikokapital finanzierte Biotechnologieunternehmen weltweit eine aggressive Marketingkampagne gestartet. Sie bewerben ihre angeblich „wissenschaftlichen“ Lösungen für die vielen globalen Herausforderungen im Bereich Lebensmittel und Textilfasern, die durch das industrielle Produktionsmodell entstehen. Unterstützt durch Journalist*innen und staatliche Forschungsgelder fördern diese privaten Unternehmen Technologien, von denen sie behaupten, sie könnten die Natur durch Ausschneiden und Einfügen von DNA-Stücken „neu gestalten“. Vermeintlich möchten sie damit alles, von der Haltbarkeit von Produkten bis zur Photosynthese, zum Nutzen aller „verbessern“. Abgesehen vom Marketing-Hype besteht das Hauptziel dieser Unternehmen jedoch darin, Organismen zu patentieren, die dann gewinnbringend verkauft werden können. Das geschieht in einem Verbraucher*innenmarkt, der unwissentlich zu einer weiteren Konzentration von Macht und Gewinn unter einer Handvoll Investoren und CEOs beiträgt. Kürzlich wurde dieses Ertragsmodell erweitert. Nun werden Mikroben extremen DNA-Veränderungen unterzogen. Alles mit dem Ziel, „biologische Fabriken“ zu schaffen, die hochwertige, designte Organismen und Verbindungen produzieren, die ihren Weg in Garderoben und Lebensmittelgeschäfte finden sollen (bislang haben das sehr wenige geschafft). Diese extreme Manipulation der DNA wird als *synthetische Biologie* bezeichnet und von der ETC Group (Internationale Umweltschutzorganisation: Action Group on Erosion, Technology and Concentration) als eine Kombination aus Ingenieurwissenschaften und Biowissenschaften definiert. Sie werden zusammengeführt, „um neue biologische Teile, Geräte und Systeme zu entwerfen und zu konstruieren, die derzeit in der natürlichen Welt nicht existieren, oder um das Design bestehender biologischer Systeme zu optimieren."[73]

Um den 1,3 Billionen US-Dollar schweren globalen Textilmarkt anzuzapfen, nehmen Unternehmen der synthetischen Biologie Naturfasern und Farbstoffe ins Visier. Ein Schwerpunkt ist die sogenannte Spinnenseide, ein Material, das aus der Verfütterung von industriell gezüchtetem Zucker an gentechnisch veränderte Hefen gewonnen wird. Die Marketingkampagnen für diese Kunstfasern bewerben sie als eine ökologisch durchdachte, grüne Technologie der nächsten Generation. Ökobilanzen, die die Auswirkungen der für diese synthetischen biologischen Systeme benötigten Rohstoffe auf die Landnutzung berücksichtigen, enthalten diese Marketingbehauptungen nicht. Zucker zum Beispiel ist ein gebräuchlicher Rohstoff, der oft aus Mais, Zuckerrüben oder Zuckerrohr gewonnen wird. Er wird in Monokulturen angebaut, wobei die üblichen Herbizide, Pestizide und Kunstdünger zum Einsatz kommen. Zuckerrohrfelder werden nach der Ernte regelmäßig verbrannt, was zu starker Luftverschmutzung, Erosion und anderen Arten der Bodenverschlechterung führt. Laut einer Studie, die auf Zuckerrohrfeldern in Südbrasilien durchgeführt wurde, wurden 240 Kilogramm Kohlendioxidäquivalent pro Tonne produziertem Zucker in die Atmosphäre freigesetzt. Der Großteil der Gesamtemissionen (44 Prozent) resultierte aus der Verbrennung von Reststoffen. Etwa 20 Prozent stammten aus dem Einsatz synthetischer Düngemittel und 18 Prozent aus der Verbrennung fossiler Brennstoffe.[74] „Zucker hat wohl genauso große Auswirkungen auf die Umwelt wie jedes andere Agrarprodukt", schreibt der WWF in einem Bericht. „Die großflächige Umwandlung von Lebensräumen auf tropischen Inseln und in Küstengebieten führte zu erheblichen Umweltschäden, insbesondere einem Verlust der Artenvielfalt."[75]

Grundlebensformen (Bakterien und Hefen) sind die Bausteine für alle anderen Lebensformen auf unserem Planeten. Die Folgewirkungen, die mit ihrer Neugestaltung verbunden sind, könnten für die menschliche und planetare Gesundheit schädlicher sein als jeder andere derzeit auf dem Markt befindliche genetisch veränderte Organismus. Das Bedauerliche

„Ein Vergleich der natürlichen und synthetischen Seidenproduktion."
Aus „Genetically Engineered Clothes: Synthetic Biology's New Spin on Fast Fashion" von der ETC Group und Fibershed. Diagramm von Cheri Johnson.

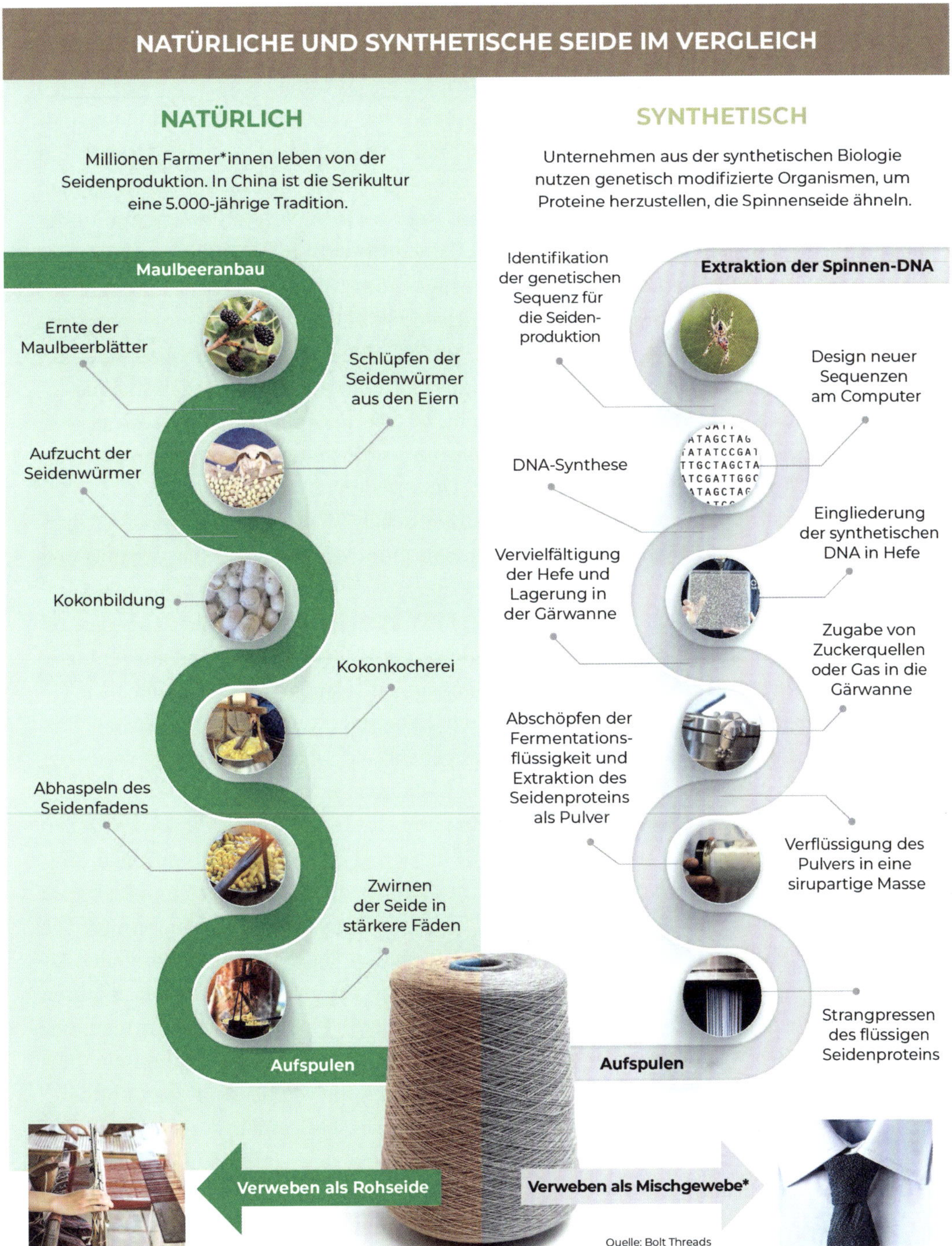
NATÜRLICHE UND SYNTHETISCHE SEIDE IM VERGLEICH
NATÜRLICH
Millionen Farmer*innen leben von der Seidenproduktion. In China ist die Serikultur eine 5.000-jährige Tradition.
Maulbeeranbau
Ernte der Maulbeerblätter
Schlüpfen der Seidenwürmer aus den Eiern
Aufzucht der Seidenwürmer
Kokonbildung
Kokonkocherei
Abhaspeln des Seidenfadens
Zwirnen der Seide in stärkere Fäden
Aufspulen
Verweben als Rohseide
SYNTHETISCH
Unternehmen aus der synthetischen Biologie nutzen genetisch modifizierte Organismen, um Proteine herzustellen, die Spinnenseide ähneln.
Extraktion der Spinnen-DNA
Identifikation der genetischen Sequenz für die Seiden-produktion
Design neuer Sequenzen am Computer
DNA-Synthese
Eingliederung der synthetischen DNA in Hefe
Vervielfältigung der Hefe und Lagerung in der Gärwanne
Zugabe von Zuckerquellen oder Gas in die Gärwanne
Abschöpfen der Fermentations-flüssigkeit und Extraktion des Seidenproteins als Pulver
Verflüssigung des Pulvers in eine sirupartige Masse
Strangpressen des flüssigen Seidenproteins
Aufspulen
Verweben als Mischgewebe*
Quelle: Bolt Threads

daran ist, dass wir die Ergebnisse dieser Biotech-Projekte erst dann bestimmen können, wenn es vielleicht zu spät ist. Das Potenzial der genetischen Verschmutzung sowie lawinenartiger und unwiderruflicher Auswirkungen sollte für Industrie, Regulierungsbehörden und Verbraucher*innen eigentlich Grund genug sein, innezuhalten und nachzudenken. Stattdessen ist das verlockende Versprechen unter den Befürworter*innen der synthetischen Biologie allgegenwärtig und Teil einer breit angelegten Anstrengung der Branche, Verbraucher*innen, Designer*innen, Bekleidungsunternehmen und die Medien davon zu überzeugen, dass die synthetische Biologie tatsächlich *die Lösung* für die gewaltigen Gräueltaten im Zusammenhang mit der industriellen Textilproduktion ist – einschließlich der Missstände im Fast-Fashion-Sektor. Diese Diskursverschiebung erstreckt sich auf die industrielle Pflanzen- und Tierzucht. *Ihr mögt die Art und Weise, wie eure Lebensmittel, euer Fleisch oder eure Kleidung hergestellt wird, nicht? Wir züchten es stattdessen im Labor*, sagen die Biotech-Unternehmen.

Die Befürworter*innen der synthetischen Biologie werden von der Überzeugung angetrieben, dass die Biologie grundsätzlich programmierbar ist und somit dem Ingenieurswesen unterliegt, genau wie jede vom Menschen geschaffene Technologie. Mit anderen Worten, sie glauben, dass das Leben auf standardisierte Komponenten reduziert werden kann, die dann auf zellulärer Ebene in neue Konfigurationen „umcodiert“ werden können, ähnlich wie ein Softwareprogramm. Der Fokus der Experimente in der synthetischen Biologie beschränkte sich bisher weitgehend auf Mikroben, die Zugpferde der Natur (*E. coli* ist beispielsweise ein Liebling von Ingenieur*innen). Mikroben existieren überall auf dem Planeten und erfüllen eine Vielzahl von kritischen Funktionen. Das Wachstum von Pflanzen, die Verdauung unserer Nahrung, die Produktion von Sauerstoff, der Abbau der Umweltverschmutzung im Ozean und die Regulierung des unterirdischen Lebens sind nur einige. Die „Verbesserung“ von Mikroben zur Herstellung bisher nicht vorhandener Arten von Kraftstoffen, Nahrungsmitteln und Fasern war in den letzten Jahren ein Hauptziel von Forschungsprojekten und Finanzinvestmentfirmen, obwohl Wissenschaftler*innen auch ästhetische Ziele für die synthetische Biologie verfolgen, wie zum Beispiel die Herstellung von blauen Rosen, und Lifestyle-Veränderungen, wie die Beseitigung von Fußgeruch.

Die synthetische Biologie folgt dem Weg, den Unternehmen über Jahrzehnte durch Bemühungen zur Herstellung von GVO geschaffen haben. Gentechnisch veränderte Organismen werden in einem Labor erzeugt und sind das Ergebnis eines artifiziellen Prozesses, bei dem eine oder mehrere kurze DNA-Sequenzen, sogenannte *Gene*, aus den Zellen einer Art entfernt und gewaltsam in die Zellen einer nicht verwandten Art übertragen werden. Dadurch entsteht ein zuvor nicht existenter „transgener" Organismus. Quelle und Empfänger dieser Gene können fast alle Lebewesen auf der Erde sein, einschließlich Mikroben, Pflanzen, Insekten und Tiere. In einem Labor können Gene mit zunehmender Geschwindigkeit von Bioingenieur*innen zu künstlichen Organismen rekombiniert werden. So können die unbekannten Folgen in rasantem Tempo wachsen. „Das derzeitige Verständnis der Funktionsweise von DNA ist äußerst begrenzt, und jede Veränderung der DNA eines Organismus zu irgendeinem Zeitpunkt kann Nebenwirkungen haben, die weder vorhergesagt noch kontrolliert werden können", schreiben die Autor*innen der Website für das gemeinnützige Institut für Responsible Technology, eine Organisation zur Überwachung von GVO. „Das neue Gen könnte zum Beispiel chemische Reaktionen innerhalb der Zelle verändern oder Zellfunktionen stören. Dies könnte zu Instabilität, der Bildung neuer Toxine oder Allergene und Veränderungen des Nährwerts führen."[76]

Die synthetische Biologie folgt dem Weg, den Unternehmen über Jahrzehnte durch Bemühungen zur Herstellung von GVO geschaffen haben.

Eine wichtige Nebenwirkung ist Krebs. Rekombinante DNA und andere Formen des Gene Editing verwenden ein Enzym (ein sogenanntes Restriktionsenzym), um das Gen an einer bestimmten Stelle des DNA-Strangs zu schneiden, sodass ein fremdes Gen angehängt werden kann. Kürzlich wurde eine Sequenz kurzer, sich wiederholender DNA, die sich in Bakterien befindet (wo sie Viren bekämpft) namens CRISPR von Techniker*innen als nützlich für die Herstellung grundlegender biotechnologischer Produkte bestimmt, insbesondere dann, wenn sie von einem Enzym namens CRISPR-Cas9 bearbeitet wird. Nach der Bearbeitung durchläuft ein Gen seinen üblichen biologischen Kurs (mit Ausnahme des natürlichen Selektionsteils), um Teil einer Mikrobe, Pflanze oder eines Tieres zu werden – *mit dem Unterschied*, dass es jetzt eine einzigartige Schöpfung ist. In dieser Einzigartigkeit liegt das Problem. Nach ihrer Freilassung „können diese neuen Organismen nicht mehr zurückgerufen werden, und alle Veränderungen der genetischen Ausstattung der Population, die sie verursachen, sind höchstwahrscheinlich irreversibel", schreiben die Wissenschaftlerinnen Janet Cotter und Dana Perls in einem Bericht für Friends of the Earth. „Daher werden die genetischen Veränderungen einer Population wahrscheinlich für eine sehr lange Zeit, möglicherweise dauerhaft, bestehen bleiben. Dies kann weitreichende und unvorhersehbare Folgen für Gesellschaft und Umwelt haben."[77]

Zwei kürzlich durchgeführte Studien ergaben, dass Gene, die von CRISPR-Cas9 zur Bekämpfung von Krankheiten bearbeitet wurden, das Risiko erhöhen, Krebs in Wirtszellen auszulösen und Tumore bei Patient*innen zu säen.[78] Forscher*innen entdeckten, dass Zellen, sobald sie während des Bearbeitungsprozesses durch CRISPR-Cas9 verletzt wurden, entweder den DNA-Bruch reparierten oder sich selbst zerstörten, was das Krebsrisiko erhöhte. In einer anderen Studie stellten britische Wissenschaftler*innen fest, dass CRISPR durch seine Zerteilungen „genetische Verwüstungen“ verursachen kann.[79] Diese Entdeckungen führen zu einer großen Unsicherheit in Bezug auf CRISPR – und die Gen-Modifizierung im Allgemeinen.

GVO-KATASTROPHEN

Leider haben wir im Textilbereich schon einmal diesen gefährlichen High-Tech- und Profit-getriebenen Weg beschritten. In den frühen 1990er Jahren wurde Bt-Baumwolle vom Biotechnologie-Riesen Monsanto kommerzialisiert (Bt, kurz für *Bacillus thuringiensis*, ist ein giftiges Bakterium, das Motten, Schmetterlinge, Käfer und Baumwollkapselwürmer abtötet). Die biotechnologisch hergestellte Baumwolle produziert die Bt-Bakterien im Prozess des Pflanzenwachstums, sodass alle Insekten sterben, die versuchen, sie anzufressen. Aber es geht noch weiter: 1997 brachte Monsanto Roundup Ready Cotton auf den Markt – eine gentechnisch veränderte Baumwollsorte, die weitgehend resistent gegen den Einsatz des Herbizids *Roundup* ist, eine Begleitchemikalie von Monsanto, die zusammen mit den künstlichen Samen verkauft wird. Der Wirkstoff in Roundup, *Glyphosat*, ist in Teilen der EU verboten und wurde kürzlich in Kalifornien erneut als „wahrscheinlich krebserregend“ eingestuft. Nicht lange nach der Kommerzialisierung gelangte Roundup Ready Cotton über Monsantos indischen Partner Mahyco Biotech in indische Agrarsysteme. Im Jahr 2001 wurden in Gujarat, Indien, große Landstriche ohne vorherige staatliche Genehmigung mit Bt-Baumwollsorten bepflanzt. Lokale Beamt*innen stellten später fest, dass dies jahrelang ohne staatliche Aufsicht geschah, und als lokale Bauern*Bäuerinnen ihre frei bestäubten, klassisch gezüchteten Baumwollsamen testen ließen, stellte sich heraus, dass das Bt-Gen sie bereits kontaminiert hatte. Die Landwirt*innen forderten rechtliche Schritte, woraufhin die Bt-Pflanzen von den Behörden entwurzelt und verbrannt wurden.

Kurz darauf erhielt Mahyco Biotech von der indischen Regierung die rechtliche Befugnis, die gentechnisch veränderte Baumwolle in sechs indischen Bundesstaaten zu verkaufen. Der Entscheidung lag das fadenscheinige Argument zugrunde, dass es keinen Sinn habe, die Zulassung zu verweigern. Es seien schon so viele illegale Sorten von Bt-Baumwolle auf den Feldern vorhanden, dass bereits eine Kontamination der Saatgutbestände stattgefunden habe. („Kontamination" bedeutet in diesem Fall, dass die gentechnisch veränderten Pflanzen sich mit den natürlich-klassisch gezüchteten Pflanzen gekreuzt haben, wodurch das genetische Erbe des Saatguts der Region verändert wurde.) Aber als Bt-Baumwolle in den frühen 2000er Jahren offiziell in Andhra Pradesh, Haryana, Karnataka und Maharashtra eingeführt wurde, beobachteten Hirt*innen, wie ihre Tiere nach dem Weiden auf den Stoppeln der Baumwollernte krank wurden, was in einigen Fällen zum Tod führte. Infolgedessen reichten in vier der indischen Baumwollanbaugebiete in Andhra Pradesh Hunderte von Landwirt*innen bei ihren gemeinsamen Landwirtschaftsdirektionen eine formelle Beschwerde ein und forderten eine Entschädigung für Ernteausfälle. Die Erträge lagen weit unter den von den Unternehmensvertreter*innen versprochenen Ergebnissen. Die

Bt-Baumwolle wurde 1994 in den Vereinigten Staaten zugelassen. Bt steht für *Bacillus thuringiensis* **– eine Bakterie, die giftig ist für die Larven von Motten, Schmetterlingen, Käfern und Baumwollkapselwürmern. Sie wurde so in Baumwolle eingearbeitet, dass die Pflanze das Insektizid in ihrem Gewebe produziert.**
Foto © Kimberly Vardeman

Biotech-Firmen legten Berufung ein, und schließlich bestätigte das Berufungskomitee die Entschädigungszahlungen für die Landwirte.

Die Auswirkungen der gentechnisch veränderten Baumwolle haben das finanzielle Leben der indischen Bauern*Bäuerinnen in den letzten 20 Jahren negativ beeinflusst. Bt-Samen und die dazugehörigen Chemikalien müssen jedes Jahr gekauft werden; dies ist kein Saatgut, das Landwirt*innen aufsparen oder lagern können. So werden sie durch den Anbau von Bt-Baumwolle abhängig von dem Unternehmen, das das Saatgut und die dazugehörigen Chemikalien verkauft. Und weil in ganz Indien Schädlinge und Unkräuter gegen das Herbizid und das Bt-Gen resistent geworden sind, sind die Bauern*Bäuerinnen wiederum gezwungen, viel größere Mengen an Herbiziden und Pestiziden zu kaufen, um Ernteverluste zu vermeiden. Der Schuldenkreislauf der ärmsten Landwirt*innen der Welt hat sich mit dem Einsatz von teurem Saatgut und Chemikalien drastisch beschleunigt. Die Schulden haben zu einer solchen Armut geführt, dass sich aus Geldsorgen und wegen schlechter Ernteerträge bis 2013 über 270.000 Farmer*innen das Leben genommen haben.[80] „Industrielle Lebensmittel und industrielle Mode haben Leben und Lebensgrundlagen zerstört und Böden und Ozeane verschmutzt", sagt die indische Lebensmittel- und Landwirtschaftsaktivistin Vandana Shiva. „Über zwei Jahrzehnte habe ich die Krise für indische Bauern*Bäuerinnen beobachtet und studiert, die durch gentechnisch veränderte Bt-Baumwolle ausgelöst wurde. Sie wurde mit dem Versprechen der Schädlingsbekämpfung und Reduzierung von Pestiziden eingeführt, aber hat letztendlich eine Epidemie von Schädlingsangriffen, Pestizidtoten und Suiziden ausgelöst."[81]

Dieses Beispiel wirft ein Schlaglicht auf die von den Biotech-Unternehmen verbreitete Behauptung, die Erträge gentechnisch veränderter Pflanzen seien hoch genug, um die Kosten für Saatgut und Chemikalien zu rechtfertigen. Im Laufe jeder Landwirtschaftssaison werden die Lücken in dieser Erzählung jedoch größer und sind inzwischen sehr schwer zu übersehen. Bereits 2016 hatten Bauern*Bäuerinnen in Burkina Faso, einem der weltweit führenden Baumwollproduzenten, Bt-Baumwolle aufgrund schlechter Faserqualität und verkürzter Stapellänge vollständig aufgegeben. Entscheidend bei der Bewertung dieser Biotech-Projekte ist, dass im Grunde kein*e einzige*r Baumwollfarmer*in in Indien (oder einem anderen Land) Saatgut mit einem eingebauten Toxin oder einer Resistenz gegen Roundup angefordert hat. Viele dieser Landwirt*innen haben jedoch darum gebeten, dass der Wert ihrer Arbeit besser im Preis des Rohmaterials widergespiegelt wird. Gemeinden in ganz

Indien fordern seit mehr als einem Jahrhundert das Recht, ihre eigene Baumwolle zu verarbeiten. Sie möchten in der Lage sein, ihre fertigen Textilien auf eine Weise zu verkaufen, die ihrer gemeinschaftlichen Wirtschaft zugutekommt. Die von Gandhi angeführte *Khadi*-Bewegung ist bis heute ein wesentlicher Bestandteil der sozialen und kulturellen Ästhetik Indiens. Die Bewegung gründet auf einer Vision für die wirtschaftliche und kulturelle Souveränität des indischen Volkes, die in der handwerklichen Verarbeitung indischer Fasern mit einfachen Maschinen wie der Charkha-Spinnmaschine wurzelt.

Was Roundup selbst betrifft, so sprach im August 2018 ein Geschworenengericht in San Francisco dem Hausmeister Dewayne Johnson 289 Millionen US-Dollar Schadenersatz und Strafschadensersatz für das Leiden zu, das er aufgrund seiner Krebserkrankung erlitten hatte. Seiner Meinung nach wurde diese durch den wiederholten Kontakt mit dem Herbizid und dem darin enthaltenen Glyphosat verursacht. Die Geschworenen stimmten Johnsons Anwälten zu, dass Monsanto verantwortlich war, und zitierten wissenschaftliche Studien, die ihre Argumentation untermauerten. Eine in der Zeitschrift *Toxicology* veröffentlichte Studie zeigte beispielsweise, dass Glyphosat menschliche Zellen innerhalb von 24 Stunden zerstörte – nach geringeren Expositionen als gewöhnliche landwirtschaftliche Dosen.[82] DNA-Schäden traten bei Expositionen von nur 5 ppm (parts per million) auf und endokrine Störungen bereits bei 0,5 ppm. In einer anderen Studie stellten Epidemiolog*innen einen Zusammenhang zwischen endokrinen Störungen und Metabolischem Syndrom, Fettleibigkeit und Typ-2-Diabetes her.[83] Glyphosatrückstände in einigen Tierfuttermitteln sind in Konzentrationen von bis zu 400 ppm erlaubt, und es gibt derzeit keine Gesetze, die die Konzentration von Glyphosatrückständen auf unseren Fasern regeln. Es gibt auch keine aktuellen Gesetze, die die Konzentrationen von Glyphosat in unseren Oberflächengewässern, Niederschlägen oder Böden regeln. In unserem Baumwollanbaugürtel in Kalifornien hat die US Geological Survey festgestellt, dass 65 Prozent der Proben aus Seen, Flüssen und Bächen im San-Joaquin-Tulare-Becken nachweisbare Konzentrationen von Glyphosat aufweisen.[84]

Ein weiteres Beispiel für die Gefahren von GVO: Im Jahr 2001 veröffentlichten der Ökogenetiker Ignacio Chapela, Professor an der UC Berkeley, und David Quist, ein Doktorand, eine verblüffende Arbeit in *Nature*, in der sie bekannt gaben, dass viele traditionelle Maissorten (genannt Landrassen) im Oaxaca-Tal in Zentralmexiko durch Pollen von modifiziertem Mais kontaminiert worden waren. Dies schloss Farmen ein, die hoch in den Bergen über dem Talboden liegen.[85] Der aus den USA stammende GVO-Mais wurde unter Missachtung des mexikanischen Verbots des Produkts von 1998 illegal angebaut. Die Schlussfolgerungen von Chapela und Quist wurden von Befürworter*innen von GVO angegriffen, darunter Forschungskolleg*innen in Berkeley (die Universität hatte zu dieser Zeit ein großes Forschungsstipendium vom Biotech-Riesen Novartis erhalten), was die Herausgeber*innen von *Nature* zu einer einseitigen Entschuldigung zwang. Eine nachfolgende Studie aus dem Jahr 2009 bestätigte jedoch die ursprünglichen Schlussfolgerungen von Chapela und Quist über die Kontamination von Mais aus Landsorten im Landesinneren Mexikos.[86] Der gentechnisch veränderte Mais ist für mexikanische Grundnahrungsmittel, die eng mit der mexikanischen Nationalidentität verbunden sind, eine Bedrohung. Das zeigt, wie kulturell und ökologisch heimtückisch gentechnisch veränderte Organismen sind – und warum wir ihnen auf allen Ebenen widerstehen sollten.

Farmer*innen der Shiv-Krishi-Utthan-Sanstha-Kooperative produzieren Fair-Trade- und Bio-Baumwolle, von Hand geerntet. *Foto © Joerg Boethling/Alamy Stockfoto*

Klassische Baumwollzüchtung

Sollten wir die bewährten Prozesse der Natur verbessern oder in die falschen Versprechungen der Biotechnologie investieren? Diese Entscheidung ist eine Linie, die Jahrtausende menschlicher Bemühungen trennt. Glücklicherweise gibt es Saatgutzüchter*innen, die auf der Arbeit unserer kollektiven Anbaugeschichte aufbauen. In der Welt des Faseranbaus gibt es eine Frau, Sally Fox, die die positiven Eigenschaften der beiden wichtigsten Baumwollarten *Gossypium hirsutum* und *G. barbadense* weiter verbessert. Im Capay Valley in Nordkalifornien ansässig, arbeitet Fox seit 30 Jahren daran, ihre eigenen zertifizierten Bio-Sorten zu entwickeln, die heute auf der ganzen Welt bekannt und beliebt sind.

Jede*r Pflanzenzüchter*in kann Samen von der USDA-Saatgutbank erhalten. Und jede*r Pflanzenzüchter*in, unabhängig von der Größe des Betriebs, kann Pflanzen anbauen, Samen von ihnen sammeln, neue Eigenschaften durch klassische Züchtungspraktiken entwickeln, diese Eigenschaften stabilisieren, die Sorte benennen und den Papierkram für den Sortenschutz (in den USA bekannt als PVP, plant variety protection) ausfüllen. Dieses System des Teilens fördert den kollektiven genetischen Pool und gibt Anerkennung, wo sie fällig ist. Im Gegensatz zu den neueren Patentierungsverfahren großer Gentechnik-Saatgutunternehmen ermöglicht PVP Generation für Generation von Züchter*innen, die Arbeit der anderen zu erweitern und zu verbessern. „Es gibt einen großen Unterschied zwischen PVP und Patentierung", sagt Fox. „Als Züchter*in nimmst du an der Weiterentwicklung aller anderen teil; die Patentierung eines Merkmals stoppt dieses kollektive Aufstiegspotenzial. Patentiertes Saatgut kann nicht aufbewahrt oder verschenkt werden."

Fox hat Baumwollpflanzen nach Merkmalen wie Farbe (grüne und braune Fasern sind die bekanntesten) gezüchtet, aber auch nach Merkmalen wie Stapellänge, Farb- und Lichtechtheit (wie sich die Faser in einem Textil verhält) und Ertrag. Ihre Feldarbeit besteht aus einfühlsamer Beobachtung, gefolgt von medizinisch präzisen Handlungen. Die Arbeit einer Saison umfasst die Fremdbestäubung von Pflanzen, um sogenannte F1-Samen (erste Generation) zu produzieren. Die Pflanzen der ersten Generation werden in der folgenden Saison angebaut und sind zu 100 Prozent Hybride. Die Samen, die sie produzieren, werden als F2-Samen (zweite Generation) bezeichnet. Aus diesen F2s, die in der dritten Saison gepflanzt werden, beginnt Fox mit der Auswahl der Samen. Dann selektiert sie viele Generationen lang, Saison für Saison, bis das Saatgut stabil ist und zu 100 Prozent mit der Mutterpflanze übereinstimmt.

Die Komplexität und Schönheit dieser Baumwollsorten sind beeindruckend, und das Wissen von Fox umfasst alle Facetten, von der Wissenschaft bis zur Kulturgeschichte. Sie ist von Natur aus Lehrerin und nimmt sich jetzt die Zeit, einen Lehrplan zu erstellen, der ihr Zuchtwissen an die nächste Generation weitergibt. Um mehr über Fox' Arbeit und gemeinnützige Entwicklung zu erfahren, besucht gerne die Webseite ihrer Farm: *www.vreseis.com.*

Trotz vieler Beweise und Daten, die das Gegenteil belegen, behaupten Biotechnologie-Unternehmen weiterhin, dass gentechnologische Lebensformen uns die Möglichkeit geben werden, Teile der natürlichen Welt in neue Formen und Funktionen zu verwandeln, die alle Bedürfnisse der Menschheit erfüllen. Gleichzeitig bringen sie denjenigen, die die Schlüssel zu diesen Lebensformen patentieren, und den Risikokapitalgeber*innen, die sie unterstützen, beträchtliche Gewinne ein. Aber was ist mit dem jahrhundertealten genetischen Erbe, dem uralten Samentausch, der Landwirt*innen kostenloses Saatgut zur Verfügung stellte und die Möglichkeit bot, eine Kultur ohne begleitende chemische Empfehlung anzubauen? All das geht verloren, wenn biotechnologische Systeme dominieren und den genetischen Pool durch ihre patentierte DNA reduzieren.

Als Methodik für die Interaktion mit DNA spiegelt der GVO-Ansatz nicht die natürliche Welt wider oder ahmt sie nach. Die klassische Pflanzen- und Tierzucht durch Menschen hingegen ist ein biomimetischer Prozess, d. h., die Selektion erfolgt so, dass sie einer Biene, einem Pflanzen- oder Fleischfresser nachempfunden ist. Die Natur reorganisiert nicht die genetischen Bausteine einer Art auf einmal und überlässt die anderen interagierenden Arten innerhalb des Ökosystems sich selbst. Wäre es nicht offensichtlich, dass nach einer Veränderung von Baumwolle, die diese resistent gegenüber Baumwollkapselkäfern macht, auch der Baumwollkapselkäfer eine starke Reaktion aufweisen würde; oder dass die Kreation einer gegen Roundup resistenten Baumwollpflanze durch das Spritzen schließlich auch eine Resistenz bei anderen Arten erzeugt?

Fortschritte in der Genetik spielen eine Rolle bei der Schaffung von landwirtschaftlichen Systemen, die regenerativ sein können, aber es muss vorsichtig vorgegangen werden. „Molekulare Marker werden jetzt verwendet, um die Züchtung zu beschleunigen", so Wes Jackson, Gründer des Land Institute und ein führender Verfechter klassischer Züchtungstechniken, „aber vieles, was von Molekularbiologen vorgeschlagen wird, wird stark überbewertet, da Pflanzen bislang immer noch draußen leben. So wird die gewöhnliche Zucht weiterhin notwendig sein und daher eine Art Kunst bleiben. Wenn wir Moleküle betrachten, schauen wir in der Strukturkette nach unten. Oft vergessen, aber genauso wichtig ist es, in der Hierarchie der Wissenschaften nach oben auf die Ökosystemebene zu schauen. So messen wir der Ökologie/Evolutionsbiologie eine größere Bedeutung für die Landwirtschaft zu." [87]

DIE BÜCHSE DER PANDORA WIRD GRÖSSER

Jüngste Entwicklungen in der synthetischen Biologie drohen die bereits bekannten Risiken von GVO noch zu verstärken. Gen-Bearbeitungs-Tools ermöglichen es Start-up-Unternehmen und Forscher*innen, DNA-Sequenzen in Organismen schneller und präziser (und mit höherem Risiko) zu verändern. Sie verwenden programmierte Zellkerne, die es den Biotechnologen ermöglichen, die Ausprägung von Merkmalen und neuen Funktionen an beliebigen Stellen entlang der DNA-Sequenz zu manipulieren. Der Prozess umfasst die Nutzung der natürlichen Reparaturmechanismen innerhalb der DNA, wobei die Ingenieur*innen *Spender-DNA* in eine Zelle injizieren; durch den selbstreplizierenden Reparaturprozess wird diese Spender-DNA Teil des Zielorganismus. Früher wurde bei rekombinanten DNA-Maßnahmen, wie sie zur Herstellung von Bt-Baumwolle verwendet wurden, fremde DNA in viel kleineren und engeren Maßstäben in lebende Organismen eingeschleust. Die synthetische Biologie konzentriert sich auf die Neucodierung der DNA einer Zelle, anstatt die DNA von mehr als einem Organismus in einem traditionellen GVO-Prozess zu rekombinieren. Das größte Risiko besteht darin, dass sich die Definition von *genetisch veränderten* Produkten so weit ändern könnte, dass die herkömmlichen Warnhinweise auf GVO-Produkten nicht mehr ausreichend sind. Das bedeutet auch, dass die Palette der Produkte, die über die synthetische Biologie erstellt werden können, riesig ist und immer größer wird, ebenso wie die Ungewissheit.

Das größte Risiko besteht darin, dass sich die Definition von genetisch veränderten Produkten so weit ändern könnte, dass die herkömmlichen Warnhinweise auf GVO-Produkten nicht mehr ausreichend sind.

In seinem Buch *Regenesis*, in dem er die angeblichen Vorteile dieses Engineering-Programms anpreist, beschreibt George Church die synthetische Biologie als „die Wissenschaft, die Gene von Organismen selektiv zu verändern, damit sie Dinge tun, die sie in ihrem ursprünglichen, natürlichen, unberührten Zustand nicht tun würden."[88] Er ist Professor für Genetik in Harvard und Inhaber mehrerer Patente. Auf mikrobieller Ebene, schreibt er, werde die Natur auf immer ehrgeizigere und radikalere Weise neu gestaltet, während Ingenieur*innen in der Neuprogrammierung lebender Organismen geübt werden. Das sei gut so, beharrt Church. „Diese Technologien haben die Kraft, die Gesundheit von Mensch und Tier zu verbessern, unsere Lebensdauer zu verlängern, unsere Intelligenz zu steigern und unser Gedächtnis zu verbessern." Warum sollten wir die synthetische Biologie nicht nutzen, um pathologische Viren zu eliminieren? Oder Krebszellen anzugreifen? Oder ausgestorbene Arten zurückzubringen? Wäre es nicht toll, wieder ein Wollmammut zu sehen? Es sei kein müßiger Traum, erklärt Church. Biologie-als-Technologie werde es uns nicht nur ermöglichen, Teile unserer evolutionären Vergangenheit neu zu erschaffen, wir werden auch in der Lage sein, die Evolution an Orte zu führen, die sie noch nie zuvor betreten hat oder die sie niemals erreichen würde, wenn sie sich selbst überlassen würde.

In Churchs Weltsicht ist ein lebender Organismus wie ein Computer, ein vorgefertigtes Produktionssystem, das von einem Programm gesteuert wird – seinem Genom. Umcodiert könnte ein Organismus dazu gebracht werden, praktisch alles zu produzieren, einschließlich unserer Kleidung, um dann gewinnbringend an uns verkauft zu werden. Was die unbeabsichtigten Folgen dieser zellulären Neuprogrammierung (im Fachjargon „Off-Target"-Effekte genannt) angeht, spielt Church deren Bedeutung herunter und sagt, die Vorteile würden bei Weitem überwiegen. Diese Position wird jedoch durch eine wachsende Zahl von Studien widerlegt, darunter auch Forschungen, die kürzlich den Europäischen Gerichtshof zu dem Urteil veranlassten, dass Verfahren der synthetischen Biologie wie CRISPR nun in die Standardprüfungen von GVO-Richtlinien aufgenommen werden müssen.[89]

Ein Beispiel für die Schönrederei durch Befürworter*innen der synthetischen Biologie ist die Behauptung von Biotech-Unternehmen, dass sie jetzt an einer „Lösung" für einen wichtigen Aspekt des industriellen Landwirtschaftssystems arbeiten – die Krise der synthetischen Stickstoffauswaschung. Ihr vermeintliches Ziel ist es, die Düngermenge für industriell angebaute Pflanzen wie Mais und Weizen zu reduzieren. Ihr eigentliches Ziel ist es, den Landwirt*innen ein biotechnologisches Produkt zu verkaufen, das sie nicht benötigen. Stickstoff ist für das Pflanzenwachstum und die Vitalität unerlässlich. Pflanzen erhalten Stickstoff natürlich und frei aus der Atmosphäre (78 Prozent der Luft besteht aus Stickstoff). Diese reichlich in der Luft vorhandene Ressource wird von Pflanzenarten in den Boden eingebracht, die es seit Jahrtausenden gibt und die sich so entwickelt haben, dass sie mit stickstofffixierenden Mikroben zusammenarbeiten, die pflanzenverfügbare Formen des Elements erzeugen und in den Boden einlagern.

Aber in Industriesystemen mit Monokulturen sind Pflanzen zunehmend abhängig von Ammoniumnitrat-Dünger, der chemisch aus Methan, einem starken Treibhausgas, hergestellt wird.

Die Biotech-Industrie präsentiert nun ihre Arbeit als Lösung für dieses Problem: maßgeschneiderte Mikroben, die Stickstoff gewinnbringend biologisch binden. Das ist das Ziel von Ginkgo Bioworks, einem Biotech-Unternehmen, das mit dem deutschen Chemieriesen Bayer zusammenarbeitet, sowie einem anderen Unternehmen namens Pivot Bio, einem Start-up für synthetische Biologie mit Sitz in Kalifornien (und unterstützt durch einen riesigen Risikokapitalfonds von Bill Gates, Jeff Bezos und anderen Milliardären). „Was sich jede*r in der Branche bei Mikroben wünschen würde, ist eine erneuerbare und nachhaltige Methode zur Herstellung dieses Düngers", sagt Karsten Temme, CEO von Pivot Bio. „Es war wirklich ein langfristiges, schwer fassbares Ziel für das Feld."[90] Aber es ist nicht schwer zu fassen. Biolandwirt*innen wissen, wie sie mit Zwischenfrüchten, Polykulturen und der Einbindung von Nutztieren Stickstoff auf natürliche Weise an die Wurzeln ihrer Pflanzen bringen. Sie brauchen keine speziell entwickelten, künstlich hergestellten, massenproduzierten Mikroben, um die „Ineffizienzen" der Natur zu korrigieren – sie nutzen einfach mehr Natur.

Stickstoff ist für Pflanzenwachstum und Vitalität unerlässlich. Die Biotech-Industrie entwirft maßgeschneiderte Mikroben, die Stickstoff biologisch für einen Gewinn vermarkten. Auch wenn verschiedene Pflanzenarten, wie diese Ackerbohnen, auf natürliche Weise Stickstoff in den Boden zurückführen. *Foto © Nigel Cattlin/Alamy Stock Foto*

Eine Möglichkeit, angemessene Vorsicht in der Industrie der synthetischen Biologie zu gewährleisten, ist die staatliche Regulierung. Eine kürzlich durchgeführte Analyse kam jedoch zu dem Schluss, dass es in der schnelllebigen Welt der synthetischen Biologie besorgniserregende Lücken in der behördlichen Aufsicht gibt, von denen die meisten mit dem Risiko eines sogenannten Bioerrors verbunden sind – den unerwarteten Folgen eines Laborfehlers. Die Herausforderung ergibt sich aus der Natur der Organismen selbst: Ihre Neuheit, Entwicklungsfähigkeit, Komplexität und Variabilität stellen erhebliche Hindernisse für die Risikobewertung durch Bundesaufsichtsbehörden dar. „Es ist nicht überraschend, dass eine Technologie, die potenziell so revolutionär ist wie die synthetische Biologie, eine Reihe von Bedenken aufwerfen würde, im Rahmen eines Regulierungssystems, das weitgehend vor ihrer Konzipierung entwickelt wurde", schreiben die Autor*innen der Analyse. Eine wirksame Regulierung erfordert eine umfassende Überarbeitung des bundesstaatlichen Regulierungsverfahrens bei der EPA und der FDA (U.S. Food and Drug Administration, Lebensmittelaufsichtbehörde), und zwar zügig – was die Autor*innen als „extrem einschüchternde Aufgabe" bezeichnen.[92]

Diese düstere Einschätzung, unterstützt durch einen Bericht der Organisation Friends of the Earth, kam zu dem Schluss, dass die EPA (Environmental Protection Agency, Umweltschutzbehörde) praktisch keine Bewertung der Auswirkungen dieser Organismen auf die Umwelt verlangt und die USDA (U.S. Department of Agriculture, Landwirtschaftsministerium) nur dann tätig wird, wenn es um Schädlinge geht. Die FDA ihrerseits stellt keine zwingende Anforderung an die Bewertung der Lebensmittelsicherheit. „Angesichts der weit verbreiteten unbeabsichtigten Folgen von Gentechnikanwendungen", schreiben Janet Cotter und Dana Perls, die Autorinnen des Berichts, „sollten alle Gentechnikpraktiken in den Bereich der staatlichen Regulierungsaufsicht über Gentechnik und GVO fallen."[93]

Die Alternative ist Selbstregulierung – oder das, was einige synthetische Biolog*innen „vertrauen und dann verifizieren" nennen. Es ist in der Branche bereits zu einer Art Mantra geworden. Die Geschichte hat jedoch klar gezeigt, wie ineffektiv die Selbstkontrolle bei Unternehmen ist, die eine neue Technologie entwickeln und fördern (und davon profitieren). Inzwischen hat das National Institute of Standards and Technology (NIST) 2015 das Synthetic Biology Standards Consortium ins Leben gerufen, um das Design und die Dokumentation der synthetischen Biologie in allen akademischen Einrichtungen zu standardisieren. Diese Bemühungen haben

Brown’s Ranch und die Bedeutung von gutem Boden

1991 kauften Gabe Brown und seine Frau Shelly eine Farm in der Nähe von Bismarck, North Dakota, und begannen mit dem Getreideanbau und der Tierzucht mit schwerer Bodenbearbeitung und reichlich Herbiziden, Insektiziden und Kunstdünger. Drei Jahre später dehnten sie das Paradigma der konventionellen Landwirtschaft ein wenig aus, indem sie sich für Direktsaat entschieden, um Bodenfeuchtigkeit zu erhalten und Brennstoffkosten zu sparen. Vier aufeinanderfolgende Jahre wetterbedingter Ernteausfälle führten jedoch zu einer verzweifelten finanziellen Situation, die die Browns auf eine revolutionäre Reise von der chemischen, industriellen Landwirtschaft hin zur biologischen Landwirtschaft führte. Heute gilt die Brown’s Ranch als führend in der Regenerationsbewegung, weil sie erfolgreich Direktsaat, Deckfruchtanbau, Bodengesundheit, Mob-Beweidung (eine Form der ganzheitlichen, nachhaltigen Beweidung) und andere Praktiken integriert, die ökologische und ökonomische Gesundheit schaffen, ohne auf Pestizide, Insektizide oder synthetische Düngemittel angewiesen zu sein.

Was viele konventionelle Landwirt*innen als Herausforderungen betrachten, wie Bodenverdichtung, Erosion, Unkrautdruck und niedrige Erträge, sieht Gabe Brown als Chancen. Er interpretiert sie als Symptome von Problemen und nicht als deren Ursachen. Tatsächlich sind sie Anzeichen für eine schlechte Bodengesundheit. Sein System, das der Natur nachempfunden ist, konzentriert sich auf die Regeneration von Ressourcen durch die kontinuierliche Verbesserung der lebenden Biologie im Boden. Die Ergebnisse in seinem Betrieb sprechen für sich:

- Der Gehalt an organischer Substanz ist von unter 2 Prozent auf über 6 Prozent gestiegen.
- Die Biota (alle Lebewesen des Ökosystems, sowohl pflanzliche als auch tierische) im Boden haben sich so weit erhöht, dass kein Kunstdünger mehr verwendet wird.
- Auf der Ranch werden seit über zwölf Jahren keine Fungizide oder Insektizide verwendet.

- Der Herbizideinsatz wurde um über 90 Prozent reduziert.
- Wasserinfiltration und Wasserspeicherkapazität sind auf höchstem Niveau.
- Eine einjährige Dürre ist nicht besorgniserregend – ein gesundes Ökosystem passt sich an.
- Getreideerträge sind im Schnitt 20 Prozent höher als im Landesdurchschnitt.
- Wildtierpopulationen und Artenvielfalt haben exponentiell zugenommen.

Als Brown 1994 zur Direktsaat wechselte, war er der Einzige in Burleigh County, wo 60 Prozent des Landes für den Getreideanbau genutzt werden. Heute werden etwa 70 Prozent des Ackerlandes des Landkreises als Direktsaat, also ohne schwere Bodenbearbeitung, bewirtschaftet. Brown glaubt, dass konventionelle Landwirt*innen beginnen, so wie er zu verstehen, dass ihre Böden zu nichts anderem als einem Medium geworden sind, um die Pflanzen aufrecht zu halten. Dass der Erde nicht nur Bodenstruktur und organisches Material, sondern auch das *Leben* selbst fehlte.[91]

Vielfältige Staudenwiesen auf der Brown Ranch. *Foto © Gabe Brown*

neue Forschungen beschleunigt und Unternehmensgründungen gefördert. Leider werden die Gefahren und Schwächen dieser neuen Technologien trotz erheblicher institutioneller Unterstützung durch Kapitalanleger*innen, Steuerzahlende und Universitäten immer noch nicht vollständig diskutiert. Es ist keine Überraschung zu erfahren, dass technisch hergestellte Biostrukturen Fehlfunktionen aufweisen und ein unerwünschtes Ergebnis verursachen können – eines, das in Computermodellen nicht unbedingt vorhersehbar ist. Branchenkenner*innen sind sich einig. „Die [Synthetische-Biologie-]Community operiert letztendlich in einer Welt, in der wir nicht vorhersagen können, was in unseren Systemen passiert, wenn wir sie bauen", so Reshma Shetty, Mitbegründerin von Ginkgo Bioworks.[94]

Leider werden die Gefahren und Schwächen dieser neuen Technologien trotz erheblicher institutioneller Unterstützung durch Kapitalanleger*innen, Steuerzahlende und Universitäten immer noch nicht vollständig diskutiert.

Die Unsicherheiten und Risiken halten Forscher*innen und Unternehmen jedoch nicht davon ab, in unbekanntes Terrain vorzudringen. Um die Effizienz und Produktivität zu erhöhen, werden weltweit Massenerzeugungsanlagen, sogenannte Biofoundries, aufgebaut, in denen Roboterfließbänder neue gentechnisch veränderte Mikroben herstellen und testen. Diese Biofoundries wiederum ermöglichen den Wissenschaftler*innen immer ehrgeizigere Projekte. Die Bedingungen am Fließband können für Mikroben hart sein, weshalb nach verschiedenen Wirtsorganismen gesucht wird, einschließlich zellfreier Systeme. Die intellektuellen und finanziellen Erträge könnten enorm sein. „Ich bin in diesem Bereich, weil die Grenzen für das, was die Biologie leisten kann, endlos sind", sagt Shetty im selben Artikel. „Es geht nur darum, dass die Technologie bis zu einem Punkt vordringt, an dem sich diese neuen Horizonte öffnen."

Investor*innen und Regierungen, die diese Biotech-Projekte unterstützen, betrachten nur das Endergebnis vom Standpunkt der Patentierbarkeit und des geistigen Eigentums und berücksichtigen nicht die Folgen für die menschliche Gesundheit oder deren kulturelle Auswirkungen. Als ein Beispiel für die rege Unterstützung der synthetischen Biologie schrieb die von der Obama-Regierung herausgebrachte Zeitschrift *Bioeconomy Blueprint* 2012, dass „wirtschaftliche Aktivitäten, die durch Forschung und Innovation in den biologischen Wissenschaften angetrieben werden, die sogenannte ‚Bioökonomie', ein großes und schnell wachsendes Segment der Weltwirtschaft sind, welches erhebliche öffentliche Vorteile bietet. [...] Es kann den US-Amerikaner*innen ermöglichen, ein längeres und gesünderes Leben zu führen, unsere Abhängigkeit vom Öl zu verringern, wichtige

Umweltherausforderungen anzugehen, Herstellungsprozesse zu verändern und die Produktivität und Reichweite des Agrarsektors zu steigern, während gleichzeitig neue Arbeitsplätze und Industrien geschaffen werden."[95] Das Verkaufsargument klingt verlockend, aber was in diesen wirtschaftlichen Blaupausen nie mathematisch bewertet wird, sind die langfristigen Auswirkungen 50 bis 100 Jahre in die Zukunft aus einer kulturellen und biosphärenbasierten Perspektive.

Inzwischen ist der „Goldrausch" der synthetischen Biologie in vollem Gange. Und genau wie in den Anfängen der industriellen Revolution vor 200 Jahren ist die Kleidung eines der ersten Ziele dieser neuen Technologie, das die Aufmerksamkeit bedeutender Risikokapitalinvestor*innen sowie der Fantasie junger Modedesigner*innen in Schulen wie der Central Saint Martins in London auf sich zieht. Hippe junge Biotechniker*innen haben auf Veranstaltungen wie dem SXSW, einem beliebten Medienfestival, gesprochen und ihre Arbeit wurde regelmäßig in der TED-Talk-Szene vorgestellt.

Zwei Bereiche, die wir für die Bewertung analysieren müssen, bevor wir die durch die synthetische Biologie erzeugten Stoffströme blindlings akzeptieren, sind die potenziell neuen Ausmaße der Verschmutzung und die nicht kompostierbaren Abfälle. Die Weltmeere sind bereits durch die Textilherstellung mit Mikroplastik verschmutzt, und die Risiken durch das maschinelle Waschen von Kleidung auf Kunststoffbasis sind in den letzten Jahren zu einem großen Problem geworden. Als eine der Hauptquellen der Mikrofaserverschmutzung wurde der Abrieb festgestellt, der während des mechanischen Waschvorgangs entsteht. Die Teilchen gelangen nach dem Waschen aus unseren Maschinen direkt in Wasseraufbereitungsanlagen, die die winzigen Kunststoffpartikel aber nicht filtern können. Befürworter*innen gentechnisch veränderter Kleidung preisen ihre Produkte geschickt als umweltfreundlich an. Doch die langfristige Abbaubarkeit biotechnologisch hergestellter Textilien kann laut dem Bericht der ETC Group nicht einfach vorausgesetzt werden: „Die von Biotechnologie-Unternehmen entwickelten Proteine sind neu und unterscheiden sich von natürlicher Spinnenseide. Sie sollten unabhängig auf Abbaubehauptungen und Auswirkungen geprüft werden, sobald sie in Wasser und Boden freigesetzt werden."[96]

Es stellt sich auch die Frage, was mit dem Fermentationsmaterial passiert, das zur Herstellung dieser Fasern und Farbstoffe verwendet wird, und wie sich dieses Material auf die marinen Ökosysteme auswirkt – dieses Thema wurde nicht evaluiert. Auch die Auswirkungen auf terrestrische oder marine

Ökosysteme durch versehentliche Freisetzung der genetisch veränderten Organismen, die Teil der Lieferkette der synthetischen Biologie sind, sind noch nicht bekannt. Nach Angaben der ETC Group hat eine Präsidialkommission im Jahr 2010 anerkannt, dass „eine Kontamination durch versehentliche oder absichtliche Freisetzung von Organismen, die mit synthetischer Biologie entwickelt wurden, zu den wichtigsten zu erwartenden Risiken gehört“[97]. Insbesondere Hefen können sich schnell in der Umwelt ausbreiten. Ohne angemessene behördliche und melderechtliche Sicherheitsvorkehrungen muss das Risiko einer versehentlichen Freisetzung genetisch veränderter Mikroben ernst genommen werden.

Dann ist da noch die Frage der Steuersubventionen. Zum Beispiel: Ein kalifornisches Unternehmen namens Solazyme erhielt 22 Millionen US-Dollar an öffentlichen Steuergeldern über die Forschungsabteilung des Verteidigungsministeriums namens DARPA (The Defense Advanced Research Projects Agency, Behörde des Verteidigungsministeriums der USA, zuständig für Militär-Forschungsprojekte) für die Entwicklung eines synthetischen Biokraftstoffs für das Militär. Das Projekt wurde jedoch beendet, als die Techniker*innen den Preis nicht unter 149 US-Dollar pro Gallone senken konnten. Daraufhin widmete sich das Unternehmen der Herstellung von Faltencremes. Mit anderen Worten, die große Hoffnung der synthetischen Biologie, „grüne“ Kraftstoffe auf den Markt zu bringen, führte stattdessen zu einer neuen Gesichtscreme, die von US-amerikanischen Steuerzahler*innen bezahlt wurde (das Unternehmen ging schließlich bankrott). Auf die Frage, wie die Kraftstoffkosten gesenkt werden könnten, sagte eine*r der am Projekt beteiligten Biotechnolog*innen, der Schlüssel läge darin, billigeren Zucker herzustellen.

Als Letztes kommt die Frage der Ethik. Gene Editing und CRISPR-Cas9 machten Ende 2018 Schlagzeilen mit der überraschenden Ankündigung, dass ein chinesischer Wissenschaftler, He Jiankui, die Genome von Zwillingsmädchen in vitro bearbeitet und ihre DNA verändert hat. Sein Ziel war es, zu sehen, ob er ein Baby mit Resistenz gegen eine HIV-Infektion zeugen könnte, indem er ein Protein namens CCR5 eliminierte, das eine Schlüsselrolle bei der Reaktion des Immunsystems spielt. Im Erfolgsfall hätte das gentechnisch veränderte Kind die Möglichkeit, seine Gene an nachfolgende Generationen weiterzugeben. Dieser sich selbst replizierende Aspekt war eine der vielen Alarmglocken dieser Entwicklung (die Mädchen wurden gesund geboren). Anscheinend wurden Regulierungs- und Aufsichtsbehörden, politische Entscheidungstragende und Wissenschaftlerkolleg*innen von Hes Experiment ausgeschlossen, obwohl er behauptete, die Erlaubnis von zwei Kolleg*innen erhalten zu haben. Im anschließenden medialen und wissenschaftlichen Proteststurm wurde er für schlecht gestaltete Protokolle, mangelnde Transparenz und die Nichteinhaltung ethischer Standards zum Schutz des Wohlergehens der Probandinnen kritisiert.

Sein betrügerisches Experiment wurde von Feng Zhang, einem Forschungsgenetiker, der das CRISPR-Cas9-System entwickelt hat, getadelt. „Obwohl ich um die globale Bedrohung durch HIV weiß, scheinen die Risiken der Bearbeitung von Embryonen zur Ausschaltung von CCR5 in diesem Stadium die potenziellen Vorteile zu überwiegen", sagte Zhang in einer Erklärung, „ganz zu schweigen davon, dass die Ausschaltung von CCR5 wahrscheinlich eine Person viel anfälliger für das West-Nil-Virus machen würde. Ebenso wichtig ist, dass es bereits gängige und hochwirksame Methoden gibt, um eine HIV-Übertragung von einem Elternteil auf ein ungeborenes Kind zu verhindern."[98] Die meisten Wissenschaftler*innen, die auf dem Gebiet des Gene Editing arbeiten, lehnten jedoch Forderungen nach einem Moratorium für zukünftige Arbeiten an menschlichen Embryonen ab. Sie bestanden darauf, dass ein solches Verfahren zwar unethisch erscheinen könnte – indem es zum Beispiel Ängste vor „Designer"-Babys weckt –, die Wissenschaft jedoch weit genug fortgeschritten sei, um eine Behandlung von genetischen Erkrankungen, wie zystische Fibrose und Hämophilie, mit Hilfe der CRISPR-Technologie in Erwägung zu ziehen. In einem Interview nach der Ankündigung von Hes Experiment sprach George Church, ein führender Forschungsbioingenieur, seine Unterstützung für den allgemeinen Ansatz aus, jedoch nicht für die Art und Weise, wie He arbeitete. „Ich sage nicht, dass es nie einen Off-Target-Effekt geben wird", sagte Church einem Reporter, „aber betrachten wir es mal quantitativ ... Wir haben Schweine mit Dutzenden von CRISPR-Mutationen und einen Mausstamm mit 40 CRISPR-Stellen ... Bei diesen Tieren gibt es Off-Target-Effekte, aber wir haben keine Hinweise auf negative Folgen."[99] Noch nicht.

Die verlockende Vision, sichere Gewinne und neue Ressourcen aus Mikroben zu generieren, die keine Gewerkschaften gründen, nicht krank werden oder keinen Mutterschaftsurlaub beantragen, scheint ein großer Gewinn für Risikokapitalgeber*innen zu sein, aber ist es ein langfristiger Gewinn für den Planeten, auf dem sie leben? Ist es richtig, jahrhundertealte, bewährte kulturelle und landwirtschaftliche Traditionen in der Eile umzukehren, um eine radikale und unregulierte Technologie einzuführen? Wir müssen umfassende ökologische, kulturelle und ökonomische Gespräche über den Kontext dieser Unternehmungen anstoßen und aufrechterhalten. Anstatt die Rahmenbedingungen für Kultur, Gesundheit und wirtschaftliche Gerechtigkeit als Hürden zu betrachten, die Technologieunternehmen überwinden und beherrschen müssen, müssen wir bewerten, wie die Technologie diese Systeme beeinflusst. Wir werden vielleicht feststellen, dass die Wissenschaft der Messung und Modellierung ein weitaus größeres Geschäft ist als die Wissenschaft, die sich auf Manipulationen konzentriert, die darauf abzielen, die Natur neu zu gestalten.

Kalifornische Baumwollsamen, die während der Entkörnung gewonnen werden.

5. Die Vision umsetzen mit pflanzenbasierten Fasern

Bisher haben wir die ökologischen, sozialen und gesundheitlichen Kosten der industriell erzeugten Kleidung diskutiert. Wir haben die bekannten und unbekannten Gefahren der vorgeschlagenen Lösungen für die globalen Auswirkungen des gegenwärtigen Systems aufgezeigt, unter Einbeziehung der GVO-Technologie und der synthetischen Biologie. Wir haben die Idee der Wiederherstellung regionaler Faser- und Farbstoffsysteme, bekannt als Fibersheds, untersucht. Wir haben eine persönliche Reise ins nordkalifornische Fibershed und die anschließende Gründung einer gemeinnützigen Bildungsorganisation unternommen; und wir haben die vielfältigen Vorteile der Wiederherstellung des Kohlenstoffkreislaufs in Böden analysiert, einschließlich seines Potenzials, gefährliche Konzentrationen von Kohlendioxid in der Atmosphäre zu verringern. In den nächsten drei Kapiteln werden wir uns den grundlegenden Komponenten zuwenden, die ein Fibershed zum Leben erwecken: pflanzliche und tierische Fasern, die Webereiinfrastruktur und die Beziehungen, die alles zusammenhalten. Wir beginnen mit der beliebtesten Faser der Welt und betrachten die Herausforderungen und Chancen, die sie für Gemeinden bietet, die über das notwendige Klima und die Bedingungen für den Anbau verfügen: Baumwolle. Baumwolle macht etwa 30 Prozent der Textilfasern aus, die wir heute tragen, und ist bei weitem die beliebteste Pflanzenfaser, die von Bekleidungsmarken verwendet wird – dicht gefolgt an zweiter Stelle von Textilfasern auf Baumbasis mit 6 Prozent unserer Faser-„Kost“.

BAUMWOLLE

Die Kalifornische Baumwolle gedeiht auf der Bowles Farm dank der Fürsorge und der Fertigkeiten von Gustavo Urenda.

An der Südspitze meiner Fibershed-Region liegen sechs große Landkreise – San Joaquin, Fresno, Kern, Kings, Merced und Tulare – alle im San Joaquin Valley, einem führenden landwirtschaftlichen Unternehmen, das weltweit für seine Rosinen, Nüsse, Früchte und Gemüse bekannt ist. Weit weniger bekannt ist jedoch die große Menge konventioneller weißer Baumwollfasern, die in diesen Countys angebaut werden. Tatsächlich ist Kalifornien der fünftgrößte Baumwollproduzent in den Vereinigten Staaten mit einer jährlichen Ernte von über 110 Millionen Kilogramm. Das San Joaquin Valley ist bislang außerdem fast die *einzige* Quelle für Pima-Baumwolle im Land. Dies ist eine Sorte, die längere Fasern produziert als ihre Acala-Baumwoll-Cousine. Baumwolle wächst erfolgreich in warmen, gemäßigten Klimazonen mit langen Vegetationsperioden, ähnlich wie der Löwenanteil der in trockeneren Teilen Kaliforniens angebauten Pflanzen, die eine externe Bewässerung

erfordern. Dank des Klimas, der Wasserverträge und der langfristigen Investitionen, die Bauern*Bäuerinnen für Baumwollanbau-, Ernte- und Entkörnungssysteme aufgewendet haben, leistet Kalifornien weiterhin einen bedeutenden Beitrag zum weltweiten Baumwollbestand. Aber aufgrund der Organisation der globalen Baumwoll-Rohstoffmärkte trägt eine sehr kleine Anzahl von Kalifornier*innen tatsächlich Baumwolle, die in unserem Bundesstaat angebaut wurde. Erst seit kurzem wird ein Teil unserer Baumwolle den Einwohner*innen durch Unternehmen wie Vreseis und California Cloth Foundry konsequent und transparent als tragbare Textilien zur Verfügung gestellt. Diese Projekte sind vielversprechend, um barrierefreie Bekleidungsoptionen aus den Baumwollfarmen unserer Region zu schaffen, und dennoch stellen sie nur einen Bruchteil des Baumwollangebots dar, das in unserer Region angebaut wird.

Die Baumwollproduktion in Kalifornien ist langsam, aber stetig zurückgegangen, da die weltweite Nachfrage nach Pima-Baumwolle gesunken ist. Der Anstieg der Produktion minderwertiger Sorten in China, die Umstellung auf synthetische Fasern durch Designer*innen und die Verknappung der lokalen Wasserressourcen haben zusammen eine Industrie bedroht, die über 25.000 Menschen direkt in Kalifornien und weitere 150.000 indirekt beschäftigt. Einer von vielen Gründen, warum wir noch keine Möglichkeit haben, kalifornische Baumwolle zu tragen, ist das Fehlen von funktionierenden Kämmereien oder Spinnereien im Staat. Die Faser wird oft zur Verarbeitung nach Übersee geschickt – oder bestenfalls an die letzten verbliebenen Baumwollspinnereien an der Ostküste. Global angelegte Warensysteme haben es exzellent hinbekommen, den Erwerb eines lokal angebauten Baumwoll-T-Shirts schwieriger und teurer zu machen, als zu einem Outlet zu fahren und ein vergleichbares Kleidungsstück zu kaufen, das auf verschiedenen Kontinenten angebaut und hergestellt wurde.

Während die Baumwollanbaufläche in den letzten 19 Jahren auf einen unerwarteten Tiefststand gefallen ist, hat das San Joaquin Valley (und Kalifornien insgesamt) immer noch die größte bewässerte Fläche des Landes und verbucht ein Viertel der gesamten Bewässerung in den USA. Dieselbe Fläche bewässerten Ackerlandes hat ihre Produktion von 33 Millionen Tonnen im Jahr 1964 auf 73 Millionen Tonnen in etwas mehr als vier Jahrzehnten mehr als verdoppelt, und die Wassereffizienz hat es den Gemeinden ermöglicht, mit weniger Wasser mehr anzubauen.[100] Die Realität des San Joaquin Valley ist jedoch, dass es sich um eine historisch trockene Landschaft handelt; seine landwirtschaftlichen Systeme benötigen ständig

Kalifornische Baumwolle wird geerntet, entkörnt und zu Ballen gepresst.

Wassereinspeisungen aus anderen Wassereinzugsgebieten und aus sich derzeit erschöpfenden Grundwassersystemen.

Während der Trockenzeit im Sommer werden ungefähr 2,5 acre-feet Wasser pro Jahr und Morgen verbraucht (etwa 3 Kubikkilometer), für einen Ertrag von drei bis fünf Ballen Baumwolle (ein Ballen wiegt ca. 225 kg). Nach Angaben der California Cotton Ginners and Growers Association werden 969 Liter Wasser benötigt, um ein T-Shirt herzustellen. Dieser Wasserverbrauch wird jedoch vom Verband als deutlich geringer ausgewiesen als bei den meisten anderen in Baumwollregionen angebauten Pflanzen. Dies erklärt sich durch den Vorteil der kalifornischen Baumwolle im Vergleich zu Baumwollpflanzen, die in anderen warmen Klimazonen angebaut werden: Die Landwirt*innen in Kalifornien müssen für den Wasserverbrauch zahlen *und* haben Zugang zu Technologien, die eine effizientere Wassernutzung ermöglichen. Tatsächlich gibt Kalifornien durch den Sustainable Groundwater Management Act dem Grundwasser einen gesetzlichen Rahmen, in dem gemessen und überwacht wird, ob es wiederaufgefüllt werden muss. Der Einsatz von Pestiziden und Herbiziden ist öffentlich dokumentiert, und jede Person kann die Nutzungsmuster der Landwirt*innen bewerten, was ein einzigartiges Maß an Regulierung und Transparenz darstellt. Dieses System bietet den Endverbraucher*innen die Informationen, die sie benötigen, um zu entscheiden, wie und ob sie sich an Baumwollsystemen beteiligen möchten.

Die Etablierung eines ganzheitlichen und klimafreundlichen Verfahrens für Baumwolle in unserem Fibershed ist noch immer eine Herausforderung, wenn man* bedenkt, dass wir uns in einem hochbegehrten Anbauklima mit Baumwollfeldern befinden, die seit Anfang des 20. Jahrhunderts entwickelt und bewirtschaftet werden. Die landwirtschaftlichen Praktiken wurden verfeinert und perfektioniert, sodass es nicht einfach ist, plötzliche Änderungen an diesen Systemen vorzunehmen. Herkömmliches Baumwollsaatgut ist mit neonikotinoiden Pestiziden und Fungiziden beschichtet, was es sehr schwierig macht, regenerative und ökologische Landwirtschaftsmethoden in unserer Region zu initiieren und sogar zu erproben. Für neue landwirtschaftliche Betriebe ist es heute ziemlich schwierig geworden, die notwendige Menge an Bio-Baumwollsamen zu beschaffen, um in unserer Region heute ein ganzheitliches, auf wirtschaftliche Effizienz ausgelegtes Anbaumodell zu starten; derzeit gibt es in unserem Bundesland keine Bio-Saatgutbank für weiße Baumwolle. Die uns am nächsten gelegenen Bio-Baumwollbauern*bäuerinnen (mehrere Bundesstaaten entfernt) bauen gerade genug Samen für ihre eigenen Zwecke an, und so zeigt sich ein wachsender Bedarf an regionalen Bio-Saatgutbanken und der nötigen Infrastruktur, um Bio-Baumwolle regional zu entkörnen (beim Entkörnen werden die Samen aus der Baumwolle entfernt).

Es gibt sowohl Raum als auch Gelegenheit, eine gesunde Transformation der kalifornischen Baumwollsysteme zu unterstützen.

Es gibt sowohl Raum als auch Gelegenheit, eine gesunde Transformation der kalifornischen Baumwollsysteme zu unterstützen. Es wird erfordern, dass wir diesen Agrargemeinschaften nicht den Rücken kehren, auch wenn sie derzeit möglicherweise auf Systeme angewiesen sind, von denen wir wissen, dass sie zu hohe ökologische Kosten verursachen, um auch in Zukunft weiter bestehen zu können. Wir müssen diese Farmen fördern und sie dabei unterstützen, wirtschaftlich zu bleiben *und* sich für klimafreundliche Praktiken einzusetzen. Mit der Zeit besteht die Hoffnung, dass Landwirt*innen, indem sie sich selbst von der Wirtschaftlichkeit regenerativer Landwirtschaftssysteme überzeugen, alle Anreize und Marktsignale erhalten, die erforderlich sind, um ihre Abhängigkeit von sozial und ökologisch kostspieligen synthetischen Verbindungen zu reduzieren und schließlich zu beseitigen.

Einer der wichtigsten Hebel zur Umsetzung einer Landwirtschaft, die das ökologische Gleichgewicht wiederherstellt, ist der Aufbau regionaler Verarbeitungs- und Mahlsysteme. Die Geschäftsstruktur dieses Systems ist ausschließlich darauf ausgerichtet, eine Prämie für Rohstoffe zu zahlen, die die gemeinsamen Landnutzungsziele unterstützen. Wenn Betriebe in der Lage sind, problemlos auf die lokale Infrastruktur zuzugreifen und Prämien für die Lieferung von Rohwaren an diese Einrichtung zu erhalten, folgen auch positive Veränderungen im Betriebsmanagement. Es ist von entscheidender Bedeutung, dass wir beginnen, in unseren Geschäftsverträgen nicht nur hohe Erträge, sondern mehrere ökologische sowie für die Gesundheit der Gemeinschaft förderliche Indikatoren zu bewerten und zu kompensieren. Neben den potenziellen Vorteilen für die landwirtschaftlichen Betriebe wird die Erhöhung der Qualität und Quantität der lokalen Faserverarbeitung auch die Existenzgrundlagen in ländlichen Gemeinden diversifizieren, was wiederum einen weitreichenden und übergreifenden gesellschaftlichen Wert haben wird. Die Verbindung mit einem bewussten und differenziert denkenden Kund*innenstamm, der lokale Faserprodukte genauso schätzt wie lokale Bio-Lebensmittel, ist von entscheidender Bedeutung. Nichts davon funktioniert ohne die Designer*innen, Weber*innen, Näher*innen, Pädagog*innen und anderen Textilfachleute, die alle für den Weg vom Feld in den Laden eine wichtige Rolle spielen. Mit den Worten von Peggy Sue Deaven-Smiltnieks, einer preisgekrönten Bekleidungsdesignerin aus Toronto, Kanada, die sich der regionalen Naturfaserbewegung verschrieben hat: „Keine Farmen, keine Mode."

Eine kurze Geschichte der Baumwolle

Die Verwendung von Baumwolle begann in prähistorischen, kleinbäuerlichen Umgebungen, wo sie zusammen mit anderen Kulturpflanzen angebaut wurde. Unsere baumwollanbauenden Vorfahren hätten sich nie vorstellen können, wie viel Mühe der Mensch in den folgenden Jahrhunderten auf sich nehmen würde, um seine Sehnsucht nach den feinen Gewändern aus diesem Pflanzenmaterial zu stillen. Die Grundlage unserer modernen Weltwirtschaft und die Strukturen, die wir heute als normal akzeptieren –

von internationalen Produktionszentren über großflächige Monokulturen bis hin zum schnelllebigen Konsum von Textilien in großem Maßstab –, lassen sich auf technologische Revolutionen in Kombination mit menschlicher Sklaverei zurückführen, ein System, das genutzt wird, um den Zugang zu Baumwolltextilien zu verbessern. In meinem Fibershed arbeiten wir daran, die Wertschätzung und das Verständnis für die Besonderheit von Baumwolle zu erneuern. Die Pflanze selbst ist wunderschön und bildet eine unglaubliche Ergänzung zu Lebensmittel- und Naturfärbegärten, Gehöften und kleinen Bauernhöfen. Baumwolle aus botanischer Perspektive in unser Leben zu bringen, nicht nur durch das Tragen, wird uns helfen, eine Kultur der Wertschätzung für diese ehrwürdige Pflanze aufzubauen.

Der Vorläufer der modernen Baumwollpflanzen, der zur Familie der Malvengewächse gehört, entstand vor 10 bis 20 Millionen Jahren auf der Erde und entwickelte sich zu kleinen, frostunverträglichen, mehrjährigen Bäumen, die harte Samen mit kurzen, weichen Haaren trugen. Heimische Baumwolle, auf Englisch *cotton,* abgeleitet vom arabischen Ursprung *qutun*, wächst auf strauchartigen Pflanzen und ist die weiche, fusselartige Frucht oder *Samenkapsel*, die die Samen nach der Blüte umhüllt. Die klassische Züchtung im Laufe der Jahrhunderte machte Baumwolle zu einer einjährigen Pflanze und vergrößerte die Baumwollsamen – was wiederum die Menge der zum Spinnen verfügbaren Flusenfasern erhöhte. Die Länge der Faser wird *Stapel* genannt; sie kann je nach Pflanzenart und anderen Faktoren kurz oder lang sein. Für hochwertige Textilien, zum Beispiel aus Pima-Baumwolle, werden lange Stapel bevorzugt, während Kurzstapel in Alltagskleidung und Haushaltsprodukten weit verbreitet sind. Im San Joaquin Valley haben ideale Wachstumsbedingungen auch die Entwicklung einer Sorte kurzstapeliger Baumwolle ermöglicht, die sich wie seidigere Pima-Baumwolle anfühlt. Bei allen Arten und Sorten müssen die Samen von der Faser getrennt werden, bevor die Baumwolle verwendet werden kann, ein Prozess, der sowohl mühsam als auch zeitaufwändig ist.

Die frühesten archäologischen Beweise für die Domestizierung von Baumwolle wurden im pakistanischen Industal gefunden und stammen aus der Zeit vor etwa 7.000 Jahren. Sie sind eng verbunden mit dem Aufstieg der Stadtstaaten in der Region und der Entwicklung spezialisierter Handwerksberufe, ein entscheidender Schritt auf dem Weg zu einer höheren sozialen Komplexität. Die im Industal vorkommende Art ist *Gossypium arboreum* (Baumwolle), die sich über Handelsnetzwerke stetig auf der ganzen Welt verbreitete und schließlich zu einem integralen Bestandteil der Wirtschaft früherer Zivilisationen wurde, insbesondere auf dem indischen Subkontinent, wo die Wachstumsbedingungen ideal waren. Hinweise auf Baumwolltextilien wurden an antiken Ausgrabungsstellen im Irak, Griechenland, Iran, Nordafrika und China gefunden. Eine eigene, aber verwandte Art, *G. herbaceum* (Strauchbaumwolle oder Levante-Baumwolle), stammt aus Afrika; obwohl auch sie domestiziert war, wurde sie zugunsten ihrer Cousine weitgehend vernachlässigt.

Auf dem amerikanischen Kontinent entwickelten sich zwei Baumwollarten getrennt von ihren Verwandten in Afrika-Eurasien und machen heute mehr als 95 Prozent der weltweiten Produktion aus. *G. hirsutum* (heute als Hochlandbaumwolle bekannt) wurde erstmals vor mehr als 4000 Jahren an der Küste Mexikos und auf der Halbinsel Yucatán domestiziert. Der Anbau verbreitete sich im Laufe der Zeit und Baumwollgewebe – gefärbt mit Indigo, Cochenille und anderen natürlichen Farbstoffen – wurde zu einem wichtigen Luxusartikel für Adlige sowie zu einem heiß begehrten Handelsartikel in den prähistorischen mesoamerikanischen Gesellschaften. Die Domestizierung der vierten Baumwollart, *G. barbadense* (genannt Pima-, ägyptische oder Sea-Island-Baumwolle), fand in prähistorischen Kulturen an der Küste Perus statt, wo sie zur Herstellung von Fischernetzen und anderen Nutzgegenständen aus der Fischerei verwendet wurde. Schließlich verbreitete sie sich im Landesinneren und wurde in zahlreiche Textilien eingearbeitet, darunter Kleidung und Taschen. Ähnlich wie ihre mesoamerikanische Verwandte durchlief die peruanische Baumwolle einen langwierigen Züchtungsprozess, bei dem die Menschen Pflanzen mit den von ihnen bevorzugten Eigenschaften auswählten. Heute hat die einjährige Pflanze viel mehr Samen als ihre frühen Verwandten, die alle mit einer Vielzahl langer, weicher Fasern bedeckt sind.

Die frühen Baumwollfarmer*innen, die über den ganzen Planeten verstreut lebten, hatten mehrere landwirtschaftliche Traditionen gemeinsam. Sie bauten neben anderen nützlichen Feldfrüchten Baumwolle an, und zwar gerade genug, um zunächst sich selbst und ihre Familien zu versorgen. Als Baumwolle in den folgenden Jahrtausenden immer beliebter wurde und sich auf der ganzen Welt verbreitete, wurde die Ernte weiterhin von kleinen Landbesitzer*innen angebaut, geerntet und verarbeitet – eine Tradition, die noch heute von wenigen Menschen erhalten wird. Die einzigen großen Ballungsräume, in denen Baumwolle nicht als Kulturpflanze angebaut wurde, befanden sich in Europa. Dort hatten Textilhersteller*innen ihre Fähigkeiten rund um jene Fasern verfeinert, zu denen sie in ihren eigenen Bioregionen

Handernte, natürlich pigmentierte Pakucho-Baumwolle, die mindestens fünf Jahrtausende alt ist, in den oberen Amazonasgebieten im Osten Perus.
Foto © Dr. James M. Vreeland, Jr.

Zugang hatten. Menschen in Europa verließen sich stark auf Wolle und Leinen, die in den kälteren und feuchteren Klimazonen jahrtausendelang die bevorzugten Rohstoffe für die Textilherstellung blieben. Die ersten Hinweise vom Weg der Baumwolle in das moderne Europa führen über Afrika nach Südspanien, in die damals islamischen Städte Cordoba, Granada und Barcelona, wo sie zu Textilien verarbeitet wurde.

Die Baumwollindustrie entwickelte sich in den nächsten 1.000 Jahren nur langsam, bis eine Reihe von Ereignissen im späten 18. Jahrhundert die Voraussetzungen für einen radikalen Wandel der sozialen, technologischen und wirtschaftlichen Systeme schuf, einen Wandel, der in erster Linie durch die zunehmende Produktion und den Verbrauch von Baumwolltextilien angetrieben wurde. Ingenieur*innen im Vereinigten Königreich leisteten Pionierarbeit bei technologischen Fortschritten wie dem von John Robert Kay erfundenen fliegenden Weberschiffchen, das die britischen Webstühle wesentlich schneller machte. Die Effizienz der Spinnerei entwickelte sich rasant, beginnend mit James Hargreaves' Erfindung der Spinning Jenny, also der ersten Spinnmaschine. Ein weiterer Fortschritt beim Spinnen war die von Richard Arkwright entwickelte und von einem Wasserrad angetriebene Spinnmaschine Waterframe, gefolgt von einer noch effizienteren Maschine, die als Spinning Mule bekannt ist und von Samuel Crompton erdacht wurde. Die Effizienz dieser Technologien war überwältigend. Fabriken in Großbritannien konnten jetzt in 135 Stunden 45 Kilo Rohbaumwolle spinnen, während in Indien die Arbeit zum Spinnen der gleichen Garnart und -menge 50.000 Stunden erforderte.

Fortschritte in der Technologie beschleunigten weiterhin das Tempo und den Umfang der Baumwolltextilproduktion. Mit der Erfindung der Doppelsteppstich-Nähmaschine durch Walter Hunt 1833 nahm die Verwendung von Baumwollstoffen in der Bekleidungsindustrie zu. 1885 wurde die Baumwollpflanzmaschine von Henry Howell patentiert. Daniel Rust brauchte später viele Jahre, um den mechanisierten Baumwollpflücker zu erfinden, der 1933 sein erstes Patent erhielt. Währenddessen wurden im späten 19. und frühen 20. Jahrhundert in Nordamerika viele Landstriche gewaltsam für Siedler*innen erschlossen und indigene Gemeinschaften tiefer in die Randgebiete des Landes gedrängt. Die Entwicklung dieser Produktionssysteme legte den Grundstein für eine neue Form des globalen Kapitalismus, der zentralisierte Systeme der Landwirtschaft, der Produktion und der Endverbraucher*innen zerlegt und auf weit entfernte Kontinente ausbreitet. In der jüngeren Vergangenheit waren wir weitgehend abhängig von dieser Aufteilung.

Eli Whitney und die Entkörnungsmaschine

Die Entkörnung, auf Englisch *ginning*, ist der Prozess, bei dem Baumwollsamen von der umgebenden Faser getrennt werden. Jahrtausendelang musste dies von Hand gemacht werden. Im Jahr 1794 entwickelte der Erfinder Eli Whitney auf einer Plantage in Georgia einen mechanischen Baumwoll-Entkörner, auch Egreniermaschine genannt, und zementierte damit die Ausbeutung von Menschen durch Sklaverei in den USA. Innerhalb von zehn Jahren steigerte diese Vorrichtung die landwirtschaftliche Produktion um das Zehnfache und intensivierte den Handel mit versklavten Menschen in einem entscheidenden Moment in der amerikanischen Geschichte (und trug so zum Ausbruch des Bürgerkriegs bei). Während ein einzelner Arbeiter ein Pfund Baumwolle (weniger als ein halbes Kilo) pro Tag von Hand entkernen konnte, konnte Whitney mit seiner Erfindung 50 Pfund Baumwolle (mehr als 22 Kilo) in der gleichen Zeit entkernen. Infolgedessen wuchs die Wirtschaft des Südens dramatisch, was dazu führte, dass die dortige, sehr profitable Ernte *King Cotton* genannt wurde. Um 1860 war schätzungsweise eine*r von drei Einwohner*innen des Südens eine versklavte Person aus West- und Südostafrika. Die Wirtschaft des Nordens veränderte sich aufgrund der Erfindung, da die meisten Textilfabriken in Neuengland ansässig waren. So gab es schnelle Fortschritte in der Transporttechnologie, einschließlich der berühmten Mississippi-Dampfschifffahrt, die die Expansion der Baumwollindustrie in den Vereinigten Staaten begünstigte.

Dieses umsatzfördernde System beeinflusste auch Baumwollfabriken in Europa. Um 1800 spann Großbritannien 25 Millionen Kilo Baumwolle pro Jahr, zehnmal so viel wie noch 20 Jahre zuvor. Diese Steigerung hatte weitreichende Nebeneffekte, unter anderem eine enorme Ausweitung der kolonialen Kollateralschäden in Gebieten der Welt, in denen große Mengen an Rohbaumwolle angebaut werden konnten. Ein Beispiel dafür war England, welches zunächst durch private Unternehmen wie die East India Company und dann durch direkte Maßnahmen der Regierung den indischen Subkontinent besetzte – die Quelle des feinsten Baumwollgewebes der Welt.

Eine weitere Erfindung von Eli Whitney hatte ebenfalls einen erheblichen Einfluss auf die Gesellschaft. Nachdem er von der US-Regierung einen Auftrag zur Produktion von 10.000 Gewehren innerhalb von zwei Jahren erhalten hatte – in einer Zeit, in der Waffen im Wesentlichen von Handwerker*innen händisch gefertigt wurden –, entwickelte er einen Herstellungsprozess, der standardisierte und austauschbare Teile verwendete, was die Produktionsgeschwindigkeit enorm erhöhte. Waffen konnten nun auch von relativ gering qualifizierten Arbeiter*innen hergestellt werden, was den Weg für das industrielle Modell der Massenproduktion bereitete, das die amerikanische Wirtschaft dominieren würde.

Whitneys Technologien unterstützten sowohl die Sklaverei als auch mechanisierte Formen der Gewalt, die erforderlich sind, um koloniale Interessen aufrechtzuerhalten. Technologien wie diese werden jedoch in gängigen Texten gelobt, weil sie denjenigen, die einen Großteil der offiziellen Geschichte geschrieben haben, wirtschaftliche Vorteile verschafft haben. Bis heute gibt es jedoch wenig Diskussion über das Verhältnis der Egreniermaschine und austauschbarer Waffenkomponenten zu den historischen und andauernden sozialen, wirtschaftlichen und politischen Auswirkungen, unter denen unsere gesamte Gesellschaft gelitten hat bzw. noch immer leidet. Bei der Entwicklung sauberer und gerechterer Faser- und Farbstoffsysteme ist es wichtig, sich die Zeit zu nehmen, die historischen Wurzeln der Unterdrückung in der Landwirtschaft und die Art und Weise zu verstehen, wie Technologie zur Zentralisierung der Macht eingesetzt wurde und weiterhin wird, damit wir unsere Fehler nicht wiederholen.

Durch europäische koloniale Eroberungen in diesen Regionen wurden große Landstriche systematisch indigenen Völkern entrissen und dann gewaltsam mit versklavten Personen bevölkert, um sie auf den Plantagen arbeiten zu lassen. Auch heute noch werden in abgelegenen Regionen des äthiopischen Omo-Tals Völker mit Rinder- und Ziegenherden durch Baumwollplantagen verdrängt und ihre Flüsse für die Bewässerung aufgestaut.

In seiner bahnbrechenden Geschichte der globalen Baumwolle mit dem Titel *Empire of Cotton* stellte Sven Beckert fest, dass die Kombination aus imperialer Expansion, Versklavung, Maschinentechnologie und gesteigerter Produktivität die industrielle Revolution mit all ihren schädlichen Auswirkungen, einschließlich des Missbrauchs von Arbeitskräften, einer Vielzahl sozialer und gesundheitlicher Probleme und einer erschütternden Ungleichheit einleitete. Beckert nannte das, was auf den Baumwollfeldern ferner Länder geschah, „Kriegskapitalismus", weil es um bewaffneten Landraub, ruinöse Ausbeutung natürlicher Ressourcen und die gewaltsame Unterwerfung indigener Völker ging. „Die Europäer vereinten die Macht des Kapitals und die Macht des Staates, um, oft auf brutale Art und Weise, einen globalen Produktionskomplex zu schmieden", schreibt er, „und nutzten dann das Kapital, die Fähigkeiten, Netzwerke und Institutionen des Baumwollanbaus, für ihren eigenen technologischen Aufschwung und Reichtum, der die moderne Welt definiert."[101] Besonders besorgniserregend war die schnelle und enorme Vermögensanhäufung, die unter einer kleinen Gruppe der Eliten in Europa und Amerika stattfand. „Es war der Beginn der gewaltigen Kluften, die die heutige Welt noch immer strukturieren", schreibt Beckert, „die Kluft zwischen den Ländern, die sich industrialisiert haben, und denen, die dies nicht getan haben, zwischen Kolonisatoren und Kolonisierten, zwischen dem globalen Norden und dem globalen Süden."

Baumwolle heute

Die vielfältigen Probleme bei der Baumwollproduktion werden in der heutigen Zeit durch Umwelt-, Arbeits- und Rohstoffpreisprobleme nur verschärft und unter dem Druck des Klimawandels werden sie sich weiter verstärken. Wie bereits weiter oben in diesem Kapitel beschrieben, gelangt ein Großteil des Wassers, das beim Baumwollanbau verwendet wird, durch Bewässerung zu den Wurzeln der Pflanze, was die knappen Wasserressourcen belastet und zur Erschöpfung des Grundwasserspiegels, der Flüsse und Seen beiträgt.

Fünf der neun am häufigsten bei Baumwolle verwendeten Pestizide sind als krebserregend bekannt, und alle neun werden von der EPA als gefährlich eingestuft.[102] Im San Joaquin Valley werden schätzungsweise bis zu 25 Prozent der von einem Flugzeug versprühten Pestizide niemals das Ziel der Pflanzen erreichen. Der Rest wird zum Teil kilometerweit verweht und landet auf benachbarten Pflanzen (einschließlich Bio-Pflanzen) und Landarbeiter*innen. Im Jahr 2014 wurden auf etwa 94 Prozent aller Baumwollanbauflächen in den Vereinigten Staaten GVO-Sorten angebaut, von denen es mindestens 54 verschiedene Arten gibt.[103] Baumwollsamen werden auch in der Milchindustrie an Kühe verfüttert. Im Jahr 2018 genehmigte das USDA jedoch ein genetisch verändertes Saatgut, das für den Menschen verdaulich ist und mit Hilfe von DNA-Insertionstechniken (mit anderen Worten synthetischer Biologie) hergestellt wurde. Einer der leitenden Forscher, Keerti Rathore von der Texas A&M University, sagte in einem Interview, sein Ziel sei es, ein Lebensmittel zu schaffen, das für den Verzehr sicher ist (wobei die im Baumwollanbau verwendeten Herbizide und Pestizide praktischerweise ignoriert werden). „Viele dieser Länder, die an Unterernährung leiden, sind auch Baumwollproduzenten", sagte er. „Ich denke, diese Länder könnten viel mehr von dieser Technologie profitieren."[104]

Im San Joaquin Valley werden schätzungsweise bis zu 25 Prozent der von einem Flugzeug versprühten Pestizide niemals das Ziel der Pflanzen erreichen.

Eine weitere große Herausforderung für die heutige Baumwollproduktion ist die lange Geschichte der Zwangsarbeit bei der Ernte. Historisch gesehen wurde diese Arbeit von versklavten Menschen verrichtet, und illegale Sklavenarbeit ist nach Angaben des US-Arbeitsministeriums immer noch in vielen Teilen der Welt zu finden, darunter neun Länder, die 65 Prozent der weltweiten Baumwolle produzieren: Benin, Burkina Faso, China, Indien, Kasachstan, Pakistan, Tadschikistan, Usbekistan und Turkmenistan.[105] Usbekistan ist der berüchtigtste Übertreter – jedes Jahr mobilisiert die Regierung gewaltsam eine Million ihrer Bürger, die normalerweise als Lehrer*innen und Ärzt*innen arbeiten, während der Ernte auf die Felder zu gehen, um Baumwolle zu pflücken.[106] Bis 2012 umfasste dieser Arbeitskräftepool viele Kinder, aber der Druck von Interessengruppen und Regierungen in Ländern, in die usbekische Baumwolle exportiert wird, nahm erfolgreich Einfluss auf die Politik. Eine Folge dieser Kampagne war die Gründung des Responsible Sourcing Network, ein Projekt der gemeinnützigen Organisation As You Sow, das sich der Abschaffung von Menschenrechtsverletzungen und Zwangsarbeit im Zusammenhang mit Produkten widmet, die wir täglich verwenden.[107]

Baumwolle und die Aralsee-Katastrophe

1988 war die Sowjetrepublik Usbekistan der größte Baumwollexporteur der Welt, allerdings zu einem schrecklichen Preis für die Umwelt: der Zerstörung des Aralsees. Kurz nach dem Zweiten Weltkrieg begann die sowjetische Regierung, Wasser aus den beiden großen, den Aralsee speisenden Flüssen umzuleiten, um die umliegende Wüste in ein Kraftwerk für den Baumwollanbau zu verwandeln. Das Projekt wurde in den 1960er Jahren mit schlecht ausgebauten Bewässerungskanälen erweitert, die bis zu 70 Prozent ihres Wassers verschwendeten, bevor es die Felder erreichte. Ein schlechtes Wassermanagement auf den Farmen führte bis zum Jahr 2000 zu einer Verdoppelung der Entnahmen aus den beiden Flüssen. Währenddessen stieg die Baumwollernte stetig an. Als sich der Exportmarkt entwickelte und die Nachfrage nach sowjetischem „weißem Gold" international wuchs, bestanden Regierungsbeamt*innen auf höheren Erträgen der Farmen und ihrer Arbeiter*innen.

Einst das viertgrößte Gewässer der Welt, schrumpfte der Aralsee zunehmend. Bis 1998 war seine Oberfläche um 60 Prozent und sein Wasservolumen um 80 Prozent geschrumpft. Gleichzeitig stieg der Salzgehalt des Sees dramatisch an und übertraf 1990 den Wert des berühmten Toten Meeres in Jordanien. Das Salz tötete einheimische Fischpopulationen und zerstörte die Fischereiindustrie, die einst 40.000 Menschen beschäftigte. Die fortschreitende Austrocknung teilte den Aral bald in zwei separate Gewässer. 1991 erlangte Usbekistan die Unabhängigkeit von der Sowjetunion, und der Diktator des Landes, Islam Karimov, forderte eine Erhöhung der Baumwollproduktion im Aral-Becken, um die angeschlagene Wirtschaft des Landes anzukurbeln. Um die schwankenden Erträge auszugleichen, wurden immer größere Mengen chemischer Herbizide, Pestizide und Düngemittel eingesetzt, was die natürlichen Systeme weiter schädigte. Das Tempo der Schrumpfung beschleunigte sich, unterstützt durch häufige Dürren, und gipfelte 2014 in einer Erklärung von NASA-Wissenschaftler*innen, dass der Aralsee funktionell tot sei.

Es war keine Überraschung für ehemalige Ingenieure aus der Sowjetzeit, von denen einer sagte, das Meer sei „ein Fehler der Natur" und wäre sowieso ausgetrocknet. Das exponierte Salzbett hat eigene Gefahren geschaffen. Das Land rund um den Aral ist stark mit Industriechemikalien verseucht, und vom Wind übertragene giftige Staubstürme plagen die Region, was zu erhöhten Krebs- und Tuberkuloseraten führt. Die Kindersterblichkeitsrate ist in die Höhe geschnellt und die Liste der Probleme lässt sich endlos fortsetzen.[108] Was mit dem Aralsee passiert ist, ist eine schockierende Geschichte über die Zerstörung des Ökosystems durch die industrielle Landwirtschaft und ein beunruhigendes Beispiel für menschliche Anmaßung und Gier.

Angesichts der weit verbreiteten Herausforderungen, denen die Baumwollproduktion und -verarbeitung heute begegnet, ist die Frage, wie ein bodenregenerierendes oder klimawirksames Baumwollsystem aussehen könnte, durchaus berechtigt.

Klimafreundliche Baumwollprojekte

Ich habe bereits mehrmals die Arbeit von Sally Fox erwähnt, die schon seit Langem ihre eigene Baumwolle anbaut und trägt und die ihr späteres Leben damit verbracht hat, ihre Produkte an Kunsthandwerker*innen, darunter Handspinner*innen und Weber*innen, und Markenhersteller*innen zu vertreiben. Sally lebt in einem landwirtschaftlich genutzten Tal in der Nähe von Sacramento und betreibt eine biologisch und biodynamisch zertifizierte Farm. Ihr geografischer Abstand zu anderen Baumwollbetrieben gibt ihr die Freiheit, sorgfältig Sorten zu züchten, die alle farbig wachsen. Seit es farbige Baumwolle gibt (nämlich viele Jahrtausende), war und ist sie in vielen Fällen eine kurzstapelige Kulturpflanze, die in der Vergangenheit die geschickten Hände erfahrener Spinner*innen erforderte. Farbig gewachsene Baumwollsorten wurden vor dem Industriezeitalter noch häufig angebaut, aber die Maschinen, die die Baumwolle revolutionierten, wurden entwickelt, um die Fasern von längerstapeliger weißer Baumwolle zu bearbeiten. Die Industrie bevorzugte weiße Baumwolle, damit sie die Pflanzenfasern mit ihren neu erfundenen synthetischen Farbstoffen gleichmäßig färben konnte. Im Laufe der Zeit wurde weiße Baumwolle zur dominierenden Faser der Industrie, und so haben wir vergessen, dass Baumwolle von Natur aus in vielen verschiedenen schönen Farbtönen wächst. Tatsächlich sind die Farben so satt, dass überhaupt kein Farbstoff benötigt wird – und dennoch, wenn ihr Farbstoffe verwenden möchtet, braucht ihr viel weniger davon, was sie zu einer hervorragenden Option und Lösung für unsere Bedenken hinsichtlich der Nutzung von Wasserressourcen und der Abwässer synthetischer Farbstoffe macht.

Neben dem Anbau von farbiger Baumwolle hat Sally eine Vielzahl von bodenbildenden Anbaumethoden eingeführt. Gemeinsam mit ihrer Baumwolle pflanzt sie Augenbohnen an, um die Schädlinge anzulocken und sie von ihrer Baumwollernte fernzuhalten. Sie rotiert Baumwolle mit einer alten Weizensorte und beweidet ihre Weizen- und Baumwollstoppeln mit einer Herde Merinoschafe. Dies alles trägt dazu bei, die Bodenbiologie

Garne, die
Sally Fox direkt
von ihrer Farm
aus designt und
verkauft.

Sally Fox: Züchterin von farbig gewachsener Baumwolle, Wissenschaftlerin, Farmerin, eine außergewöhnliche Textildesignerin und Inhaberin der Viriditas Farm im kalifornischen Capay Valley.

aufzubauen, atmosphärischen Kohlenstoff zu binden und die Wasserspeicherfähigkeit ihrer Böden zu verbessern. Sally erinnert die Menschen gerne daran, dass Baumwolle wie jede andere Pflanze ist – sie braucht gesunde Böden, eine ausreichende Wasserversorgung und Sonnenschein, um zu gedeihen. Baumwolle an sich ist nicht „problematisch", die Art und Weise, wie sie traditionell angebaut wird, ist es. Sally verwendet keine Pestizide, Insektizide oder synthetischen Dünger, um ihre Pflanzen anzubauen, und sie muss sie nur alle zwei Wochen gießen – damit verbraucht sie weniger Wasser als viele ihrer Nachbar*innen, die Gemüse und Obst anbauen.

Ungefähr 100 Meilen nördlich von Sallys Farm befindet sich ein wichtiges Baumwollanbau- und Forschungsprojekt in der Anfangsphase. Ein neues Programm an der Chico State University, das von Dr. Cindy Daley geleitet wird und als Center for Regenerative Agriculture and Resilient Systems (CRARS) bekannt ist, zielt darauf ab, regenerative landwirtschaftliche Praktiken zu erforschen und zu demonstrieren, die die Widerstandsfähigkeit lebender Systeme sowohl wiederherstellen als auch verbessern. Eine der Nutzpflanzen, die sie in ihre Forschung einbezogen haben, ist Baumwolle.

Mit Dr. Tim Lasalle, einem Verfechter der Bodengesundheit, und Dr. David Johnson, einem Molekularbiologen an der New Mexico State University, untersucht das CRARS gemeinsam mit regionalen Baumwollbetrieben und unserer gemeinnützigen Organisation Fibershed die Verwendung von pilzdominierten Kompost-Extrakten und Multispezies-Deckkulturen, um die Bodenbiologie, die Kohlenstoffbindung und den Ernteertrag zu verbessern.

Johnson ist der Ansicht, dass sich im Laufe der Jahre zu viel Forschung auf ertragsarme oder geschädigte Böden konzentriert hat, die durch chemische Einflüsse in Mitleidenschaft gezogen wurden, während zu gesunden Pflanzen und gesunden Böden nicht genug geforscht wurde. Seine Mission ist es, diesen Trend zu ändern. Seine Arbeit an Baumwolle, Mais und anderen Nutzpflanzen zeigt, dass die Verbesserung der mikrobiologischen Gemeinschaft die Pflanzenproduktivität verbessert, die Wasserspeicherkapazität des Bodens wiederherstellt und die Widerstandsfähigkeit gegen Trockenheit verbessert. Gleichzeitig bietet sie einen langfristig nachhaltigen Ansatz für die Landwirtschaft. Darüber hinaus hat Johnson analysiert, wie die Wiederherstellung des Kohlenstoffs in den Böden letztendlich rentabler und effizienter sein wird als die energie- und kapitalintensiven Technologien zur Reduzierung des atmosphärischen Kohlenstoffs. Für seine Methodik hat er den Begriff BEAM geprägt, der für „Biologically Enhanced Agricultural Method" steht. Ziel ist es, ein Bakterien-Pilz-Gleichgewicht in landwirtschaftlichen Böden zu erreichen, was im Allgemeinen eine Abkehr von bakteriendominierten Systemen bedeutet, die für die industriellen Landwirtschaftssysteme typisch sind. Dies erfordert einen ganzheitlichen Ansatz für einen Farm- oder Ranchbetrieb, einschließlich der Integration von Zwischenfrüchten, Kompost und Viehzucht, wo dies praktikabel ist. Der Schlüssel zu BEAM besteht darin, Pilzpopulationen wieder zu etablieren und ihren Platz im Bodennahrungsnetz wiederherzustellen. Es kann schon eine Saison mit Zwischenfrüchten genügen, um Pilze wieder in das System einzubinden, obwohl in der Regel zwei oder drei Saisons erforderlich sind, um die volle Wirkung zu erzielen.

Eine entscheidende Komponente des ganzheitlichen Systems, das das Bakterien-Pilz-Gleichgewicht wiederherstellt, ist laut Johnson die Anwendung von pilzreichem Kompostextrakt, der im Laufe der Zeit in einem von Johnson und seiner Frau erfundenen vertikalen Kompostiersystem, dem sogenannten *Bioreaktor*, aushärtet. Der Bioreaktor ist einfach und kostengünstig herzustellen (für nur 40 Dollar). Sobald er mit organischem Material, wie nassen Blättern, gefüllt ist, muss man* den Kompost nicht mehr wenden.

Bei richtiger Luftzirkulation, täglich automatisierbaren einminütigen Bewässerungen und einem Jahr Aushärtezeit wird der Kompostextrakt zu einer vor Leben strotzenden Substanz. Nach der Fertigstellung kann der mit Pilzen durchzogene Kompostextrakt auf ein Feld gestreut, in den Boden eingebracht oder zur Beschichtung von Saatgut vor der Aussaat verwendet werden. Eines der Experimente, die Johnson in New Mexico durchführte, bestand darin, den Kompost auf Baumwollpflanzen aufzutragen, die in Böden gepflanzt wurden, auf denen über mehrere Saisons hinweg nur Zwischenfrüchte angebaut worden waren. Die Pflanzen wuchsen bis zu zwei Meter hoch, und als sie geerntet wurden, berichtete Johnson, dass sie fünf Ballen pro Hektar erzielten, mehr als das Doppelte des durchschnittlichen Baumwollertrags in der Gegend, die in der Regel weniger als 13 Zentimeter Niederschlag pro Jahr erhält. Das Ziel des CRARS-Projekts ist es, Johnsons Experimente zu replizieren und ihr Potenzial genau zu überwachen und zu quantifizieren.

Um unsere Böden wieder aufzubauen und langfristig eine klimafreundliche Landwirtschaft zu implementieren, insbesondere in halbtrockenen Umgebungen, müssen die Baumwollanbauenden auf Modelle umsteigen, die berücksichtigen, wie die Niederschläge in ihrem eigenen Einzugsgebiet optimal genutzt werden können. Die Klimakrise hat unsere Bewässerungssysteme mit einem Ablaufdatum versehen. Die Bewässerung, die auf die Schneeschmelze in weit entfernten Wassereinzugsgebieten angewiesen ist, wird etwa stark eingeschränkt und schließlich möglicherweise ganz abgeschafft werden. Nicht weit von unserer Region im Westen gibt es Baumwollanbausysteme, die mit den Niederschlägen in ihrem eigenen Einzugsgebiet arbeiten, um ihren Wasserhaushalt bestmöglich zu decken. Im Gegensatz zu den trockenen Sommerbedingungen in Kalifornien handelt es sich jedoch um Gebiete, die aufgrund von Regenfällen im Sommer die Baumwolle während ihres Wachstumszyklus nähren können. In Texas zum Beispiel werden jährlich Tausende Hektar Bio-Baumwolle von einer Agrargenossenschaft angebaut, die stark auf Trockenanbautechniken angewiesen ist. Die 1993 gegründete Texas Organic Cotton Marketing Cooperative mit Sitz in Lubbock liefert einen Großteil der in den USA angebauten Bio-Baumwolle (2016 waren es 84 Prozent). Die 40 Mitglieder, von denen jeder Familienbetrieb vom USDA als ökologisch zertifiziert ist, pflanzen jedes Jahr bis zu 8.000 Hektar Baumwolle an und erzielen dabei zwischen 10.000 und 17.000 Ballen, die fast alle ohne Bewässerung angebaut werden. Transparenz in der Lieferkette wird gewährleistet, indem jeder Ballen

Die Baumwolle von Sally Fox wurde in mehreren Designs für die einjährige Wardrobe Challenge verwendet. Rebecca Burgess setzt sich in ihrem kleinen Indigo-Farming-Projekt dafür ein, die materiellen Zusammenhänge zwischen Boden, Pflanze und Haut aufzuklären. Die handgestrickten Oberteile wurden von Heidi Iverson entworfen und hergestellt und stammen aus den Palo-Verde-Baumwollgarnen von Fox, die von Burgess mit dem Indigo aus dem abgebildeten Feld handgefärbt wurden. Der Rock wurde von Kerry Keefe mit Fox' büffelbraunem Baumwolljersey genäht, der von Fox aus ihrem Archiv persönlich entworfener Textilien zur Verfügung gestellt wurde.

Bio-Baumwolle von der Farm bis zu den Kund*innen verfolgt werden kann. Marketingdienstleistungen werden von der Genossenschaft bereitgestellt. Ihre Mitglieder bauen alle jeweils unterschiedliche biologische Pflanzen an, darunter Weizen, Mais, Sojabohnen, Hirse, Erdnüsse, Sorghum, Augenbohnen und Wassermelonen. Das entkörnte Baumwollsaatgut wird außerdem als Futtermittel an Bio-Molkereien verkauft.

Ein weiteres inspirierendes Beispiel für ein regengespeistes Baumwollanbausystem findet sich in Indien, das mit einem Anteil von 20 Prozent an der weltweiten Baumwollproduktion (übertroffen nur von China) immer noch eine wichtige Rolle spielt. 2007 versammelte sich eine kleine Gruppe von Freund*innen in Chennai, einer Stadt am Golf von Bengalen in Südindien, um über ihr Interesse an der Wiederbelebung des ökologischen Landbaus und der Förderung einheimischer Lebensmittel zu diskutieren, um weitere Selbstmorde unter Bauern*Bäuerinnen zu verhindern – eine Krise, die Indien seit Jahren heimsucht. Aus der Diskussion entstand ein gemeinnütziger Laden, der Verbraucher*innen mit lokalen Bio-Bauern*Bäuerinnen verbindet, die traditionelle und nachhaltige landwirtschaftliche Methoden anwenden. Daraus entstand der innovative Organic Farmers Market, bei dem Familien in 18 Bezirken rund um Chennai zweimal pro Woche ein Zimmer in ihren Häusern zur Verfügung stellen, damit Nachbar*innen frisch gelieferte Bio-Produkte abholen können. Das Essen ist jedoch nicht biozertifiziert, was Indiens bekanntermaßen komplexer und erdrückender Bürokratie zu verdanken ist. Stattdessen haben Käufer*innen und Verkäufer*innen eine direkte Beziehung über den Markt, die sich auf das Vertrauen stützt, dass ihre Lebensmittel ökologisch angebaut wurden.

Im Jahr 2013 versammelte sich dieselbe Gruppe von Freund*innen erneut in der Hoffnung, ihren Erfolg wiederholen zu können, aber diesmal konzentrierten sie sich darauf, die hohe Selbstmordrate von Bauern*Bäuerinnen einzudämmen. Sie wussten, dass sich die meisten Suizide im indischen Baumwollgürtel ereigneten und mit den hohen Kosten für Herbizide und Pestizide zusammenhingen, die für den Anbau der gentechnisch veränderten Bt-Baumwolle erforderlich waren, von dem die Bauern*Bäuerinnen überzeugt worden waren. Die steigenden Kosten des GVO-Saatguts und der Chemikalien, zusammen mit sinkenden Erträgen, stagnierenden Baumwollpreisen und der zunehmenden Resistenz der Schädlinge gegen die Chemikalien, trieben viele verarmte Farmer*innen in den Selbstmord, manchmal sogar mit denselben Giften, die sie für ihre Ernten verwendeten. Die Gruppe beschloss, die Wertschöpfungskette von Bio-Baumwolle zu untersuchen, um zu sehen, wie sie die ländlichen Lebensgrundlagen verbessern und ökologische Schäden reduzieren könnten. Sie nannten ihre Anstrengung Tula, das Sanskrit-Wort für „Baumwolle" (es bedeutet auch „Balance" oder „Gleichgewicht"). Ihr Ziel war es, ein Gleichgewicht in der Baumwoll-Wertschöpfungskette wiederherzustellen, das ursprünglich vom britischen Imperialismus zerstört und durch die chemieabhängige Grüne Revolution, die in den 1960er Jahren begann, vergrößert worden war.

Im Verlauf des Tula-Experiments wurde das Team aufgefordert, die Wiederbelebung einer einheimischen Varietät der Art *Gossypium arboreum* zu unterstützen, einer kurzstapeligen Baumwolle, die an das lokale Klima einschließlich seiner Insekten angepasst ist und keine Bewässerung benötigt. Dies erwies sich als wichtige Entscheidung. Das Tula-Team arbeitete mit den lokalen Gemeinden zusammen, um die besonderen Baumwollsorten zu identifizieren, die für jeden Ort typisch sind. Manchmal stießen sie auf ältere Bauern*Bäuerinnen, die altes Saatgut aufbewahrt hatten, und manchmal fanden sie Saatgut in lokalen landwirtschaftlichen Universitäten. Tula ermutigte die Landwirt*innen, traditionelle indische Methoden zu verwenden, um das Saatgut anzubauen, zum Beispiel eine Polykultur, bei der Chili, Mais, Zwiebeln, Tomaten und andere Pflanzen neben der Baumwolle angebaut werden. Um diesen Aufwand für die Bauern*Bäuerinnen finanziell tragbar zu machen, zahlt Tula einen höheren Preis, als eine vergleichbare Menge Bt-Baumwolle auf dem Markt erzielen würde. Heute kauft Tula jährlich mehr als 200 Doppelzentner (ein Doppelzentner entspricht 100 Kilogramm) Baumwolle von fast 100 Betrieben, die im Durchschnitt weniger als 5000 Quadratmeter Land besitzen. Die Organisator*innen und Investor*innen von Tula wandten sich als Nächstes den Bereichen Spinnen, Weben und Färben der Baumwollwertschöpfungskette zu, um eine uralte Tradition namens Khadi wiederzubeleben und gleichzeitig die enormen Energie- und Wassermengen drastisch zu reduzieren, die bei der Herstellung von Stoffen nach dem derzeitigen industriellen Modell verbraucht werden. Das Tula-Experiment war erfolgreich. Die Wiederbelebung der traditionellen Baumwollindustrie der Region ist im Gange, und an verschiedenen Orten in Indien entstehen wieder Khadi-Institutionen. Die ursprünglichen Finanzinvestitionen werden zurückgezahlt; die Zahl auf Baumwolle aufbauender Existenzen, die mit Tula verbunden sind, ist auf mehr als 300 Personen angewachsen. Die Bemühungen werden hier jedoch nicht aufhören. Es muss daran gearbeitet werden, einheimische Saatgutbanken

Es muss daran gearbeitet werden, einheimische Saatgutbanken und -züchter*innen dabei zu unterstützen, den steigenden Anforderungen der Landwirtschaft gerecht zu werden.

und -züchter*innen dabei zu unterstützen, den steigenden Anforderungen der Landwirtschaft gerecht zu werden. Es besteht auch ein kritischer Mangel an qualifizierten Spinner*innen und Weber*innen, der behoben werden muss. Zusätzliche Märkte in der Region müssen für die Bio-Baumwolle erschlossen werden (das Produkt wird nicht exportiert) und Bemühungen wie Tula müssen nachgeahmt werden. Trotzdem ist es ein sehr vielversprechender Start.

EIN FLACHS-EXPERIMENT

In den Ausläufern unseres nordkalifornischen Fibersheds in der südlichen Cascade-Bergkette in der Nähe von Chico hat sich eine neue Gruppe von Züchter*innen zusammengetan, um Flachs anzubauen, die Ausgangsfaser für Leinen. Chico Flax LLC wurde von Sandy Fisher und ihrem Ehemann Durl Van Alstyne gegründet und begann mit dem erfolgreichen Anbau einer experimentellen Flachssorte im Winter, der Jahreszeit, in der es in Kalifornien normalerweise am meisten regnet. Das Projekt zielt darauf ab, eine umfangreiche Saatgutbank für die Region zu entwickeln. Es hat Lernende und Lehrende der Chico State University, Gärtner*innen, interessierte Textilhandwerker*innen, Künstler*innen und viele andere Menschen zusammengebracht. Gemeinsam entwickeln sie die Fähigkeiten, die für die Verbreitung dieses Projekts in ihrer Gemeinde erforderlich sind. Ihr Ziel ist die Investition in eine Manufaktur, um ihre Fasern mechanisch zu verarbeiten und ihren Flachs zu einem regional markengeschützten Stoff weiterzuentwickeln. Wie bei anderen Naturfasern erfordert die Verarbeitung von Flachs in Leinen eine Gemeinschaftsarbeit, an der Bauern*Bäuerinnen, Spinner*innen, Färber*innen und Weber*innen beteiligt sind, ganz zu schweigen von Designer*innen, Pädagog*innen und Maschinist*innen. Sandy ist seit mehr als 30 Jahren professionelle Weberin und konnte dadurch eine gut entwickelte Webereigemeinschaft erreichen, darunter Mitglieder der 1955 gegründeten Mount Lassen Fiber Guild.

Sandy und ihr Mann wurden inspiriert, Chico Flax LLC zu gründen, als sie Ende 2012 von einem schrecklichen Brand in einer Textilfabrik außerhalb von Dhaka, Bangladesch, hörten, bei dem 117 Arbeiter*innen ums Leben gekommen waren. Kurz nach der Tragödie erhielt Sandy einen Anruf von einer lokalen Aktivistin, die wissen wollte, wie sie ihre Kleidung aus

der Gegend von Chico beziehen könnte. Es entstand ein Dialog, als Sandy und die Aktivistin versuchten, die Frage zu beantworten: „Was können lokale Produzent*innen und Träger*innen als Antwort auf diese schreckliche Situation tun?“ Sie ließen sich von Mahatma Gandhis Überzeugung inspirieren, dass seine indischen Landsleute einen großen Schritt in Richtung Selbstständigkeit machen (und das Joch der britischen Herrschaft abwerfen) könnten. Nach einigen weiteren Diskussionen beschlossen Sandy und ihr Mann, den Sprung zu wagen und die lokale Gemeinschaft zu engagieren, um bei der Herstellung eines Stoffes zu helfen, der ihr Zuhause repräsentierte und gleichzeitig das Potenzial hatte, über das obere Sacramento Valley hinaus zu expandieren. Sie entschieden sich für Leinen. Es wurden Leinsamen gekauft und ein kleines Grundstück für das Experiment gesichert. Instruktionen zur richtigen Züchtung der Pflanze wurden in einer Publikation mit dem Titel *The Big Book of Flax* gefunden. Sie drückten die Daumen. Ein paar Monate später holten sie ihre erste Ernte ein – und Chico Flax LLC war in vollem Gange.

Flachsanbau im Chico-Flax-Projekt.

Die einjährige Wardrobe Challenge beinhaltete inspirierende Stücke, die von Absolvent*innen der Designschule des California College of the Arts gefertigt wurden. Zara Franks war durch ihre Professorin Lynda Grose Teil der Challenge. Franks strickt dieses Hemd aus farbig gewachsenen Baumwollgarnen von Sally Fox.

Unter der Führung des Pacific Northwest Fibershed gedeiht die Flachsproduktion in ihrer Region (mehr Details zu diesem Projekt in Kapitel 7). Die Beziehung des pazifischen Nordwestens mit Flachs reicht bis in die Mitte des 19. Jahrhunderts zurück. Das Projekt konzentriert sich derzeit darauf, Ergebnisse zu sammeln, um die besten agronomischen Praktiken für eine optimale Faserqualität und den Ertrag zu finden. Außerdem arbeiten sie daran, die zukünftige Verarbeitungsanlage der Gemeinde nach dem Global Organic Textile Standard für die Flachsherstellung zu zertifizieren, was den Anreiz für Bauern*Bäuerinnen, Bio-Flachs anzubauen, verstärken wird.

Flachs ist eine große, dünne Pflanze, die in weniger als 100 Tagen zur Reife heranwächst und eine bläuliche, zart geformte Blüte hervorbringt. Flachs oder *Linum usitatissimum* (Lat. „am nützlichsten") ist eine Bastpflanze. Der Name bezieht sich auf die Fasern, die in jedem Stiel produziert werden und der Pflanze helfen, aufrecht zu stehen und nicht umzuknicken, wenn der Kopf aus schweren Samen wächst. Die langen, geraden, glatten Flachsfasern sind strapazierfähig, antimikrobiell und haben ein schönes Gewicht und einen schönen Fall, wenn sie zu Leinen verarbeitet werden. Zur Erntezeit werden die Pflanzen möglichst an den Wurzeln aus dem Boden gezogen, nicht geschnitten, was die längsten ungebrochenen Fasern garantiert. Als Nächstes kommt der Röstprozess, bei dem die Fasern in den geernteten Flachsstängeln Wasser ausgesetzt werden, beispielsweise durch Eintauchen in einen Teich. Dies weicht sie durch mikrobielle Einwirkung auf, ein notwendiger Schritt für ihre spätere Verwendung als Textilfaser. Die hochwertigsten Fasern stammen von Stängeln, die bis zu einem Monat auf einem Feld liegen gelassen werden, ein Prozess, der als Taurösten bezeichnet wird und eine dunklere Faserfarbe erzeugen kann. Es gibt andere Röstmethoden, auch chemische, die den Einweichungsprozess beschleunigen können. Nach dem Trocknen durchläuft Flachs ein dreistufiges Verfahren, bei dem die Fasern vom Rest des Stängels getrennt werden (genannt *Riffeln*, *Schwingen* und *Hecheln*), damit er zu Garn gesponnen werden kann, das wiederum zu einer Vielzahl von Leinenprodukten verarbeitet wird. Wie bei Baumwolle können kurze Pflanzenfasern für gröberes Material verwendet werden, während die längeren Fasern geschmeidigere Produkte ergeben. Leinen ist saugfähig, schnell trocknend und fühlt sich kühl an. Es nimmt Farbe leichter an und schrumpft weniger als Baumwolle.

Leinsamen sind nicht nur reich an Ballaststoffen, sondern haben auch nachgewiesene entzündungshemmende Eigenschaften, die bei der Bekämpfung von Atemwegserkrankungen bei Tieren nützlich sind.

Flachs könnte eine ideale Nutzpflanze für die Polykulturlandwirtschaft sein. Er wächst wunderbar gemischt mit anderen einjährigen Pflanzen, einschließlich Getreide, Gräsern und Ölpflanzen wie Sonnenblumen, Raps und Sojabohnen. Er wird in den regenreichen Wintermonaten in Kalifornien und Oregon angebaut und benötigt daher nur wenig externe Bewässerung. Aufgrund der hohen Keimrate hat er das Potenzial, Unkräuter zu verdrängen, wodurch der Einsatz von Herbiziden reduziert oder ganz vermieden werden kann. Die schnelle Reifung von Flachs macht ihn perfekt für den Anbau nach einer Weideperiode oder einer Saison mit Deckfrüchten. Auf einer ganzheitlich bewirtschafteten Farm oder Ranch könnte Flachs Teil eines Plans zur Bindung und Speicherung von atmosphärischem Kohlendioxid sein, wie in Kapitel 3 beschrieben. Außerdem können Leinsamen als nährstoffreiches Futter für Tiere verwendet werden. Leinsamen sind nicht nur reich an Ballaststoffen, sondern haben auch nachgewiesene entzündungshemmende Eigenschaften, die bei der Bekämpfung von Atemwegserkrankungen bei Tieren nützlich sind.

Eine kurze Geschichte über Flachs

Archäologischen Funden zufolge reicht der Anbau von Flachs mindestens 36.000 Jahre zurück, was darauf hindeutet, dass die Völker der Altsteinzeit sich der Nützlichkeit der Pflanze zur Herstellung eines tragbaren Stoffes bewusst waren. Während der Agrarrevolution war Flachs eine der ersten Nutzpflanzen, die domestiziert wurden. Feines Leinen wurde von den herrschenden Eliten in frühen Zivilisationen hoch geschätzt, vielleicht aufgrund der mühsamen und zeitaufwändigen Arbeit, die zu seiner Herstellung erforderlich war. Altägyptische Mumien beispielsweise wurden in feinstes Leinen eingewickelt entdeckt. Die Fähigkeit von Flachs, in kälteren Klimazonen zu wachsen, sowie die Fähigkeit von Leinen, schnell zu trocknen, führten dazu, dass seine Popularität im Laufe der Jahrhunderte in den kühleren Teilen Europas wuchs (zusammen mit Wolle, die im folgenden Kapitel erörtert wird). Neben Kleidung erweiterte sich die Verwendung von Leinen auf Bettwäsche, Handtücher, Vorhänge, Tischdecken, religiöse Gewänder, Segel, Bogensehnen, Backtücher, Taschentücher, Geld, Gepäck, Nähgarn und sogar Schilde. Im frühen 18. Jahrhundert wurde Irland zum führenden Leinenproduzenten in Europa, eine Position, die es bis zum Ende der viktorianischen Ära innehatte. In Nordamerika begann die kommerzielle Produktion von Flachsfasern früh und wuchs während der Kolonialzeit stetig, ging jedoch nach der Erfindung der Baumwollentkörnung durch Eli Whitney

Eine Demonstration des Flachshechelns während eines Freiwilligentages bei der Chico Flax LLC.

und der darauffolgenden Ausweitung der Baumwollproduktion schnell zurück. Eine Zeit lang gab es noch Flachsfaserfarmen in North und South Dakota, Minnesota und Wisconsin, aber bis zum Zweiten Weltkrieg war die Produktion im ganzen Land praktisch eingestellt worden. Der Anbau von Flachs für Saatöl und Tabakpapier blieb jedoch wirtschaftlich rentabel, und heute sind Leinsamen auch ein beliebtes Nahrungsergänzungsmittel für den menschlichen Verzehr.

In letzter Zeit ist die Flachsproduktion in den USA wiederbelebt worden und das Wissen über die Flachsverarbeitung neu entfacht. Daraus entstand das New England Flax and Linen Project. Dieses landwirtschaftliche Forschungsprojekt hat eine Reihe von Arbeiten initiiert, die die geographische Lage und die Charakteristika des Ortes widerspiegeln und spüren lassen, wie diese altehrwürdige Textilfaser in das Leben moderner Träger*innen gebracht werden kann. In Neuengland besteht die Gruppe aus einem Konsortium von Pflanzen- und Umweltwissenschaftler*innen, Handwerker*innen und Historiker*innen. Sie veranstalteten 2016 ein Symposium, das qualifizierte Verarbeitende mit Fachwissen aus Landwirtschaft, Rösterei, Spinnerei und Weberei versorgte und mit Feldforscher*innen und Historiker*innen zusammenbrachte. In Vermont, Neuengland, befindet sich auch die Marshfield School of Weaving, eine Volkshochschule, die praktische Ausbildung in den Bereichen Anbau, Verarbeitung und Weben von Flachs anbietet (weitere Informationen findet ihr unter Ressourcen).

Das Wissen über Flachs in Nordamerika kam mit europäischen Bauern*Bäuerinnen und anderen Einwander*innen, die ihren Lebensunterhalt auf dem Land verdienten. Sie bewahrten die Traditionen und setzten ihr Wissen unabhängig um, einschließlich des Anbaus von Flachs auf kleinen Flächen, um gerade genügend Fasern für die Herstellung ihrer eigenen Bettwäsche, Tischdecken, Hemden, Hosen und Kleider zu haben. In Europa hatten sich über Tausende von Jahren erfahrene Flachszüchter*innen und -verarbeiter*innen entwickelt, was zum Teil der Grund sein könnte, warum Flachs nie die gleiche Aufmerksamkeit von Kolonist*innen und Kapitalist*innen erhielt wie Baumwolle. Es ist viel schwieriger, ausbeuterische Eigentumsmodelle mit einem Material aufzubauen, zu dem alle bereits Zugang haben und wissen, wie man* es verarbeitet. Wenn in Peru, bei den Aztek*innen und in Indien stattdessen Flachs angebaut worden wäre und die Europäer*innen die Begründer*innen des Baumvermächtnisses gewesen wären, dann wäre Flachs vielleicht die Faser der Begierde geworden, die die imperiale Eroberung definierte.

An einem Abend in der Marshfield School of Weaving vor nicht allzu langer Zeit produzierte einer der Webstühle der Student*innen einen Stoff aus Leinen und Wolle. Das Tuch wurde dann an eine Gruppe von ungefähr 20 von uns weitergegeben, die an einem langen Tisch in einer kunstvoll gebauten Scheune saßen. Das Textil wurde mit Seifenlauge benetzt, jede*r von uns hielt einen Abschnitt des langen schlauchförmigen Tuchs, klopfte es zweimal auf den Tisch und drehte das Tuch dann nach rechts. Zweimal hämmern, rotieren, zweimal hämmern, rotieren – aus dem Rhythmus wurde ein Lied, dessen Melodie von mehreren Frauen am Tisch kam, der Text wunderschön auf Gälisch gesungen. Während wir sangen, arbeiteten wir, und je mehr wir arbeiteten, desto einheitlicher wurde das Textil. Abgerundet wurde der Prozess mit einem Linedance, der uns die Möglichkeit bot, vom Tisch aufzustehen und uns in der Scheune zu bewegen. Traditionell wird dieser Vorgang des Benetzens und Stampfens eines Textils als *Walken* bezeichnet. Maschinen erledigen diese Arbeit jetzt für uns, und das spart uns natürlich Zeit, aber wir verlieren die praktische Kultur, die die Arbeit zum Vergnügen macht und uns die Möglichkeit bietet, Teil einer

Taugerösteter und handverarbeiteter Flachs wird von einem Mitglied des Chico-Flax-Projekts zu Garn versponnen.

Gemeinschaft zu sein. In einem weiteren Beispiel dafür, wie Faserprojekte eine Gemeinschaft aufbauen können, hat Chico Flax die Unterstützung von Curtis DeBerg, einem Professor für Betriebswirtschaftslehre an der Chico State University, gewonnen. Er hat das Projekt solide betriebswirtschaftlich beraten und einige seiner Student*innen an das aufstrebende Flachsunternehmen verwiesen, wo sie unter anderem eine Crowdfunding-Kampagne mit ins Leben gerufen haben. Diese Verbindung zur örtlichen Universität hat sich in letzter Zeit zu neuen Beziehungen zu den Landwirtschafts- und Ingenieurabteilungen erweitert, die alle bereit sind, zu helfen. Die Welleneffekte breiten sich immer weiter nach außen aus und ziehen Radfahrer*innen, Bäcker*innen, Rentner*innen, Veteran*innen und viele andere an.

Es dauert ungefähr sieben Jahre – sieben Ernten und die daraus resultierenden Samen –, bis sich Flachspflanzen vollständig an ihre lokale Umgebung angepasst haben. Und da das Saatgut des Projekts außerhalb von Kalifornien stammt, bedeutet dies, dass die Ernte 2019 eine wichtige Schwelle für die vier Hektar große Chico-Flachsfarm sowie das Gesamtprojekt darstellt. Ein kürzlich gewährter Zuschuss der Healthy-Soils-Initiative des Ministeriums für Ernährung und Landwirtschaft, die Bemühungen um eine kohlenstoffarme Landwirtschaft in ganz Kalifornien unterstützt, wird für die Entwicklung von Deckfrüchten für die Felder der Farm und die Anpflanzung von Hecken verwendet, um einheimische Bestäuber anzulocken. Es gibt Pläne, eine alte Scheune auf dem Grundstück in ein Lager für Flachsverarbeitungsgeräte umzuwandeln. Unterdessen planen Sandy, Durl, Curt und andere Unterstützer*innen eine Party im Frühjahr, um den Übergang der Farm zu einer lokalen Ernte zu feiern. Schritt für Schritt wird der Traum, gemeinschaftsweite, regional angebaute und geerntete natürliche Flachsfasern zu schaffen, Wirklichkeit.

HANF: WIEDER LEGAL

Hanf war im frühen 20. Jahrhundert ein sehr beliebtes landwirtschaftliches Produkt, das oft in großen Mengen für die Herstellung von Seilen, Papier und anderen Gütern angebaut wurde. Hanftextilien wurden häufig für Kleidung, Einrichtungsgegenstände, Schuhe und vieles mehr verwendet. Aber die Verabschiedung von Drogengesetzen in den frühen 1900er Jahren bedeutete, dass Hanf im Wesentlichen vom Konsum verbannt wurde (eine

Bedingung, die 1970 vom US-Kongress formalisiert wurde, als er den Controlled Substances Act verabschiedete; dieser entspricht dem Betäubungsmittelgesetz, das in Deutschland 1972 in Kraft gesetzt wurde).

Hanf wurde in das Gesetz aufgenommen, weil es (aufgrund wirtschaftlicher Interessen) zu einer Verwirrung zwischen den sehr unterschiedlichen *Cannabis-sativa*-Sorten kam. Kulturhanf, die Sorte, die zur Faserherstellung genutzt wird, enthält verschwindend geringe Konzentrationen von Tetrahydrocannabinol (THC) – der Chemikalie, die eine Person high macht –, während andere Sorten hohe THC-Konzentrationen (20 Prozent und mehr) aufweisen. Die Regulierung von Hanf entzog sich dem Agrarsektor und fiel unter die Zuständigkeit der Federal Drug Enforcement Agency (DEA), der Drogenaufsichtsbehörde. Eine klägliche Fehlentscheidung: Es gibt über 2.000 Cannabissorten und über 90 Prozent haben keine drogenähnlichen Eigenschaften. Pflanzen wie Hopfen, die ebenfalls zur Familie der *Cannabaceae* gehören, haben einen ähnlichen THC-Gehalt wie Hanf. Hopfen hingegen ist legal und wird täglich als Zutat in Bier verwendet.

In ihrem Bemühen, Cannabis-Farmen auszurotten, zerstörte die DEA wilde und einheimische Hanfpflanzen, die auf Wiesen, in Gräben und an Straßenrändern wuchsen. Hanf mit niedrigem THC-Gehalt wird vergleichsweise selten in Verbindung mit Konsumpflanzen angebaut, teilweise wegen der geringen Erträge, aber hauptsächlich, weil es schnell zu einer Fremdbestäubung mit Cannabis-Sorten mit hohem THC-Gehalt kommen kann, was deren psychoaktive Wirkung drastisch reduziert (was Züchter*innen in der Regel nicht wollen). Bedauerlicherweise ist dieses gartenbauliche Wissen in keines unserer Arzneimittelgesetze eingeflossen, und so haben wir Jahrzehnte an Forschungs- und Entwicklungszeit für eine Faserpflanze verloren, von der viele andere Kulturen wissen, dass sie einige der stärksten und haltbarsten Textilien der Menschheitsgeschichte hervorbringt. Ich sollte vorausschicken, dass ich nicht glaube, dass Cannabis das Allheilmittel ist, als das es häufig beworben wird, obwohl es eine unglaubliche Gelegenheit bietet, unsere Naturfasersysteme zu unterstützen.

Cannabis wird seit Jahrhunderten von europäischen und asiatischen Kulturen angebaut und genutzt und in einer Vielzahl von Sorten gezüchtet, die sich an verschiedene Höhenlagen und Breitengrade angepasst haben. Eine Hanfpflanze reagiert empfindlich auf die Menge des verfügbaren Sonnenlichts, und viele Hanfzüchter*innen weltweit haben Pflanzen ausgewählt, die eine hohe Faserdichte sowie viel Biomasse haben und vor der

Sommersonnenwende eine gute Stielhöhe erreichen. Sobald die Tage kürzer werden und die Pflanze blüht, wird der Stiel nämlich nicht weiterwachsen; die Biomasse, die die Pflanze zwischen Pflanzung und Blüte erzeugt, ist letztendlich das Material, mit dem die Landwirt*innen zur Erntezeit arbeiten können. Auf vielen Kontinenten gibt es seit Jahrtausenden faserorientierte Züchtungsbemühungen, die schnellwachsende, einstängelige Pflanzen begünstigen, außer natürlich in den Vereinigten Staaten. Hier mussten die Farmer*innen das Saatgut, die Werkzeuge und das Wissen beiseitelegen, als die Bundesregierung ihr Verbot erließ.

Ende 2018 wurde das Verbot durch die Verabschiedung der Farm Bill aufgehoben und Hanf legalisiert (oder zumindest die Pflanzen, die weniger als 0,3 Prozent THC enthalten). Obwohl dies eine vielversprechende Nachricht war, gibt es immer noch Einschränkungen durch die Gesetzgebung. Die vorherige Farm Bill erlaubte Pilotforschung und Marketingstudien nur über Hanf (auch bekannt als Kultur- oder Industriehanf) auf kleinflächigen Parzellen. Die neue Farm Bill erlaubt einen viel großflächigeren Anbau und hebt Beschränkungen für Verkauf, Transport und Besitz von Hanfprodukten auf. Auf der anderen Seite verlangt sie jedoch immer noch, dass die Staaten Kontrollprozesse einrichten, durch die Hanfzüchter*innen lizenziert und auf die Einhaltung aller Bundesgesetze und Vorschriften geprüft werden. Staaten müssen außerdem genau darlegen, welche Strafen sie für die Nichteinhaltung dieser Vorschriften geltend machen. Mit anderen Worten, während die neue Farm Bill Hanf zwar legalisiert, erlaubt sie es nicht, ihn für kommerzielle Zwecke so einfach wie Brokkoli oder Mangold anzubauen.

Während die neue Farm Bill Hanf zwar legalisiert, erlaubt sie es nicht, ihn für kommerzielle Zwecke so einfach wie Brokkoli oder Mangold anzubauen.

Warum Hanf?

Hanf ist wie Flachs eine Bastfaserpflanze, und obwohl er Fibersheds viel zu bieten hat, erfordert er viel technologische Unterstützung, um in einem Textil wirklich nützlich zu sein. Meine erste Erforschung der Hanftextilverarbeitung war eine Auseinandersetzung mit den alten Technologien, die die Menschen über Jahrtausende verfeinert haben, um Pflanzen in Kleidung zu verwandeln. Auf Reisen nach Nordthailand erfuhr ich, wie die Bergvölker engmaschig gewebte Textilien herstellten, Stoffe, die sowohl für den Eigenbedarf als auch für den Zusatzverdienst auf den lokalen Märkten hergestellt wurden.

Hanfanbau in North Carolina

von Tyler Jenkins, Community-Organisator

Der erste Bio-Feldversuch mit Industriehanf wurde Anfang Juni 2017 im Nordosten von North Carolina gepflanzt. Bevor das Projekt anfangen konnte, mussten wir drei Dinge organisieren: Wir brauchten eine Quelle für zertifizierte Industriehanfsamen, die staatliche Lizenz und Land für ein Versuchsgelände. Das Saatgut wurde aus Italien bezogen. Wir nutzten enge Arbeitsbeziehungen mit einem internationalen Lieferanten, dem Landwirtschaftsministerium von North Carolina und der DEA, um die Lieferung sicherzustellen. Mehrere gesetzliche Bestimmungen und Marktgegebenheiten verzögerten die rechtzeitige Lieferung des Saatguts; als es jedoch ankam, konnten wir in weniger als 72 Stunden pflanzen. Zu unseren Partner*innen gehörten Northern California Fibershed, Bountiful Backyards (ein Unternehmen für essbare Landschaftsgestaltung), Earthwise Organics (eine Koryphäe für biologische Systeme im Südosten der USA) und Homegrown Agriculture (eine mutige und vielseitige Farm im Osten von North Carolina).

Den ganzen Sommer über haben wir das Hanf-Feldversuchsgelände beobachtet und eine Vielzahl von Erkenntnissen zu den acht Sorten dokumentiert. Wir säten eine sehr geringe Aussaatmenge pro Hektar – etwa viereinhalb Kilo –, damit wir Unterschiede bei jeder Sorte innerhalb der einen viertel Hektar großen Parzelle beobachten konnten. Unser Teil von North Carolina besteht hauptsächlich aus Tonerde, mit Ausnahme von sandigem Lehm in den schlammigen Auen. Trotz der späten Aussaat wuchs die Ernte in zwei Monaten auf eine durchschnittliche Höhe von 120 Zentimetern. Wir hatten einen ungewöhnlich heißen und trockenen Sommer mit einigen Regengüssen Ende Juni und einem Anfang Juli, und die Hanfernte gedieh unter den trockenen Bedingungen. Eine interessante Erkenntnis war die Anzahl der einheimischen Bienen, die von den Blüten angezogen wurden. Wir beobachteten auch Insekten, die wir noch nie zuvor auf unseren Feldern gesehen hatten. Wir ernteten die Pflanzen im August und konnten etwa 22 Kilo Hanffasern sammeln, um sie für die Textilentwicklung weiterzuverarbeiten. Wir ernteten Blumen und Blätter für eine lokale Craft-Beer-Brauerei, die die Terpene für die Herstellung eines Bieres mit Hanfgeschmack verwendet.

Durch den Versuch konnten wir nicht nur die Eigenschaften der acht verschiedenen Sorten untersuchen, sondern auch die Möglichkeiten und Hindernisse für alle Akteur*innen entlang der Wertschöpfungskette verstehen. Die Landwirt*innen konnten den Zeit- und Risikoaufwand für den Erwerb einer Lizenz und die Vorbereitung der Flächen für einen erfolgreichen Versuch abschätzen. Wir konnten die Hanfstiele zu lokalen Faserhersteller*innen bringen, die über bestehende Absatzmärkte in der Fasergemeinde verfügten und begeistert waren, Hanf in ihre Produkte zu integrieren. Kurz gesagt, der Test ermöglichte es uns, zwei Enden einer Lieferkette zu „proben" und uns auf ein Seed-to-Market-Projekt im folgenden Jahr vorzubereiten. Für die nächste Phase haben wir es uns zum Ziel gesetzt, die Bekanntheit der Produkte unserer Partner*innen und des lokalen Fasersystems zu erhöhen; eine kleine, modulare Verarbeitungseinheit nach North Carolina zu bringen, die Hanf von gerösteten Fasern zu gesponnenem Garn verarbeitet; und ein Produkt zu vermarkten, dessen Wertschöpfungskette nachahmbar und größtenteils CO_2-negativ ist.

Der Hanf wird in kleinen Parzellen angebaut und von Hand geerntet; die Stängel werden zum Trocknen in aufrechten Stapeln, sogenannten Garben (wie beim Flachs), gesammelt. Später werden sie für mehrere Wochen auf den Boden gelegt, damit die Stängel tauprösten können. Die Mikrobiologie im Boden baut das *Lignin* ab, das ist die leimartige Substanz, die den holzigen Teil der Pflanze, das sogenannte *Werg,* härtet und an die Faser bindet. Sobald das Lignin abgebaut ist, können die Fasern leichter vom Stängel abgezogen werden. Wenn die Stängel perfekt geröstet sind, werden sie aus ihrer Liegeposition gesammelt und aufrecht gelagert, damit der Ligninabbauprozess verlangsamt wird.

Hanffasern sind lang und stark, und bei der Verarbeitung von Hand kann die gesamte Faserlänge auf Fallspindeln handgesponnen und dann gewebt werden. Die daraus entstehenden Textilien aus dieser Region wurden gewaschen und bearbeitet, damit sie fester und dichter werden konnten. Das Tuch war für sein Volumen schwer und unglaublich stark. Diese handverarbeiteten Textilien waren ein gutes Beispiel dafür, wie langlebige Hanftextilien durch Verfahren hergestellt werden können, die auf Sonne, Wasser, Mikroben und geschickte Hände angewiesen sind. Der Low-Tech-Ansatz in Nordthailand ähnelte den Textilverarbeitungstechniken, die bis heute in kleinen Wirtschaften in Teilen Südostasiens und Osteuropas bestehen. Im Loire-Tal in Frankreich können Reisende bei einem Besuch der kleinen Stadt Mont Jean im August die alten Traditionen der Chanvriers (das französische Wort für „Hanf" ist *chanvre*) hautnah miterleben. Dort wird bis heute die Hanfernte und die traditionelle Methode des Eintauchens der Halme in die Loire praktiziert, um den mikrobiellen Röstprozess zu verstärken und die Fasern für die historischen Seilerei-Systeme vorzubereiten, die vor allem aus Gründen der Erhaltung des kulturellen Erbes immer noch verwendet werden. Hanf wächst schnell und

Außerhalb von Durham, North Carolina, begann das One-Acre-Exchange-Projekt, das jetzt vom Anwohner Tyler Jenkins geleitet wird, damit, einen Hektar Hanf anzubauen, um die agronomischen Bedürfnisse der Pflanze zu evaluieren. Im Fokus des Projekts stand die Absicht, möglichst viele Beziehungen zu lokalen Hersteller*innen aufzubauen – einschließlich Weber*innen, Brauer*innen, Menschen, die von Hand spinnen, und vielen mehr.
Foto © Anna Carson Dewitt

Die von One Acre Exchange entwickelte mechanische Faseraufschluss-vorrichtung. *Foto © Max Holden*

wird groß – einige Sorten können viereinhalb Meter groß werden. Dieser Ertrag in Kombination mit der Stärke seiner Faser bedeutet, dass Hanf das Potenzial hat, innovative agrarökologische Systeme innerhalb unserer Naturfaser- und Lebensmittelsysteme zu entwickeln. Hanf verdrängt auch Unkräuter und kann immun gegen Schädlinge und Krankheiten sein. Die Kultur ist als Setzling relativ frosttolerant, wodurch das Risiko bei der Aussaat in höheren Lagen verringert wird. Wie bei Flachs, der ebenfalls eine Wachstumsperiode von 100 Tagen hat, könnten die Erzeuger*innen Fruchtfolgen mit anderen Nutzpflanzen entwerfen, um ihre landwirtschaftlichen Erträge zu maximieren. Diese Fruchtfolgen könnten die Integration von Vieh beinhalten. Durch die Einbeziehung von Schafen oder Ziegen in das Anbausystem mit Hanf könnten Produzent*innen den Nährstoffkreislauf auf ihren Feldern verbessern, verbleibende Pflanzenreste vor der Aussaat der nächsten Kultur ohne den Einsatz von Herbiziden beseitigen und möglicherweise die Bodenbearbeitung reduzieren oder ganz abschaffen. Die Einbeziehung von Schafen und Ziegen in das Bewirtschaftungssystem bietet eine weitere Möglichkeit, ein auf Weidewirtschaft basierendes Unternehmen in das Wirtschaftsmodell einzubeziehen. Das wiederum bietet eine potenzielle Gelegenheit, Vertragsweidebetriebe ohne eigenes Land zu unterstützen.

Hanf ist dafür bekannt, die Weizenerträge zu steigern; einige Untersuchungen haben gezeigt, dass Weizen bis zu 20 Prozent höhere Erträge erzielt, wenn er in Wechsel mit Hanf angebaut wird. In den Vereinigten Staaten bauten die Landwirt*innen im Jahr 2015 56 Millionen Hektar Weizen an, das meiste davon in den Wintermonaten, was die Möglichkeit eröffnet, mit einer Sommerhanfernte abzuwechseln. Wenn wir uns vorstellen, wie es aussehen würde, Hanf in den Weizenkreislauf in den Vereinigten Staaten aufzunehmen, könnten wir von zusätzlichen 112 Millionen Tonnen Hanffasern ausgehen, die in unser Textilsystem fließen (ausgehend von einem Ertrag von zwei Tonnen Fasern pro Morgen, also 2.500 Quadratmeter). Wenn dieselben Anbauflächen mit faserproduzierenden Tieren (Schafe und Ziegen) bewirtschaftet würden, könnte dies bekannte Praktiken zur Verbesserung der Bodengesundheit unterstützen. Sie würden dabei helfen, die Felder zu beweiden und zu roden, Nährstoffe zirkulieren zu lassen und die Kapazitäten der Bauern*Bäuerinnen zu unterstützen, die nächste Kultur mit konservierenden und/oder Direktsaatstrategien anzubauen. Gleichzeitig würden zusätzliche 950.000 Tonnen verarbeitbare Proteinfasern hinzugefügt, die auf einem niedrigen Besatz von sieben Wolle produzierenden Tieren pro 4000 Quadratmeter basieren. (Diese Wollmenge geht davon aus, dass 50 Prozent der Wolle bei der Verarbeitung verloren gehen, ein normaler Verlust für industrielle Produktionsverfahren.)

Die steigende Nachfrage nach Hanf

Es ist leicht, sich nun vorzustellen, dass dieses integrierte landwirtschaftliche System auf gesunde Weise Wolle, Hanf, Weizen, Lammfleisch und Milchprodukte generiert und allein in diesem Land jährlich zusätzlich 112 Millionen Tonnen Naturfasern erzeugen könnte, *ohne zusätzliche Flächen für die landwirtschaftliche Nutzung umzuwandeln*. Das könnte ungefähr ausreichend Fasern entsprechen, um 23 *Milliarden* 500 Gramm wiegende Kleidungsstücke herzustellen (einkalkuliert sind Gewichtsverluste der Fasern während des Verarbeitungsprozesses). National verbrauchen wir gar nicht so viele Kleidungsstücke pro Jahr. Das wiederum bedeutet, dass wir in diesem Szenario genügend Spielraum hätten, um die Anbaufläche von Hanf deutlich zu reduzieren und dennoch genug Naturfasern zu produzieren, um alle im Land mit kompostierbaren ungiftigen Kleidungsstücken zu versorgen.

Hanfverarbeitung in Colorado

von Arnie Valdez, Farmer

Das Rezolana Institute, auch bekannt als Rezolana Farm, ist ein auf kleine Gehöfte ausgerichtetes Forschungs- und Demonstrationsprojekt mit Sitz in San Luis im Süden Colorados, das sich aktiv mit integrierten Anbautechniken für Pflanzen und Tiere beschäftigt. Auf der Farm werden alte Kulturpflanzen wie Anasazi- und Bolita-Bohnen, 60-Tage-Mais und „Hüttenhanf" im Wechsel mit artenreichen Deckfrüchten angebaut, die am Ende der Vegetationsperiode von den ansässigen Ziegen abgeweidet werden.

Die Rezolana Farm ist Teil eines gemeinschaftlich verwalteten Wassereinzugsgebiets, das von den Bergketten Sangre de Cristo, La Garita und Conejos-Brazos eingerahmt wird. Das bei der Schneeschmelze freiwerdende Wasser wird durch *handgegrabene Acequia-Systeme* (uralte Grabensysteme) abgeleitet. So gelangt Wasser zu jeder Farm und Ranch innerhalb der Gemeinde, da unsere begrenzte Wasserversorgung geteilt werden muss. Der Großteil der landwirtschaftlichen Arbeit wird mit alten landwirtschaftlichen Geräten und Handarbeit beim Jäten und Ernten erledigt. Die Farm erwirbt nach und nach Infrastruktur wie saisonverlängernde Folientunnel, Wasserfördersysteme, Kompostiersysteme und handbetriebene Geräte für die Hanfverarbeitung.

Die schwere Dürre im Südwesten ist nach wie vor eine einschneidende Erfahrung für die Farmer*innen in der Region. Unseren langfristigen Zielen zum Aufbau von organischem Kohlenstoff im Boden entsprechend und angesichts der Dürre haben wir unsere Bemühungen auf die Stärkung des Bodenaufbaus auf den Ackerflächen des Hofes konzentriert, einschließlich der Verwendung von Kompost, der Integration von Vieh und einer Polykultur mit Pflanzen, die möglichst wenig Wasser verbrauchen. Die Mischung des Rezolana Institute enthält Hanfsamen, Arivica-Erbsen, Terranova-Rettich, Purple-Top-Rüben, VNS-Buchweizen und Monida-Hafer. Der Hanf wurde auf dem eineinhalb Hektar großen Feldversuchsgelände von Hand geerntet und zu Demonstrationszwecken in einem am Institut angebotenen Kurs über die Verarbeitung von Hanffasern und holzigem Werg (eine Faser von niedrigerer Qualität, die bei der Hanfverarbeitung anfällt) verwendet. Um die Hanffaser von der holzigen Schale zu trennen, verwenden wir handbetriebene Maschinen. Wir haben Open-Source-Pläne online verfügbar gemacht, damit andere, wie wir, ihre eigenen Hanfverarbeitungsmaschinen herstellen können. Das ursprüngliche Design der handbetriebenen Faser- und Werg-Verarbeitungsmaschine stammt aus der Arbeit von Growing Warriors, einer in Kentucky ansässigen gemeinnützigen Nonprofit-Organisation.

Neben der Faser, die wir auf unserem Hof produziert haben, haben wir die Werge auch zur Herstellung von Lehmblöcken aus Erde, Stabilisator und Hanfschäben (sie bleiben beim Entholzen des Hanfstängels übrig) verwendet. Das Rezolana Institute präsentierte die Ergebnisse unserer Blockexperimente auf der Earth-USA-Konferenz 2017, die Ende September in Santa Fe stattfand.

Die Stadt San Luis im Süden Colorados produziert 60-Tage-Mais, samenfeste Bohnen und eine Reihe von Gemüse. Heute ist sie auch für ihre aufstrebenden Hanf-Landwirtschaftsprojekte bekannt. *Foto © Rio de la Vista*

Hanfsamen-Aussaat in San Luis, Colorado, 2014. Die erste Ernte wurde gepflanzt, nachdem neue Gesetze die Türen für den Hanfanbau geöffnet hatten. *Foto © Michael Keefe*

Leider werden solche Gedankenübungen nicht von Modemarken oder Träger*innen angeführt. Noch nicht. Wir haben wenig bis gar keine Durchsetzungsstrategien auf der Seite der Nachfrage, die Landwirt*innen in dieser Größenordnung einbeziehen. Und obwohl die Landwirtschaft auf Märkte reagiert und sehr gut in der Lage ist, Veränderungen vorzunehmen und neue Praktiken anzuwenden, um sich zu verbessern, braucht sie eine gewisse Absicherung durch den Markt. Auf der Angebotsseite müssen wir auch in der Lage sein, Landbewirtschafter*innen beim Übergang zu integrativen bodenbildenden und klimafreundlichen Systemen technisch zu unterstützen. Eine verstärkte Vernetzung und anschließende Vereinbarungen zwischen Modemarken und Landbewirtschafter*innen könnten zu einer Zunahme diversifizierter Landwirtschaftssysteme führen. Finanzierungen im Frühstadium könnten dazu beitragen, neue Faser- und Lebensmittelprojekte ins Leben zu rufen.

Als im Jahr 2014 versucht wurde, den Hanfanbau wieder in die Landschaft zu integrieren, gab es kein Saatgut, das speziell für die Klimazonen gezüchtet wurde, in denen die Pflanze wieder eingeführt wurde, außer von verwilderten Sorten, die in einigen kleinen Gräben und Straßen überlebt

hatten. Es gab sehr wenig Verständnis dafür, welche Sorten am besten zu unseren Breitengraden passen würden. Die Universitäten zögerten, Forschungen zu betreiben und ihre historische Rolle als Quellen von landwirtschaftlicher technischer Hilfe zu übernehmen, da sie befürchteten, staatliche Hilfen zu verlieren, obwohl Forschung an der Pflanze eigentlich legal war. Einige Bauern*Bäuerinnen hatten Angst, die Ernte für Forschungszwecke anzubauen, da sie befürchteten, dass DEA-Agenten auf Bundesebene ihr Land beschlagnahmen und das USDA ihre Ernteversicherung gefährden würde.

Jede Woche schien sich eine neue und bisher unentdeckte Hürde zu offenbaren. Wenn zum Beispiel geröstete Stängel entfasert sind und der Hanf für die Textilverarbeitung bereit ist, müssen für die Verarbeitung der langen Bastfasern spezielle Maschinen und Fertigkeiten eingesetzt werden. Derzeit gibt es in ganz Nordamerika keine großen Verarbeitungszentren für langstapelige Fasern mit hoher Durchsatzleistung. Das bedeutete, dass wir, um ein Wirtschaftsmodell auf den Weg zu bringen, das die Landwirt*innen im Hanfanbau hält, Methoden zur Verarbeitung der Pflanze mit Fasern entwickeln mussten, für die wir bereits Verarbeitungsanlagen haben. Das

Herstellungsverfahren für Hanfziegel im Rezolana Institute. *Foto © Rezolana Institute*

Hanffasern, die am Rezolana Institute angebaut werden, werden auf einer Hanffaserplatte verarbeitet. Sie wurde von Arnold Valdez vom Rezolana Institute gebaut und von Michael Lewis und Kolleg*innen in Kentucky entworfen.

dezentralste und technisch formbarste Produktionssystem in den Vereinigten Staaten ist für die Verarbeitung von Wolle ausgelegt, und so bestand unsere erste Untersuchung darin, festzustellen, ob wir Hanf mit Wolle und Alpaka mischen und die Fasern durch Wollkämm- und Spinnmaschinen verarbeiten können.

Die Schritte zur Vorbereitung des Hanfs für die Wollspinnerei erforderten jedoch zusätzliches technisches Fachwissen. Der erste Technologiepartner, mit dem wir zusammenarbeiten konnten, brachte eine Maschine mit relativ hohem Durchsatz auf den Markt, die die Faser vom holzigen Teil der Ernte trennen konnte, ein sogenanntes *Entkernungssystem*. BastCore, ein Unternehmen mit Sitz in Omaha, Nebraska, bot mit der Entschalungstechnologie ein Verfahren an, mit dem die Fasern von den holzigen Teilen der Pflanze getrennt werden können, wobei die Fasern vor übermäßigem Abrieb geschützt werden und während des gesamten Prozesses die Textilqualität der Faser erhalten bleibt. Nachdem die Stängel entkernt waren, bestand der nächste Schritt bei der Vorbereitung des Hanfs für das Wollmahlsystem darin, das restliche Lignin weiter aus der Faser zu entfernen, so dass der

Hanf weich genug war, um mit Proteinfasern vermischt zu werden. Unsere Bemühungen, den Hanf weicher zu machen (bekannt als Degummierung), waren ein fortlaufendes Projekt zur Erforschung ökologisch ausgerichteter Methoden wie der Verwendung von Enzymen, recycelten Wasserbädern, komprimiertem flüssigem Kohlendioxid und UV-Lichtbehandlungen. Diese Technologien werden ständig verfeinert, um die ökologischsten Lösungen zu finden, mit denen diese Faser in einem vernünftigen Umfang weich gemacht werden kann.

BRENNNESSELN UND ANDERE NATÜRLICHE PFLANZENFASERN

Es gibt noch viele andere Pflanzenfasern außer denen, die wir durch unsere eigenen bioregionalen Erkundungen und die Fibershed-Forschung kennengelernt haben. Jede der in diesem Abschnitt erwähnten Fasern würden eigene Kapitel verdienen, um die Sorten und Verarbeitungsgeschichten detaillierter zu erklären, und ihre Schönheit allein würde eine eingehendere Untersuchung rechtfertigen. Hundebann, Ramie, neuseeländischer Flachs, Kenaf, Kapok, Lotus, Seidenpflanze, Sisal, Ananas und Kokosnuss (um nur einige zu nennen) sind alles Arten, die Fasern in Textilqualität erzeugen.

Brennnesseln *(Urtica dioica)* sind besonders vielversprechend, obwohl sie schnell auf die stechenden Widerhaken ihrer Blätter und die schmerzhaften Hautausschläge reduziert werden, die sie verursachen. Diese glänzende Bastfaser stammt aus den Stielen der Brennnesselpflanze, und das daraus hergestellte Gewebe ähnelt dem von Leinen, ist jedoch stärker (besonders, wenn es nass wird) und etwas kürzer. Obwohl sie feiner als Flachsleinen ist, ist die Brennnesselfaser etwas steifer, was sie für Kleidung und andere Textilien, die mehr Struktur benötigen, wie zum Beispiel Jacken, nützlich macht. Sie lässt sich auch problemlos mit anderen Naturfasern mischen. Die Verwendung von Brennnessel in Textilien und für Fäden gibt es mindestens seit dem Mittelalter, obwohl sich heute Hinweise finden, dass ihre Verwendung bis in die Bronzezeit in Europa zurückreicht. Die mehrjährige Pflanze wurde auch wegen der medizinischen und ernährungsphysiologischen Eigenschaften ihrer Widerhaken angebaut (beim Kochen verlieren sie nämlich ihren Stachel). Im Laufe der Zeit wurde Brennnesselstoff durch importierte Seide, Baumwolle und andere Stoffe ersetzt. In jüngster Zeit ist

Die Seidenpflanze als Textilfaser

In Nordamerika gibt es 73 Arten der Seidenpflanze, von denen viele selten, bedroht und gefährdet sind. Die Seidenpflanze ist die primäre Wirtspflanze für Monarchfalter. Sie bietet Nahrung für die jungen Monarchenlarven, während sie gleichzeitig ein schützendes *Herzglykosid*, ein natürliches Toxin, bereitstellt, das den Monarchfalter für die meisten Raubtiere ungenießbar macht. Leider sind die Monarchenpopulationen an der Westküste Nordamerikas fast bis zum Aussterben einiger Arten zurückgegangen. In Kalifornien werden die Überwinterungsplätze der Schmetterlinge in Gebieten überwacht, die vor Minusgraden geschützten Lebensraum bieten. Im Winter 2018 wurden von zivilen Biolog*innen weniger als 30.000 Schmetterlinge gezählt, verglichen mit mehr als 192.000 im Jahr 2017, mehr als 1 Million im Jahr 1997 und mindestens 4,5 Millionen in den 1980er Jahren. Die letzte Zählung zeigt einen Rückgang der Population um 97 Prozent. Die Xerces Society – eine gemeinnützige Organisation, die sich auf den Schutz von Wirbellosen konzentriert – fordert schnelle Maßnahmen zur Wiederherstellung des Brut- und Wanderlebensraums. Der Verlust des Lebensraums ist durch den Einsatz von Pestiziden und Herbiziden in Wohn- und landwirtschaftlichen Gebieten aufgetreten, wo auch der Grundwasserspiegel durch den Menschen gesunken ist, so dass die schlammigen Tümpel und feuchten Böden, die den Monarchen Feuchtigkeit spenden, ebenfalls verschwunden sind. Die Monarchpopulationen im östlichen Teil Nordamerikas sind seit langem rückläufig, doch im Jahr 2018 wurde ein Anstieg der Population um 144 Prozent festgestellt. Worauf der Anstieg der Populationen zurückzuführen ist, wird noch untersucht. Wir wissen jedoch, dass es inspirierende Bemühungen gibt, den Lebensraum für Monarchen in genau den Agrarlandschaften zu verbessern, in denen die Ausrottung der Seidenpflanze durch den Einsatz von Herbiziden früher üblich war. Projekte in landwirtschaftlichen Gemeinden in Vermont und Kanada bauen beispielsweise mehr als 250 Hektar Seidenpflanzen speziell für ihre Fasern an. Dr. Heather Darby von der University of Vermont erklärt in einem Interview, dass die als *Akon* bekannte Faser der Seidenpflanze nachweislich eine höhere Wärmeeffizienz hat als alle synthetischen Materialien und auch als natürliche Materialien wie Gänse- und Entendaunen. Akon ist hohl und auch hydrophob (was bedeutet, dass sie wasserfest ist). Seidenpflanzen können und wurden bereits effektiv verwendet als Füll- und Isolationsmaterial in Schlafsäcken, Jacken und Stiefeln. Es gibt innovative Ansätze, bei denen das Material als Isolator in Elektroautos verwendet wird und bei der Beseitigung von Ölverschmutzung hilft. Alle diese materiellen Nutzen der Pflanze können erhalten werden, während gleichzeitig die notwendigen Nahrungsmittel für die Monarchen bereitgestellt werden.

Kimberly Hagen trägt ihre Lieblingsjacke von Mae West Milkweed auf dem Campus der University of Vermont. Die Jacke wurde von Charlotte X. C. Sullivan und Alayna Rasile Digrindakis entworfen, mit von Monarch Flyway produzierter Wattierung. *Foto © Suzy Hodgson*

Brennnessel-ernte. *Foto © Mari Stuart*

das Interesse an Brennnesselstoffen jedoch wieder gestiegen, dank neuer Spinntechnologien, Pflanzenkreuzungen und den Bedenken bezüglich der negativen Auswirkungen konventioneller Baumwolle.

Die Herstellung von Brennnesselfasern erfolgt ähnlich wie bei Flachs, Hanf und anderen Bastfaserarten. Es gibt eine Vielzahl von Möglichkeiten, um die Fasern weich zu machen. Eine Methode umfasst die zuvor diskutierten Prozesse für die Hanfverarbeitung – die Stängel werden geerntet und dann auf den Boden gelegt, um bei ihrer Zersetzung durch Mikroben im Boden zu helfen. Alternativ werden sie zuerst für eine gewisse Zeit in Wasser eingeweicht, um die Geschwindigkeit weiter zu erhöhen, mit der das Lignin und Pektin, die die Faser steif machen, abgebaut werden. Die Faser kann dann vom Stängel getrennt und durch das sogenannte Riffeln, Schwingen und Hecheln mechanisch weiter aufgeweicht werden. Nach diesen Schritten kann die Faser zu Garn versponnen werden. Ein wichtiger Vorteil von

Brennnessel-
Wasserröste.
*Foto ©
Mari Stuart*

Brennnesseln ist die Leichtigkeit und Fülle, mit der sie wachsen, wobei sowohl Samen als auch unterirdische Rhizome zur Vermehrung verwendet werden. Brennnesselarten kommen auf der ganzen Welt in vielen verschiedenen Lebensräumen und Böden vor, obwohl die Pflanze Humusböden bevorzugt, was sie für Archäolog*innen zu einem idealen Hinweis auf ehemalige menschliche Siedlungen macht. Die Brennnessel hat noch mehr Positives zu bieten: Ihre stechenden Blätter schrecken Wildtiere ab und sie ist sehr konkurrenzfähig mit Unkraut. Brennnesseln produzieren außerdem einen natürlichen Farbstoff von Gelb bis Gelbgrün. Ihre bemerkenswerte Anpassungsfähigkeit und Nützlichkeit wurde sogar von Victor Hugo erkannt, der in seinem berühmten Buch *Les Misérables* schrieb: „Und was braucht die Brennnessel? Wenig Platz, gar keine Abwartung und Pflege. [...] Wollte man sich bloß ein klein bisschen Mühe geben, so würde man aus den Brennnesseln großen Nutzen ziehen."[109]

Für eine Diskussion über die Geschichte der Brennnesselfaserproduktion empfehle ich *Through the Eye of a Needle* des englischen Schriftstellers John-Paul Flintoff. Das Buch dokumentiert die Brennnesselfasernutzung in Europa. Seine Untersuchung der Brennnesselproduktion wurde zu einer praktischen persönlichen Mission, bei der er versuchte, seine eigenen Brennnesselkleidungsstücke herzustellen. Dabei lernte er die Qualität der Faserlänge zu schätzen. Er spricht vom „Entdecken der Tugenden der bescheidenen Brennnessel" und beschreibt, wie wir den medizinischen und lokalen Nährwert des Brennnesselblattes kennen und schätzen gelernt haben. Von Tees bis hin zu Slow-Food-Suppen ist die Brennnessel präsent, und doch haben wir vergessen, dass wir aus den verbleibenden Stielen auch unsere eigene Kleidung herstellen können. Sein Buch dokumentiert, dass diese Bemühungen, endemische europäische Materialien anzubauen und deren Fasern zu Kleidung zu verarbeiten, bis ins frühe 20. Jahrhundert zurückreichen. Zur Zeit des Ersten Weltkriegs kam es in Deutschland zu einer historischen Kleiderknappheit durch die von Großbritannien verhängten Sanktionen. Das deutsche Militär verlor den Zugang zum britischen Baumwollimperium, und im Zuge dessen entdeckten die Deutschen die Brennnessel wieder, bauten sie in großem Stil an und verwendeten sie sogar für ihre Militäruniformen. Diese jüngste Geschichte brachte die Erkenntnis hervor, dass es langstapelige Bastfasern im Überfluss gab, die keine externe Bewässerung und während der Anbausaison relativ wenig Pflege brauchten.

Der Prozess des Nesselkämmens und -spinnens.
Foto © Mari Stuart

DIE ZUKUNFT PFLANZENBASIERTER FASERN

Fasern und Farbstoffe auf pflanzlicher Basis haben das menschliche Leben erhalten, seit wir eine zweite Haut für unser Überleben brauchten. Sie sind die Materialien, die uns sicher in die Zukunft führen werden (wenn wir dies ermöglichen). Der aktuelle Status Quo der Textilwirtschaft macht es fraglich, wie lange wir noch eine wachsende menschliche Bevölkerung mit neuen Rohstoffen aus erschöpften Böden versorgen können. Es gibt jedoch zentrale Mechanismen zur Umgestaltung des aktuellen Modells, die uns die größten Chancen bieten, auch in Zukunft schöne, gesundheitsfördernde und anregende Textilien hervorzubringen.

Es hat sich gezeigt, dass Pflanzenfasern Recyclingsystemen standhalten, die aus alten Kleidungsstücken neue machen, so dass ein Kleidungsstück auf pflanzlicher Basis in einigen Fällen mindestens drei- und bis zu fünfmal erneuert werden kann. Recyclingfähigkeit ist ein wichtiger Aspekt des Gesamtkonzepts für die Zukunft von Naturfasern. Ein ebenso wichtiger Aspekt ist, unseren Konsum zu verlangsamen – Qualität statt Quantität zu kaufen und eine Kultur zu schaffen, die Kleidungsstücke wie Erbstücke behandelt. Sind diese wichtigen Strategien erstmal im Bewusstsein, können wir uns der Frage zuwenden, wie wir in Zukunft pflanzliche Fasern und Farbstoffe anbauen. Wir haben am Anfang dieses Buches die entscheidende Bedeutung der Wiederherstellung des Kohlenstoffspeichers in unseren Böden als Strategie zur Wassereinsparung und zur Eindämmung der Klimakrise untersucht – Bemühungen, die noch vollständig umgesetzt werden müssen. Wenn wir beginnen, den historischen Kohlenstoffgehalt unseres Bodens wiederherzustellen, werden wir noch weitere Möglichkeiten entdecken und diese Bemühungen zur Bodensanierung mit kreativen Ansätzen für die Verflechtung von Funktionen in unseren Agrarlandschaften verbinden: Indem wir unsere Nahrungs-, Farbstoff-, Pflanzen- und Kraftstoffsysteme integrieren, entsteht eine Verkettung von Bemühungen, die neue Möglichkeiten einer gesunden und wirklich regenerativen Faser-und-Farbstoff-Zukunft offenbaren.

Recyclingfähigkeit ist ein wichtiger Aspekt des Gesamtkonzepts für die Zukunft von Naturfasern.

Die Gestaltung integrierter Landschaften bedeutet, dass unsere Faser-und-Farbstoff-Systeme ganz oder teilweise deutlich anders funktionieren könnten als die heutigen Monokulturfelder und Produktionsverfahren mit hohem Input. Viele regionalspezifische landwirtschaftliche Lösungen warten auf unsere kreative Aufmerksamkeit. In einer von vielen Zukunftsvisionen für Fasern,

Nahrungsmittel und Farbstoffe halte ich es in dem gemäßigten Klima, in dem ich lebe, für durchaus möglich, dass Pflanzenfasern in einem Agroforstsystem geerntet werden könnten. Beispiele für Baumarten und ihren Facettenreichtum sind:

FÄRBER-EICHEN, die nährstoffreiches Eichelmehl und reichhaltige Tannine liefern, die helfen, natürliche Farbstoffe an Fasern zu binden.

MAULBEERBÄUME, die Superfood für den Menschen und Blattfutter für Seidenraupen produzieren.

SCHWARZNUSSBÄUME, die für Menschen genießbare Proteine und farbechte tiefbraune Farbstoffe produzieren.

OLIVENBÄUME, die Öle produzieren, die reich an Vitamin E, Vitamin K und einfach ungesättigten Fetten sind, sowie Blätter tragen, die rosa und graue Farbpaletten ergeben.

Jede dieser Baumarten bietet Deckung für einen Unterwuchs verschiedenster Arten, darunter Hundsgiftgewächse, Flachs, Hanf oder Baumwolle, die im saisonalen Wechsel mit traditionellen Getreidesorten und Polykulturen von Gemüse angepflanzt werden können. Jede dieser Untersaatkulturen könnte saisonal von robusten traditionellen Schafen, Ziegen und Kühen beweidet werden, um den Nährstoffkreislauf zu unterstützen und zusätzliche Textilfasern und Nahrung bereitzustellen. Die reichhaltigen Fettsäuren und medizinischen Wirkstoffe der Bastfaserarten – insbesondere Hanf und Flachs – sind das Hauptinteresse der menschlichen Nutzung. Textilfasern könnten dabei in vielen Fällen als Nebenprodukt abfallen.

Auf den Flächen, die an diese integrierten Agroforstsysteme angrenzen, stelle ich mir Hecken als Lebensraum und Nahrungsquellen für Zugvögel sowie als Futter für Bestäuber vor; natürliche Färbe- und Beschneidungsverfahren könnten dazu beitragen, diese Pflanzungen zu erhalten und die Schnittstelle zwischen dem, was wir als Wild- und Nutzpflanzen betrachten, weiter zu verwischen. Wie auch immer die Zukunft unserer Faser-, Färbe-, Nahrungs-, Brennstoff- und Pflanzensysteme aussehen mag, sie werden sicher die besten Chancen haben, die angestrebten ökologischen Ergebnisse zu erzielen, wenn die Gestaltung von denjenigen geleitet wird, die ihre Verbindung zu einem bestimmten Ort kennen und lieben und die Gleichberechtigung und den Zugang zu dem Land haben, um ihr Wissen über die Bewirtschaftung als Teil einer beständigen und lebenslangen Praxis anzuwenden.

Danielle Svehla hat diesen Pullover aus ungefärbten Alpakagarnen gestrickt, die von der Renaissance Ridge Farm in Mt. Aukum, Kalifornien, kommen. Danielle arbeitete an dem Stück während ihrer Promotion an der UC Berkeley; ihre Forschung konzentrierte sich auf die Auswirkungen des Klimawandels auf Bergregionen und deren Waldlandschaften.

6. Die Vision umsetzen mit Tierfasern und Manufakturen

Es gibt viele Tiere, die ihr eigenes natürliches Fell erzeugen. Im Laufe der Jahrtausende haben sie diese Fasern mit den Menschen geteilt. Ursprünglich geschah dies, indem sie ihr Fell an den Dornen von Beerensträuchern und der Rinde von Bäumen abwarfen. So konnten die Menschen die Büschel sammeln und filzen, spinnen, weben und stricken. Diese Aktivität fand statt, lange bevor wir damit begannen, unsere tierischen Mitbewohner zu domestizieren und sie jährlich zu scheren. Wir Menschen verlassen uns seit langem auf Tiere als Nahrungsquelle, und so haben wir bei der Jagd und der Haltbarmachung von tierischen Proteinen das ganze Tier verwertet und die Felle und Häute verarbeitet. Diese Materialien bildeten historisch gesehen die Grundlage für unseren Schutz, sowohl in Form von Kleidung als auch in Form von Häusern.

In diesem Kapitel werde ich mich in erster Linie mit Schafwolle und ihrer Rolle für unsere regionale Faserwirtschaft befassen (hauptsächlich, weil diese Faser in meiner Region zur vorherrschenden Proteinfaser geworden ist). Ein wichtiger Aspekt bei der Entwicklung eines regionalen Faser-und-Farbstoff-Systems besteht darin, zunächst zu überlegen, was bereits reichlich vorhanden und verfügbar ist und wie der Austausch zwischen den anbauenden Landwirt*innen und den Träger*innen verbessert werden kann. Es ist wunderbar, unsere regionalen Faser-und-Farbstoff-Systeme zu diversifizieren und um neue Texturen und Farben zu erweitern. Es ist auch wichtig, den Aufbau von Gemeinschaften anzuregen, um unsere Aufmerksamkeit auf die Landwirt*innen zu richten, die bereits hart daran arbeiten, diese nützlichen Materialien herzustellen.

WOLLE: DIE WICHTIGSTE ZUTAT FÜR LOKALE KLEIDUNG

Wolle hat sich seit vielen Jahrtausenden mit den Kräften der Natur und dem menschlichen Verhalten weiterentwickelt. Einer der bekanntesten Wollproduzenten, das Schaf *(Ovis aries)*, wurde vor 8.000 bis 10.000 Jahren in Mesopotamien und im Iran domestiziert und lebt seitdem neben dem Menschen. Damals waren Schafe eher behaart als wollig, so dass sie vor allem als Milch- und Fleischquelle geschätzt wurden. Die Schafzucht für Wolle fand erst in den darauffolgenden 2.000 Jahren statt. Der erste archäologische Nachweis von Wollvlies stammt aus der Zeit vor etwa 4.000 Jahren, als spezielle Werkzeuge zur Textilherstellung auftauchten. Eines der frühesten gefundenen Wolltuchstücke ist etwas mehr als 3.000 Jahre alt und hat sich in einem dänischen Torfmoor perfekt erhalten. Im Laufe der Jahrhunderte verbreiteten sich domestizierte Schafe und ihre Hirt*innen in vielen verschiedenen Klimazonen auf der ganzen Welt. Gemeinsam passten sie sich an eine Vielzahl von Temperaturbereichen, Niederschlagsmustern und Terrains an (das Schaf wurde mit der Zeit auch so gezüchtet, dass es mehr Wolle produzierte). Während meiner einjährigen Wardrobe Challenge war Wolle die am leichtesten erhältliche Faser für Kleidungsstücke aus unserer Bioregion und ist es bis heute geblieben.

Die natürlichen Eigenschaften der Wolle machen sie zu einem außergewöhnlichen Material für die Herstellung unserer Kleidung. Ihre Charakteristika sind einzigartig; Wolle absorbiert Wasserdampf sowohl aus der Luft als auch aus dem Schweiß der Träger*innen, durch die poröse Beschichtung, die ihre Schuppen bedeckt. Die Faser kann 30 Prozent ihres Gewichts an Wasserdampf aufnehmen, ohne sich feucht oder klamm anzufühlen. Wolle ist auch ein bekannter Temperaturregulator – Energie wird freigesetzt, wenn Wasserdampf in die Faser eindringt. Dies bietet sowohl dem Schaf als auch den Wollträger*innen Wärme. Ein Kilogramm Wolle kann so viel Energie produzieren, wie der menschliche Stoffwechsel innerhalb einer Stunde erzeugt. Wenn Wolle hingegen in eine trockene und warme Umgebung gelangt, hat die Faser einen kühlenden Effekt, da sie Feuchtigkeit wieder abgibt. Bemerkenswert ist auch die Feuerbeständigkeit von Wolle – sie hat die höchste Zündschwelle aller Naturfasern (bis zu 600 Grad Celsius) und ist selbstlöschend. Wolle ist biologisch abbaubar – die Faser kann sich innerhalb von Monaten zersetzen, je nachdem, wie sie kompostiert oder in den Boden zurückgeführt wird. Wolle ist für ihre Nützlichkeit bekannt und für viele Menschen die erste Wahl für Hochleistungsaktivitäten, sei es beim Marathonlauf oder beim Hüten von Schafen. Die Faser ist formbar, strapazierfähig und bequem, was sie für alle Jahreszeiten und alle Arten von Aktivitäten nützlich macht.

Die Vielfalt der Wollsorten entspricht der Vielfalt der Holzprodukte, die man* für den Hausbau verwenden kann. Tischler*innen wissen, dass bestimmte Holzarten besser für Balken oder Bretter geeignet sind als andere und nicht jedes Holz für jede Anwendung verwendet werden kann; das Material muss der langandauernden Nutzung des Hauses gerecht werden und verschiedene Funktionen erfüllen. In dieser Hinsicht ähnelt Wolle Holz; es gibt viele Arten von Wolle von vielen Rassen, einschließlich Ziegen, auf der ganzen Welt, und sie dienen vielen verschiedenen Zwecken. In diesem Kapitel konzentriere ich mich auf Schafe.

Warum es auf die Schafrasse ankommt

Viele von uns, die Kleidung aus Wolle tragen, haben nur ansatzweise verstanden, was die verschiedenen Schafrassen produzieren und was diese Materialvielfalt für die Herstellung von hochspezialisierten, langlebigen, funktionellen Kleidungsstücken und Gebrauchsgegenständen in Erbstückqualität bedeuten könnte. Bei der Erkundung unseres Fibersheds auf der Suche nach Kleidungsstücken für die Wardrobe Challenge entdeckte ich eine breite Palette von Wollsorten und Schafrassen. Es gab und gibt immer noch eine Gruppe von Herdenbesitzer*innen in der Gegend, hauptsächlich weibliche Viehzüchterinnen, die durch die jahrelange Schafzucht und die Herstellung ihres eigenen Garns ein tiefes Verständnis für die verschiedenen Eigenschaften der Wolle ihrer Tiere entwickelt haben. Alle in dieser kleinen und engagierten Gruppe haben ihr Lebenswerk auf die Produktion hochwertiger Fasern durch kunstvolle Züchtungspraktiken konzentriert. Ich wollte so viel wie möglich von ihnen lernen. Ich verbrachte Nachmittage in den heißen, bewässerten grünen Weiden von Orland, Kalifornien, und lernte die leuchtenden Eigenschaften von Cormo-Wolle kennen. Mehrere Stunden weiter westlich fanden wir uns auf den Weiden neben der Tomales Bay wieder und genossen die raue Textur und die farbenfrohen Vliese, die von traditionellen Churro-Schafen produziert werden.

Isländische Schafe, gehalten von Sophie Sheppard. *Foto © Sarah Lillegard*

Nachdem ich mich in historische Referenzdokumente zur Schafzucht vertieft und einige praktische Experimente durchgeführt hatte, wurde mir klar, dass Wolle, die aus rassespezifischen Herden hergestellt wurde, für gewisse Zwecke bestimmt war. Außerhalb dieses etablierten Anwendungskanons zu experimentieren wäre unüberlegt gewesen. Eine in unserer Region häufig vorkommende Schafrasse, die als Corriedale bekannt ist, produziert eine Wollsorte, die sich für die Sockenherstellung als sehr nützlich erwiesen hat. Strapazierfähig und weich, aber nicht zu weich, hält die Corriedale-Faser Abrieb gut stand. Socken aus Corriedale-Wolle halten mindestens doppelt so lange wie Socken aus weicheren und feineren Wollen. Die natürlichen Farben der Jacob-Vliese ergaben wunderschöne, natürliche, mehrfarbige Kleidungsstücke und auch Socken, die gerade weich genug waren, um auf der Haut getragen zu werden. Für farbenfrohe Strickteile in Grautönen war kein Farbstoff erforderlich. Romney- und Churro-Wolle können zu strapazierfähigen braunen, grauen und schwarzen Tragetaschen und breitkrempigen Hüten gefilzt werden; und Garne aus perlweißer Cormo-Wolle können für eine Reihe von direkt auf der Haut getragenen Kleidungsstücken verwendet werden, einschließlich solcher, die empfindliche Stellen wie Hals und Handgelenken berühren.

Die Textur dieser Wollsorten und die verschiedenen Arten, auf die die Wolle zu Garn gesponnen wird, bieten einzigartige physikalische Reaktionen. Diese rassespezifischen Garne zeigen weitere individuelle Reaktionen, wenn sie in die Farbwanne getaucht werden. Eine Merinowolle nimmt Farbstoffe mit einer Art mattem Finish auf, während eine Wensleydale-Wolle den Farbstoff schillernd reflektiert, ähnlich einem Glanzfinish. Diese Variationen der Farbstoffaufnahme legen wiederum die Grundlage für eine völlig neue Kombination von Farb- und Strukturformen, die vielen von uns, die Wolle in der Vergangenheit als homogene Faser betrachtet haben, unbekannt war. Die vielfältigen Farb- und Texturforschungen, die in unserem Fibershed stattfinden, und die reichhaltigen menschlichen und natürlichen Ressourcen, die sie offenbaren, machen es schwer, sich vorzustellen, dass wir zu Lebzeiten an die Grenzen der vielen Nutzungsmöglichkeiten von Wollfasern kommen könnten.

Socken aus Corriedale-Wolle halten mindestens doppelt so lange wie Socken aus weicheren und feineren Wollen.

Wenn wir uns vom Land leiten lassen, eröffnen sich viele textile Gelegenheiten. All diese Farb- und Formmöglichkeiten werden aus einer einfachen Grundlage generiert: Grasbeweidung von Schafen eignet sich für die Küstengebirge Kaliforniens ebenso wie für die Hänge der östlichen Ausläufer der Sierra Nevada. Schafe gedeihen auch im Central Valley unseres Staates bestens, selbst wenn sie in den Weinbergen und Obstgärten weiden. Unsere Fibershed-Gemeinschaft züchtet die folgenden Schafrassen: Shetland, Romney, Corriedale, Merino, Rambouillet, Romeldale, California Variegated Mutant, Suffolk, Churro, Jacob, Island, Bluefaced Leicester, Cheviot, Ouessant, Targhee, Columbia, Dorper (die keine Qualitätsfaser produzieren), Perendale, Southdown Babydoll, Wensleydale, Cormo und eine Vielzahl von Hybriden. In unserer Gegend sind auch Huacaya- und Suri-Alpakas sowie Mohairziegen, Lamas, Angorakaninchen und einige schöne Guanakos (in Südamerika beheimatete kamelartige Tiere) gut vertreten. Die Vielfalt der Rassen ist sowohl aufgrund der Vielfalt der Klimazonen in unserer Region als auch der neugierigen und beharrlichen Herdenbesitzer*innen möglich, die im Rahmen ihrer landwirtschaftlichen Missionen die Vielfalt und den Erhalt von Erbrassen suchen. Diese Vielfalt gibt es nicht nur in unserem Staat, sondern in vielen anderen Teilen der Welt.

Wenn eine Gemeinde versucht herauszufinden, welche Arten von landbasierten Wirtschaftsentwicklungsprojekten möglich sind, ist es wichtig, zuerst zu lernen, was das Land produzieren kann oder bereits großzügig und reichlich produziert. Die Antwort auf die Frage, was hinsichtlich Tierfaser-Textilien möglich ist, muss mit einer Bewertung von Weiden, Ernterückständen für die Beweidung und dem Futter auf Weideflächen beginnen. Die Ökologie des Ortes – Regen, Nebel, Wind, Futter, Boden und Jahreszeiten – definiert die Qualität und Quantität von Wolle in jeder Region. An der kalifornischen Küste, insbesondere in den ökologischen Zonen um die Regionen Marin, Sonoma, Mendocino und in den Humboldt Counties, neigen die großen Herden dazu, eine deutlich gröbere Wolle mit hohem Micronwert zu produzieren. Diese Wolle hat eine Qualität, die sich gut für einige Arten von Oberbekleidung, ein robustes Paar Socken, Bettwäsche, Haushaltswaren und andere langlebige Waren eignet. Viele der Schafe an der Küste sind kontinuierlich dem Küstennebel ausgesetzt. Diese Feuchtigkeit hält unsere Küstenwälder in gemäßigten Zonen mit all ihrer Vielfalt gesund. Sie definiert auch die Parameter dafür, für welche Schafrassen diese Bedingungen geeignet sind.

Corriedale, Romeldale, Wensleydale, Suffolk und Ouessant (um nur einige zu nennen) sind Rassen, die ein etwas gröberes Vlies und Fasern mit größeren Durchmessern (Micron) haben, wodurch sie in Küstenlandschaften gedeihen können. Feuchtigkeit dringt leichter durch ihre Wollmäntel als durch die dichteren Vliese der Feinfaserschafe wie Rambouillet und Merino. Wenn ihr ins Landesinnere in unsere heißeren und trockeneren Täler und in die Vorgebirgsregionen reist, seht ihr in diesem trockeneren Klima Schafe wie Merino und Rambouillet, die ein dichteres und feineres Fell haben. Durch ein besseres Verständnis von Mikroklimata und der biologischen Vielfalt, die sich aus den verschiedenen Klimazonen ergibt, entfaltet sich ein Bild unserer Möglichkeiten zur Textilherstellung.

Schafe und Weinberge

Einige kalifornische Weingüter und Winzer*innen bemühen sich erneut um bodenverbessernde und restaurierende Maßnahmen. Dazu gehören: die Kompostierung übrig gebliebener Traubenschalen und -stiele, die dem Boden zugesetzt werden, um die Kohlenstoffvorräte zu erhöhen, das Anpflanzen von Bodendeckern zwischen den Weinrebenreihen, um den Boden vor Erosion zu schützen, das Anlocken nützlicher Insekten durch die Art der angebauten Deckfrüchte und der Verzicht auf Düngemittel auf Basis fossiler Brennstoffe. Mit Abstand eine der faszinierendsten Veränderungen war die Einführung der Schafbeweidung. Man* geht davon aus, dass die Integration von Schafen in agrarökologische Anbausysteme positive Auswirkungen auf die Bodengesundheit, den Nährstoffkreislauf und die Kohlenstoffspeicherung hat. Bis vor Kurzem waren jedoch nur sehr wenige wissenschaftliche Daten über diese vermeintlichen Vorteile gesammelt und analysiert worden. So beschlossen Kelsey Brewer und Dr. Amelie Gaudin von der Abteilung für Pflanzenwissenschaften der University of California-Davis, eine Überwachungsstudie zu schafbeweideten, mehrjährigen Ackerlandsystemen durchzuführen.

Gaudins Team überwachte und verglich Weinberge, die von Schafen beweidet wurden, sowie angrenzende, mechanisch gemähte Standorte (beide Verfahren werden verwendet, um die Biomasse zwischen den Reben zu regulieren). In den beweideten Parzellen lagen die Bodenkohlenstoffvorräte tendenziell höher als in den unbeweideten; dort wurden zusätzliche 5.000 bis 7.000 Kilogramm Kohlenstoff pro Morgen (etwa 4.000 Quadratmeter) aufgefangen und gespeichert (die verglichenen Parzellen enthielten ähnliche Bodentypen, Hanglagen, Reb-/Unterlagensorten und Bewässerungsbedingungen). In den beweideten Parzellen war die Gesamtmenge an Bakterien und Pilzen sowie die Diversität dieser Mikroben in geringen Bodentiefen (der sogenannten *labilen Schicht*, in der ein großer Teil des Kohlenstoffkreislaufs stattfindet) höher, einschließlich nützlicher Mikroben wie *arbuskulärer Mykorrhizapilze*. Die Mengen an *saprophytischen Pilzen*, die für den Abbau von Pflanzenmaterial wichtig sind, waren in den beweideten

Proben deutlich höher. Die beweideten Parzellen hatten außerdem einen höheren Gehalt an pflanzenverfügbarem Phosphor, einem essenziellen Mineral für die Pflanzengesundheit; zudem waren die Stickstoffpools höher, was vermutlich mit dem Urin der Schafe zusammenhängt. Die Analyse bestätigte, was Befürworter*innen von integrierten Schaf-Weinberg-Systemen (kurz ISVS, aus dem Englischen: „integrated sheep-vineyard systems") angepriesen hatten: „Unsere Ergebnisse bestätigen, dass ISVS ein erhebliches Potenzial haben, die C-[Kohlenstoff-]Speicherung im Boden zu erhöhen und wichtige Ökosystemsynergien wie mikrobielle Funktionen und biogeochemische Kreisläufe zu verbessern", so Brewer.[110]

Robert und Jaime Irwin von Kaos Sheep Outfit ziehen mit ihrer Herde in die Weinberge in Mendocino County, um die Vegetation zwischen den Reben abzugrasen.

ALPAKAS, YAKS, ZIEGEN, KANINCHEN, SEIDENRAUPEN UND MEHR

Es gibt viele andere Arten von Tieren mit tollen Fasern, die in unserem Fibershed und anderen Fibershed- Gemeinschaften gehalten werden, unter ihnen Angora- und Kaschmirziegen, Angorakaninchen, Suri- und Huacaya-Alpakas, Guanakos, Kamele, Yaks und Moschusochsen, die in die aus ihren Fasern hergestellten Textilien jeweils ganz eigene, weiche Texturen und vielseitige Farben einbringen. Kaschmirziegen zum Beispiel produzieren eine sehr feine Faser und leben bevorzugt in höheren Lagen, wo die kühlen Temperaturen die Tiere dazu veranlassen, größere Mengen superweicher Daunenfasern zu produzieren.

Yak-Faser

Yaks produzieren eine sehr weiche und feine Faser, die für ihre überwiegend schwarzen und braunen Farbtöne geschätzt wird. Das Chokurei-Yak-Projekt in Saguache County, Colorado, auf einem Plateau unterhalb des Sangre-de-Cristo-Gebirges in 7.000 Metern Höhe, produziert kleine Mengen natürlich schwarzer Yak-Fasern für die Verwendung in manuellen Spinnereien. Ein weiteres Yak-Faser-Projekt konzentriert sich auf den Geburtsort des Yaks auf dem tibetischen Plateau. Bekannt als Norlha, wurde es von einer Gruppe von Hirt*innen, Spinner*innen, Weber*innen und Stricker*innen gegründet. Sie haben sich der Herstellung exquisiter und erstklassiger Textilien in ihrem regionalen Fibershed verschrieben. Eine der Designerinnen von Fibershed, Danielle Svehla, wurde zum Norlha-Projekt eingeladen. Sie sollte die Kunsthandwerker*innen bei der Entwicklung von Näh- und Strickmustern unterstützen und demonstrieren, wie regional ausgerichtete Fasersysteme sich zur Verfeinerung des Terroirs (also der Faktoren einer Gegend, die die dort wachsenden Pflanzen prägen) ihrer eigenen Textilentwicklung gegenseitig unterstützen und verbessern können.

Sowohl Yaks als auch Ziegen produzieren sehr geringe Mengen an verarbeitbaren Fasern pro Tier – eine Ziege produziert nur etwas mehr als 100 Gramm Kaschmirfasern pro Jahr. Die Tiere müssen vorsichtig gekämmt werden, um an diese weiche, flaumige Faserschicht zu kommen. Ähnlich verhält es sich mit der Yak-Faser, bei der die weichste und hochwertigste flaumige Unterwolle jedes Jahr von Hand vom Tier gekämmt werden muss.

Es handelt sich um empfindliche Fasern, und es ist wichtig zu bedenken, dass diese Materialien einen hohen Preis erfordern.

Alpaka

Suri- und Huacaya-Alpakas sind domestizierte, südamerikanische kamelartige Tiere, die 2008 vom Landwirtschaftsministerium der Vereinigten Staaten offiziell als Nutztiere eingestuft wurden. Fünf Jahre später belief sich die Alpakaproduktion in den Vereinigten Staaten auf etwa 178.000 Tiere. Das Huacaya-Alpaka macht den größten Teil dieser Zahl aus und produziert eine weiche und leicht gelockte Faser, während die Suri-Alpakas eine längere, seidigere Faser produzieren, die sehr schön fällt. Alpaka-Fasern enthalten Luftblasen, die sie zu einer unglaublich isolierenden Faser machen.

Alpakas werden jährlich geschoren. Die Rohfaser enthält kein Lanolin wie Schafwolle und muss daher weniger oft gewaschen und aufbereitet werden. Alpaka-Fasern haben glattere Schuppen als Wollfasern und fühlen sich daher auf unserer Haut anders an als Wolle. So kann die Zugabe von Alpaka zu Wolle den Tragekomfort eines Textils verbessern. Alpaka erzeugt allein außergewöhnlich weiche und schön fallende Textilien. Viele Alpaka-Hersteller*innen ziehen es vor, Garne nur aus Alpaka-Fasern herzustellen, um die Qualität und die spezifischen Eigenschaften dieser Faser im veredelten Produkt zu erhalten. Alpaka kann jedoch auch mit Schafwolle gemischt werden (wie alle anderen Pflanzen- oder Proteinfasern), da es der Wolle spezifische Eigenschaften verleiht, die die Qualität des Garns verbessern – Schafwolle ist kraus und Alpaka nicht. Das Mischen von Wolle und Alpaka zu einem einzigen Garn kann einem fertigen Textil mehr Elastizität verleihen und ein Kleidungsstück kann nach dem Dehnen besser seine ursprüngliche Form annehmen. Während die Vereinigten Staaten keine lange Geschichte der Verarbeitung von Alpaka-Fasern haben, arbeiten Menschen daran, den Hersteller*innen die Verarbeitung zu ermöglichen. Ein innovatives Modell in Neuengland, bekannt als der New England Alpaca Fiber Pool (NEAFP), hat Alpakazüchter*innen im ganzen Land die Möglichkeit gegeben, die Fasern ihrer Herden in alle möglichen schönen Endprodukte zu verwandeln. So konnten sie Handschuhe, Mützen, Schals und Mäntel, Stiefeleinsätze, Strickgarn und Häkeldecken herstellen.

Angora

Angoraziegen und -kaninchen sind kleine Pflanzenfresser, deren Zucht wir bereits in verschiedenen Größenordnungen, von einem winzigen städtischen Gehöft bis zu einer 1.000 Hektar großen Ranch, beobachtet haben. Angoraziegen produzieren *Mohairfasern* mit einer Geschwindigkeit von ungefähr zwei Zentimetern pro Monat. Der weiche Mohair hat einen unglaublichen Glanz und Geschmeidigkeit. Benannt nach Ankara, der historischen türkischen Provinz, in der sie seit vielen Jahrhunderten gezüchtet werden und gedeihen, wurden Angoraziegen bis 1849 nicht aus der Region exportiert. Es ist herzerwärmend, kleine lockige Ziegen miteinander auf einer Weide herumtollen zu sehen.

Angorakaninchen sind die einzigen Tiere, die Angorafasern produzieren (Angoraziegen produzieren Mohair), eine der wärmsten bekannten Fasern in unserem Angebot, und ihr könnt sie in eurem Garten halten. Die sehr weichen und flauschigen Säugetiere produzieren recht kleine Mengen an Fasern, aber deren wärmespendende Eigenschaften kommen zum Tragen, wenn Angora mit anderen, häufiger vorkommenden Materialien wie Wolle

Fibershed-Mitglied Marnie Jackson führt beim Fibershed-Wool-Symposium das Handscheren eines Angorakaninchens vor.

gemischt wird. Es gibt deutsche und englische Angorakaninchen, und beide müssen alle 90 Tage bis vier Monate geschoren werden, damit ihr Fell nicht zu stark verfilzt. Einige Handspinner*innen setzen ihre Kaninchen auf ihren Schoß, scheren oder kämmen die Tiere, während sie die Fasern auf ihre Spinnräder übertragen. Sowohl Angorakaninchen als auch Ziegen produzieren Fasern, die Wollgarne auf Schafbasis wunderbar ergänzen, indem sie ihnen Glanz, Wärme, eine glatte Textur und Gewicht verleihen. Wenn ihr jemals einen 100-prozentigen Angora-Pullover getragen habt, werdet ihr schnell gemerkt haben, dass nach jedem Tragen ein wenig Angora an euch zurückbleibt. Diese Fasern „haaren", was ein weiterer Grund ist, sie mit anderen Fasern zu mischen.

Seide

Seide ist eine Proteinfaser, die aus der Jungsteinzeit stammt und aus den Kokons der Seidenraupe gewonnen wird. Die Züchtung von Seidenraupen zur Seidenproduktion begann vor 5.000 bis 7.000 Jahren in China. Die aus Seide gewonnene Faser gilt als eines der besten Materialien für Skifahrer*innen, Rucksacktourist*innen und Ausdauersportler*innen, die in kalten Klimazonen trainieren, da sie Feuchtigkeit ableitet und schnell trocknet. Einhundertprozentige Seide-und-Woll-Seide-Mischungen sind bevorzugte Materialien für Funktionsunterwäsche. Heute werden in mehr als 20 Ländern viele verschiedene einheimische Seidenraupenarten gezüchtet, die sich alle von Maulbeerblättern ernähren.

Nach der Reife spinnt die Seidenraupe einen Kokon aus langen Fäden. Bei der typischen Seidenproduktion werden die Würmer und ihre Kokons gekocht. In traditionellen Gemeinschaften wird der Wurm dann als Proteinquelle gegessen und die Seide zur Herstellung von Garn geerntet. Die langen Fäden aus dem Kokon sind extrem stark und können eine Länge von 500 bis 1500 Metern erreichen, was angesichts der Quelle ziemlich viel ist. Es gibt Seidenherstellungsverfahren, die einen Stoff erzeugen, der als Friedensseide bekannt ist; anstatt die Würmer zu kochen, sobald ihre Arbeit erledigt ist, ermöglichen diese Methoden den Seidenspinnern, aus ihren Kokons zu entkommen, um ihr Leben (das eine Woche oder länger dauert) zu leben, sich zu paaren und Eier zu legen, bevor sie sterben. Es ist jedoch wichtig, die Rolle der Seidenraupe als Nahrungsquelle für Gemeinschaften zu berücksichtigen, die oft nur wenige andere Proteinquellen haben. Bisher haben wir in unserer Region oder in anderen angeschlossenen Fibershed-Organisationen noch kein groß angelegtes Seidenprojekt gesehen, aber es gab viele Gespräche darüber, wie dieses zukünftige Projekt aussehen könnte.

DIE BEDEUTUNG VON MANUFAKTUREN

Verarbeitungsbetriebe sind die bedeutendsten Infrastrukturinvestitionen, die unsere Gemeinden benötigen, um die Textilindustrie zu dezentralisieren und die regionale Wirtschaft wiederzubeleben. Die Gesamtsituation mit zentralisierter Verarbeitung und großflächigem Rohstoffanbau (der Anbau von Feldfrüchten, die nicht als Nahrungsmittel dienen, sondern für die industrielle Verwertung z. B. als Tierfutter oder zur Herstellung von Treibstoffen), stellt dabei sowohl eine Herausforderung als auch eine Chance für das Fibershed-Modell dar. Die Umwandlung von Fasern in lokal hergestellte Textilien umfasst verschiedene Verarbeitungsprozesse, die für jedes Rohmaterial einzigartig sind, einschließlich des Öffnens, Mischens, Kardierens und Spinnens von Fasern.

Stellt euch vor, ihr würdet in einer Gemeinde leben, in der niemand eine Küche hat und wo der nächste Kühlschrank, Herd, Backofen und die Kochtöpfe sich im Ausland befinden. Es gäbe einige wenige Personen, die die Kochkunst noch kennen und ein paar Werkzeuge haben, um einfache Mahlzeiten zuzubereiten, aber nicht genug, um alle zu ernähren. Fast alle würden ihr Essen bestellen und es käme aus Übersee in Kartons ohne Zutatenlisten. Im Fall von Textilfasern sind Manufakturen die „Küchen" im System. Die wenigen Personen, die noch „kochen" können, können mit Handspinner*innen, Weber*innen oder erfahrenen Stricker*innen verglichen werden. Niemals würden wir ein Ernährungssystem akzeptieren, das infrastrukturell derart dysfunktional ist, und dennoch sind wir absolut dazu bereit, ein solch archaisches und unqualifiziertes Konzept in unserem Textilsystem hinzunehmen. Wir brauchen derzeit dringend mehr „Küchen", das heißt, wir brauchen Verarbeitungsstandorte in jedem Fibershed.

Während meines Wardrobe-Challenge-Jahres habe ich durch die tägliche körperliche Erfahrung gelernt, wie sich die Verarbeitung von Wolle und Proteinfasern auf den Körper des*der Träger*in auswirkt. Stellt euch vor, ihr nutzt lediglich dicke Pullovergarne für die Herstellung der meisten eurer Kleidungsstücke; in vielen Fällen würdet ihr die Bewegungsfreiheit verlieren. Ein Detail wurde mir sehr deutlich: Die Garnstärke des Garns (wie dick es ist) trägt entscheidend dazu bei, dass ihr euch im Alltag leicht bewegen könnt. Unsere lokal gefertigten und handgesponnenen Garne waren großartig für Pullover und Accessoires, aber nicht für ein Kleidungsstück, das als Unterhemd oder Hose getragen wird. Verarbeitungsprozesse sind der Dreh- und Angelpunkt, um die Art von Bekleidung zu kreieren, die aus einem lokalen Faserpool hergestellt werden kann. Wenn eine lokale Spinnerei Garne anbieten könnte, die fein genug für fortschrittlichere Strick- oder Webmaschinen sind, könnten unsere lokal produzierten Fasern in brauchbare, alltägliche Kleidungsstücke für alle Körperbereiche umgewandelt werden. Die Frage ist, wie klein und wie regional kann eine lokale Spinnerei sein, während sie diese Funktion zu angemessenen Preisen erfüllt?

Wenn eine lokale Spinnerei Garne anbieten könnte, die fein genug für fortschrittlichere Strick- oder Webmaschinen sind, könnten unsere lokal produzierten Fasern in brauchbare, alltägliche Kleidungsstücke für alle Körperbereiche umgewandelt werden.

Um die kritischen Fragen der Faserversorgung und der Infrastrukturkapazitäten in Kalifornien anzugehen, haben wir 2013 das Wool Mill Vision Project ins Leben gerufen, um Daten über Wolle produzierende Unternehmen im ganzen Staat zu sammeln. Das Projekt sollte Qualität und Quantität der kalifornischen Wolle messen, um herauszufinden, welche Endprodukte daraus hergestellt werden könnten und welche Art von Infrastruktur dafür erforderlich wäre. Durch eine Angebotsanalyse wollten wir sowohl Qualität als auch Quantität unserer vorhandenen Faserressourcen beleuchten und durch die Entwicklung einer auf das Angebot abgestimmten Wertschöpfungsinfrastruktur aufzeigen, was ein regionales Soil-to-Skin- sowie Soil-to-Durable-Goods (dt. Erde zu haltbaren Gütern)-System kosten würde. Dazu gehörte auch die Frage, wie viele Mitarbeiter*innen die Fabrik beschäftigen würde und welche Art von Produkten wir der Gemeinschaft insgesamt anbieten könnten. Unsere Hoffnung war, dass das Projekt die Gründung neuer Unternehmen erleichtern und der Katalysator für engere Beziehungen zwischen Textilmarken, Kreativen, Kunsthandwerker*innen und Produzent*innen sein könnte, während es gleichzeitig Arbeitsplätze in der Region schaffen würde.

Unser Ziel war es auch, einige der großen Herausforderungen anzugehen, darunter die Steigerung der Produktion und die damit verbundene Senkung der Preise für Verbraucher*innen. Wir waren davon überzeugt, dass sich kleine Fibersheds in überregionalen Netzwerken verbinden könnten, um Ressourcen gemeinsam zu nutzen, die Versorgung zu verbessern und die Kosten zu senken, weil sich gemeinsam genutzte Produktionsanlagen und die Koordinierung der Netzwerke verbessern würden. Während

Kalifornien über eine Million Kilogramm Wolle pro Jahr produziert, wurde die Verarbeitungskapazität im nördlichen Teil des Staates auf etwa 4.500 Kilo jährlich reduziert. Dies hat zu einem erheblichen Engpass geführt, der den Wollproduzent*innen die Verbindung zu einer steigenden Nachfrage von Träger*innen nimmt und für Textildesigner*innen den Zugriff auf hochwertige, regional bezogene Wolle einschränkt.

Wolle ist innerhalb unseres lokalen Fasersystems so etwas wie eine „niedrig hängende Frucht". Viele kleine und mittelgroße Herdenbesitzer*innen halten Schafe hauptsächlich zur Beweidung, Milchwirtschaft und Lammfleischproduktion. Sie haben keine Verwendung für die Wolle, die beim Scheren anfällt, was diese zu einer reichlich vorhandenen, aber unterbewerteten Ressource macht. Bei richtiger Bewirtschaftung können Schafe eine Vielzahl von ökologischen Vorteilen bieten, von der Unkrautbekämpfung über den Brandschutz bis hin zur Bodenbildung. Insbesondere Lämmer sind anfällig für Raubtiere, was die finanziellen Herausforderungen bei der Schafzucht erhöht. Selbst in Zeiten heißerer und immer trockenerer Bedingungen aufgrund des Klimawandels können Schafe jedoch effektiv auf den Weiden und Ackerflächen des Staates beweidet werden.

Zu Beginn unserer Studie gab es zahlreiche Gespräche mit Landwirt*innen und Züchter*innen in unserer Gemeinde. Wir sprachen darüber, wie Wolle aufgrund ihrer geringen finanziellen Rendite seit mehr als 50 Jahren als landwirtschaftliches Nebenprodukt angesehen wurde. Lämmer waren für viele der Vollzeit-Schaffarmen die Haupteinnahmequelle. Aber der Wollmarkt begann sich aufgrund des jüngsten Interesses an der Regionalisierung der Lebensmittelwirtschaft und den Vorteilen einer fortschrittlichen Landbewirtschaftung zu verändern. Dieses Interesse wurde hauptsächlich von Verbraucher*innen angetrieben, die nach gesunden, qualitativ hochwertigen Produkten und Transparenz in der Lieferkette suchten. Sie interessierten sich dafür, woher ihre Kleidung und Lebensmittel stammten, wie sie verarbeitet wurden und wie die Tiere in den Betrieben behandelt wurden. Wir waren uns bewusst, dass Wolle eine bessere wirtschaftliche Zukunft haben könnte, wie der anhaltende Erfolg renommierter Unternehmen wie Harris Tweed, Faribault Mill und Pendleton Mills, um nur einige zu nennen, zeigt, von denen jedes ein vielfältiges Sortiment an Wollkleidung herstellt.

WIE VIEL WOLLE HABEN WIR?

Um unser unterschätztes Wollangebot sowohl aus qualitativer als auch aus quantitativer Sicht zu verstehen, führte Fibershed eine umfassende fünfmonatige Studie zur Jahresproduktion in Kalifornien durch. Eine unserer Strategien beinhaltete den Besuch einer repräsentativen Gruppe kleiner und mittlerer Farmen und Ranches während der Schurzeit, um die Schafscherer*innen und die Züchter*innen zu treffen. Gemeinsam füllten wir eine kurze Liste mit Fragen zu Herdengröße, Rasse, Wollfarbe und dem Preis aus, den die Herdenbesitzer*innen für ihre Wolle erhielten. Wir fragten nach zwei Fingerbreit Wolle von den weichsten und gröbsten Schafen der Herde und waren offen für Wollproben von weiteren Schafen. Ich persönlich habe in diesem Jahr über 30 Schafschuren besucht, um Wollproben

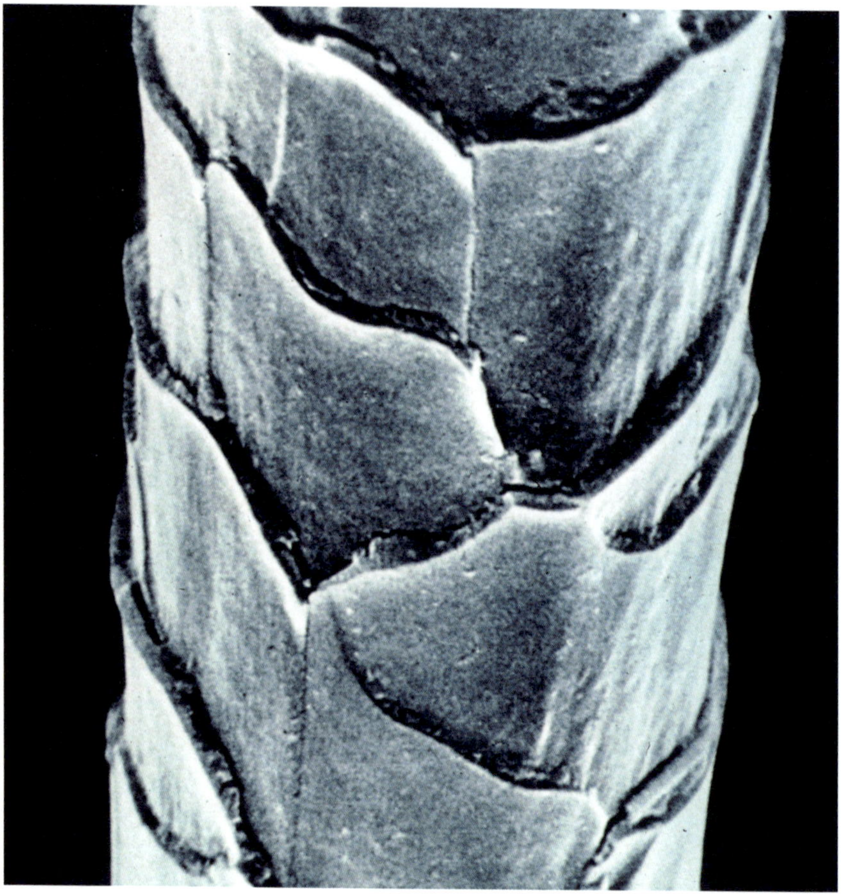

Elektronenmikroskopische Aufnahme einer Merinowollfaser. *Foto © CSIRO*

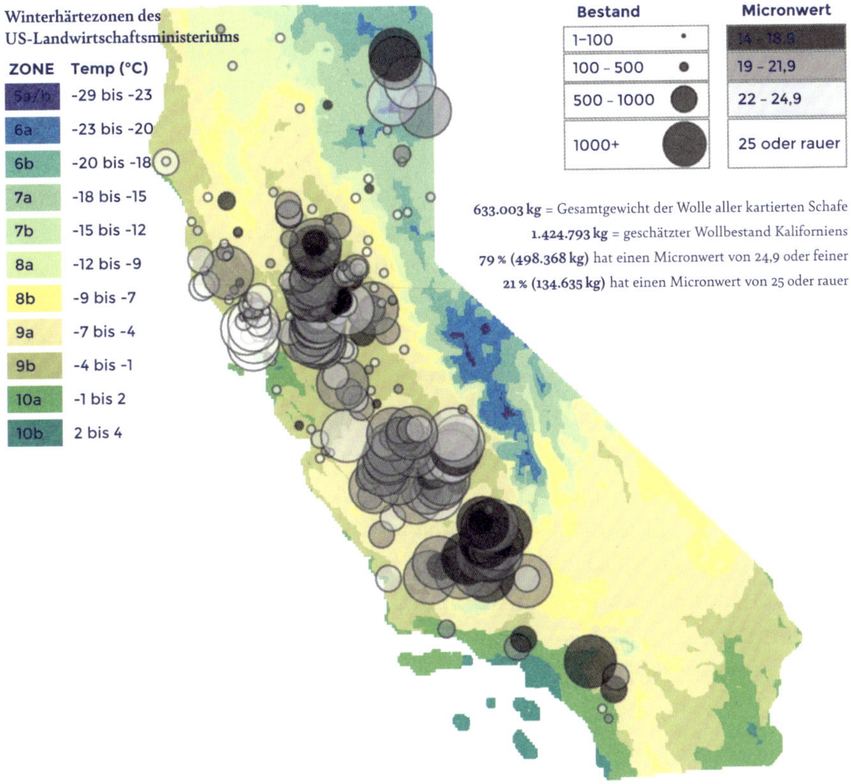

Grafisch organisierte Kartierung kalifornischer Schafherden. Größere Kreise bezeichnen größere Herdengrößen; dunklere Kreise bezeichnen Herden mit niedrigerem Mikron (feinere Wolle). Datenquellen: USDA Agricultural Census 2007; Roswell Wool Auction Data 2012; Fibershed Wool Survey 2013 (Verkaufszahlen 2012); Klimazonenkarte, PRISM Climate Group, Oregon State University, erstellt am 2. Juni 2013. *Karte von Amber Bieg, mit freundlicher Genehmigung von Fibershed.*

zu sammeln. Ich durfte mit den Familien und den Schurteams zusammenarbeiten, um die Wolle vorzureinigen (dabei werden kurze Fasern und Mist entfernt), während die Herden geschoren wurden. Bei diesen Besuchen konnte ich mich selbst von den Fähigkeiten und dem Handwerk überzeugen, die erforderlich sind, um ein*e erfahrene*r Schafscherer*in zu werden.

Die Herden auf diesen Ranches waren oft zu klein, um die Wolle zu herkömmlichen Ballen zu pressen, was es unpraktisch machte, die Wolle zur Verarbeitung zu einer Abgabestelle des Rohstoffmarktes zu transportieren. Stattdessen steckten viele Produzent*innen, denen wir begegneten, ihre Wolle in große Müllsäcke und hofften, dass jemand auf die Ranch kommen würde, um sie zu kaufen. Wenn die Wolle schließlich keine Verwendung fand, wurde sie in der Scheune gelagert oder als Kompost im Obstgarten verwendet. Im schlimmsten Fall wurde sie in einen Graben geworfen oder auf die Deponie gebracht. Nachdem wir bei diesen Informationsbesuchen

Zeit mit den Scherer*innen verbracht hatten, hinterließen wir ein Paket mit Fragebögen und der Adresse unserer Organisation sowie einen vorfrankierten Umschlag, den sie zu zukünftigen Scherjobs auf neuen Betrieben mitnehmen konnten. Wir boten ihnen zehn Dollar für jeden Satz Wollproben und Fragebögen, die wir zurückerhielten.

Durch diese Outreach-Strategie konnten wir zahlreiche Wollproben aus dem ganzen Staat anfassen und fühlen, die von einer Gruppe von Kleinerzeuger*innen hergestellt wurden, die nicht wussten, was sie mit diesem Rohstoff noch anfangen sollten. Die qualitative Prüfung umfasste die Beurteilung des Micronwertes der Wolle, die uns eine Messung des durchschnittlichen Faserdurchmessers lieferte. Wir bekamen auch zusätzliche Details wie die Veränderung des Durchmessers über die Länge der Fasern und die Standardabweichung innerhalb der gesamten Vergleichsgruppe. Wir konnten unsere Wollproben an eine*n ehemalige*n Mitarbeiter*in der US-Landwirtschaftsbehörde senden, mit Zugang zu den entsprechenden Micron-Testgeräten. Als Gegenleistung für den Zugang zu den Wollproben stellten wir allen Landwirt*innen und Züchter*innen, die an unserer Analyse teilnahmen, die Micronwerte zur Verfügung. So konnten wir mit einer relativ geringen finanziellen Investition von Fibershed beginnen, die Daten der kalifornischen Wollversorgung zu kartieren.

Durch das Testen der gröbsten und feinsten Wolle innerhalb einer Herde gewannen wir ein besseres Verständnis für eine Bandbreite von Fasertexturen. Durch die Korrelation von Micronwerten mit der Herdengröße und der Anzahl der Schafe einer bestimmten Rasse auf einer Ranch konnten wir Schätzungen bezüglich der Gesamtzahl der Schafe und der Qualität der produzierten Wolle vornehmen. Um unser Verständnis zu vertiefen, erhielten wir von dem Rohstoffmakler, der die Wolle von großen Ranches in unserem Bundesstaat sammelt, Mikronkernproben. Entnommen wurden diese Kernproben aus der Mitte großer Wollballen, die um die 220 Kilo wiegen. Uns wurden außerdem die Postleitzahlen der Standorte übermittelt, von denen die Kernproben stammten, und wir bekamen die Gesamtgewichtszahlen für jede Postleitzahl. Als wir alle Informationen gesammelt hatten, konnten wir damit beginnen, die Qualität der jährlich in Kalifornien produzierten Wolle zu kartieren. Dieser Prozess bildet die Grundlage, von der aus wir zu verstehen begannen, was mit der Wolle gemacht werden konnte.

Fibershed inventarisierte über 600.000 Kilo Wolle, fast die Hälfte der Jahresproduktion des Staates. Zu unserer Überraschung waren fast 80 Prozent für irgendeine Form der Bekleidungsproduktion geeignet. Dies bot

John Sanchez beim Schafscheren auf der Duckworth Farm.

eine wichtige Chance für die Entwicklung der lokalen Infrastruktur, der jedoch ein über die Jahrzehnte stetiger, landesweiter Nachfragerückgang nach Wollprodukten gegenüberstand. In einer Studie wurde dieser auf die steigende Akzeptanz der Verbraucher*innen für Bekleidung aus Nylon, Polyester und Acryl zurückgeführt. Die Nachfrage nach hochwertigen Wollfasern ist jedoch in den letzten Jahren stark gestiegen, angeführt von vielen Unternehmen, darunter Smartwool, Duckworth, Icebreaker und Rambler's Way.

Laut unserer Studie ist jedoch der Preis eine große Herausforderung für die Wollproduzent*innen in Kalifornien. Eine Vielzahl von Einflüssen, einschließlich einer Flut an preisgünstiger Wolle aus Neuseeland und Australien, haben die Marktpreise für Wolle über die Jahre niedrig gehalten. Die in letzter Zeit gestiegene Nachfrage nach weicher, hochwertiger Wolle hat die Preise für Wolle mit niedrigem Micronwert, die in Kleidungsstücken, die auf der Haut getragen werden, verwendet wird, in die Höhe getrieben. Unser Bundesstaat produziert jedoch eine Reihe von Wollarten, nicht nur Feinwolle. Eine weitere Herausforderung ist das Fehlen jeglicher Form von Verarbeitungsinfrastruktur; es gibt keine regionalen Wollmanufakturen, die in der Lage sind, Rohwollballen maschinell zu öffnen, oder der schieren Menge der Anlieferung, dem Waschen, Kardieren und Verarbeiten dieser Faser zu Garnen und gestrickten oder gewebten Waren gewachsen wären. Seit der Blütezeit der Wollproduktion im frühen 20. Jahrhundert haben alle großen Standorte in unserem Staat den Betrieb eingestellt und eine klaffende Lücke hinterlassen.

DIE ENTWICKLUNG DER VISION DER SPINNEREIEN

Die Zahlen der Wollproduktion variieren von Jahr zu Jahr, abhängig von einer Vielzahl von Faktoren, einschließlich schwankender Niederschlagsmengen, Futterbedingungen, Waldbränden, Krankheiten, Marktentwicklungen und den Zielen der politischen Entscheidungsträger*innen. Was uns die Analyse des Wollangebots aber gezeigt hat, ist, dass wir über die notwendige Qualität und Quantität von Fasern verfügen, um mit den richtigen Investitionen in die Infrastruktur unsere Fibershed-Gemeinde von Kopf bis Fuß mit Bekleidungsoptionen ausstatten zu können. Aus unserer Arbeit entstand eine Vision – eine Erbstücke produzierende, einheimische Textilproduktion, die auf einem florierenden System von Farmen und Ranches basiert, die sich für die Regeneration des Bodens und die Linderung der Klimakrise einsetzen.

Wir teilten unsere Wollangebotsanalyse mit Ingenieur*innen des Gaston College in North Carolina, ehemaligen Mitarbeiter*innen der Kent Wool Mill und Ausrüstungshersteller*innen des Textilmaschinenherstellers Schlumberger sowie des italienischen Spinnereiunternehmens FANI Pinter Group. Sie alle gaben Empfehlungen dazu ab, welche Art von Ausrüstung unsere Wolle zu hochwertigen Textilien verarbeiten konnte. Wir analysierten den Entstehungsprozess unserer Lieblingsartikel aus Wolle und teilten unsere Ergebnisse mit dem Ingenieur*innenteam. Sie halfen uns, einen Plan für die Fabrikproduktion zu erstellen, die aus fettiger Wolle natürlich gefärbte Wollstrickstoffe in drei Stärken herstellen würde. Unser Designziel war und bleibt es, qualitativ hochwertige, zu 100 Prozent biologisch abbaubare Stoffe herzustellen, die mit einer negativen Netto-CO_2-Bilanz an eine Reihe von Schnitt- und Nähpartner*innen geliefert werden.

Um dieses Ziel zu erreichen, bewertete das Team die Nettomenge atmosphärischen Kohlenstoffs, die wir pro Hektar in Schafweiden binden konnten, wobei wir unser Fachwissen über geeignete Kohlenstoffanbaumethoden nutzten. Wir bewerteten eine Reihe von erneuerbaren Energieoptionen für den gesamten Betrieb, die Anforderungen an die *Living Machine* (eine patentierte Pflanzenkläranlage), um das Wasser im Gebäude zu recyclen, den Betriebsplan, die Arbeitsanforderungen und die Schulungspläne. Anschließend bewerteten wir drei in Frage kommende Standorte für den Bau der Anlage und ermittelten die Grundstücks- und Baukosten.

Widerstandsfähigkeit und die kalifornischen Waldbrände

Im Herbst 2017 begannen in ganz Kalifornien Waldbrände zu wüten, die sich stark auf die Erzeuger*innen, ihr Land und ihre Tiere auswirkten. Tausende Hektar Weideland brannten über mehrere Wochen hinweg. Fibershed-Mitarbeiter*innen und Mitglieder der Erzeugergemeinschaft unterstützten sich gegenseitig und kommunizierten miteinander, während die Brände fortschritten. Viele Erzeuger*innen verloren für unterschiedlich lange Zeit Strom und Zugang zum Internet oder benötigten Transporthilfe oder sichere Orte, um ihre Tiere unterzubringen. Unsere Community arbeitete schnell daran, Menschen und Tiere mit Ressourcen zu versorgen, einschließlich Tiertransportern, Evakuierungshinweisen, Landwirt*innen, bei denen Tiere untergebracht werden könnten, und Nachrichten in einer Zeit, in der Unsicherheit und Wetterschwankungen extrem waren. Eine Winddrehung konnte die Lage in einem Moment ändern.

Später, als die Leute mit dem Aufräumen und dem Wiederaufbau begannen, führte Fibershed eine Bedarfsanalyse durch, um zu verstehen, wo wir helfen konnten. Wir kamen zu dem Schluss, dass der größte Bedarf darin bestand, schnell finanzielle Mittel für den Ersatz von Heu für das Winterfutter bereitzustellen. Da die Weide, der Stall und das Winterfutter verbrannt waren, hatte die Joshua Farm Shetland Sheep Mäuler zu stopfen, die nicht auf einen Versicherungsscheck zum Wiederaufbau des Stalls warten konnten. Der Verkauf von Schafen im Winter, kurz vor der Ablammsaison, wäre sowohl für den Betrieb als auch für die Landbewirtschaftung im Frühjahr ein erheblicher Verlust gewesen. Mit dem Geld, das wir beim Wool-and-Fine-Fiber-Symposium in diesem Jahr von den Ausstellenden gesammelt hatten, und den Geldspenden der Teilnehmenden konnte Fibershed für mehr als die Hälfte der Kosten für das Winterfutter der Joshua Farm aufkommen. So trugen wir zu ihrer Erholung bei, ohne dass der Farm weitere Verluste durch den Verkauf trächtiger Mutterschafe oder verlorene Erträge entstanden.

Wir leben in einem Feuerland. Um ein widerstandsfähiges regionales Textilsystem aufzubauen, müssen wir als Gemeinschaft zusammenarbeiten, wenn eine Katastrophe eintritt, und uns weiterhin über diese lebenswichtigen Netzwerke gegenseitig unterstützen.

Wir entdeckten, dass wir einen mittelschweren Wollstrickstoff herstellen und zu einem Oberteil verarbeiten konnten, das einen Menschen unter relativ kühlen Bedingungen warm hält. Dieser Strickstoff konnte auch für eine sportliche Hose verwendet werden, die sich gut für Bewegung und Aktivität eignet. Beide Kleidungsstücke konnten aus kalifornischer Wolle hergestellt werden und galten als das leistungsstärkste Design, das auf Basis unserer Rohstoffversorgung potenziell hergestellt werden könnte. Unsere Wolle war außerdem von einer Qualität, die sich eher für schwerere gewebte Oberbekleidung im Jacken- oder Hemdstil, Wollmäntel und Hosen eignete. Sie würden warm und trocken halten können und für mehr Mobilität maßgeschneidert werden. Die Erkenntnis, dass diese Art von Textilien mit unseren lokalen Ressourcen hergestellt werden konnte, war ein wichtiger Moment für unser kleines Forschungsteam. Als wir uns zuvor bei lokalen Designer*innen, Marken, Modeschulen und sogar einigen Farmer*innen und Züchter*innen nach kalifornischer Wolle erkundigt hatten, war uns gesagt worden, dass sie wahrscheinlich nicht viel taugen würde. Wir waren davon ausgegangen, dass wir damit unsere Matratzen füllen würden (eine ganz wunderbare Verwendung); wir hatten keine Ahnung, ob unsere Wolle die Anforderungen für Funktionskleidung erfüllen würde.

Als Nächstes trafen wir uns mit Hersteller*innen von Wolltextilfabriken, um die Ergebnisse unserer Angebotsanalyse und unserer Entwicklungsanalyse der Textilien vorzustellen. Wir erfuhren, dass die Menge und Qualität unserer Wolle die Errichtung einer „Boutique-Fabrik" nach globalen Fabrikstandards rechtfertigte. Diese 85.000 Quadratmeter große Anlage würde zunächst mit der Verarbeitung von fast 600.000 Kilo Wolle pro Jahr beginnen. Theoretisch wäre sie groß genug, um bei voller Auslastung bis zu 2,3 Millionen Kilo pro Jahr zu verarbeiten – das ist mehr, als wir in unserem Bundesstaat aktuell produzieren. Das Werkdesign würde jedoch Raum für Wachstum und eine Steigerung des Schafbestands und der Wollproduktion bieten.

Wir erfuhren, dass die Menge und Qualität unserer Wolle die Errichtung einer „Boutique-Fabrik" nach globalen Fabrikstandards rechtfertigte.

Die Spinnerei basierte auf der Prämisse, dass sie „fettige Wolle" zum Zeitpunkt der Schur direkt von den Farmen zu einem neu bewerteten höheren Preis kaufen würde als dem, den die Erzeuger*innen derzeit erhielten, was ihnen größere Einnahmequellen und damit ein erneutes Interesse an hochwertiger Wollproduktion, Bodenbildung und einer Abschwächung des Klimawandels durch eine verbesserte Landbewirtschaftung bringen würde. Auf der Grundlage der technischen Daten, die uns die Hersteller*innen von Wollfabriken zur Verfügung stellten, entwickelte unser Team einen Fahrplan für die Funktionsweise einer in Kalifornien ansässigen Fabrik, von der Definition der erforderlichen Stellenbeschreibungen über die für den Betrieb der Systeme benötigten erneuerbaren Energien, die Bestimmung der Regenwasserauffang- und Wasserrecyclingsysteme, die erforderlich sind, um den Grundwasserverbrauch gering zu halten, bis hin zur Festlegung möglicher Standorte für die Fabrik und der Frage, wer die Textilien von ihr kaufen würde.

The Wool Mill Vision ist ein 75-seitiges Dokument, das beschreibt, wie ein geschlossenes Fertigungsmodell mit einem klaren und imposanten Preis von 26 Millionen Dollar erstellt werden kann. Nach globalen Maßstäben ist das eine kleine Fabrik. In der Geschichte unseres Staates hatten wir bis zum Ende des 19. Jahrhunderts tatsächlich erfolgreich etablierte und rentable Wollfabriken. Die Idee, der Wolle unserer Region einen Mehrwert zu verleihen, hat historische Vorbilder: Kalifornien beherbergte einst *zwölf* vertikal integrierte Wollfabriken. Unsere Investition war jedoch mit einem gewissen Risiko verbunden. Die Kosten der verkauften Waren wären in einigen Fällen 20 Prozent höher als bei vergleichbaren Versionen aus Übersee, und die Fabrik würde mehr als 585.000 Meter Stoff pro Jahr produzieren, was einen soliden Kund*innenstamm erforderte.

Es war eine Herausforderung, die moderne kulturelle Einstellung zu überwinden, dass der Import unserer Kleidung und Textilressourcen von außerhalb unserer Region und unseres Landes Teil des „Fortschritts" sei. Die Idee, in physische Systeme der Inlandsfertigung zu investieren, war zu dem Zeitpunkt nur für frühere Generationen relevant, und einige dieser Ansichten waren in der Investmentgemeinschaft schwer zu überwinden. Seitdem wandern die Meinungen in eine neue und positive Richtung, und wir sehen ein größeres Engagement für den Aufbau der Infrastruktur für textile Systeme hier in unseren Heimatgemeinden. Von 2009 bis 2014 sind die Investitionen in die Infrastruktur von Textilfabriken beispielsweise um 87 Prozent gestiegen, während die Industrieproduktion in Textilfabriken um 7,6 Prozent gestiegen ist, verglichen mit 6,1 Prozent für die gesamte US-Produktion.[111]

Für unser Fibershed schienen 26 Millionen Dollar damals sehr hoch (wie ihr euch sicher vorstellen könnt), und doch ist dies die Investitionsvoraussetzung, um natürlich gefärbte, biologisch abbaubare Funktionsbekleidung zu erhalten, die in einer Region kohlenstoffarm und transparent verarbeitet wird. Wir bleiben in einer Reihe dynamischer Gespräche darüber, wie diese Vision vor Ort manifestiert werden kann.

REGIONAL SKALIERTE INFRASTRUKTUR IST ENTSCHEIDEND

Um unter den Bedingungen einer modernen liberalen Handelspolitik konkurrieren zu können, die Quoten aufhebt, Zölle senkt oder abschafft und den Arbeits- oder Umweltschutz zwischen den Ländern nicht reguliert, musste sich die Textilproduktion anpassen und hat in den meisten Fällen den Weg des kleinsten gemeinsamen Nenners für Arbeits- und Umweltschutzstandards eingeschlagen. Ein Schlüsselaspekt der Anpassung der Industrie war die Zentralisierung von Manufakturen, wodurch Fabriken mit immer größeren Fußabdrücken in Länder mit niedrigeren Arbeitskosten und schwachem Umweltschutz verlagert wurden. Bis heute verbleiben die allermeisten Produktionsprozesse weltweit in China und Südostasien.

China übertrifft bei den Textilexporten weiterhin alle anderen Länder. Diese Bewegung und Zentralisierung der Industrie hatte wirtschaftliche und kulturelle Folgen. Allein in der Textilindustrie verloren die Vereinigten Staaten in den zehn Jahren nach der Unterzeichnung des Nordamerikanischen Freihandelsabkommens (NAFTA) von 1994 bis 2005 900.000

Vorsortierte Rohwolle wird zusammengetragen.

Arbeitsplätze. Die Hälfte der Arbeitsplätze in der Textilbranche der Vereinigten Staaten waren einst in acht südöstlichen Bundesstaaten. Im Jahr 2002 befand sich ein Drittel aller Textilarbeitsplätze in Counties außerhalb der Metropolen, in denen die Armutsquote mit am höchsten ist. Die Textilherstellung in den Vereinigten Staaten ist geografisch der am stärksten konzentrierte Arbeitgebersektor in ländlichen Gebieten.

Nach dem Sortieren des Wollvlieses (wo weniger bevorzugte Wollanteile zurückbleiben und die hochwertige Wolle erhalten bleibt) wird die Faser in Säcke verpackt und vorbereitet, damit sie zum Waschen den Hof verlassen kann.

Die politischen und kulturellen Folgen des Verlusts von Arbeitsplätzen, die Menschen in ländlichen Gemeinden, insbesondere Frauen und Menschen ohne Schulabschluss, beschäftigen, sind weitreichend. Wie sich diese Veränderungen auf eine Gemeinde in Ost-Kentucky ausgewirkt haben, wurde mir während eines Gesprächs mit Martin Richards, dem Geschäftsführer der Community Farm Alliance mit Sitz in Berea, bewusst. „Vor einer Generation hatten die ländlichen Gemeinden von Kentucky zwei Dinge zu bieten", erzählte mir Richards: „Tabak- und Bekleidungsindustrie. Die Nähfabriken, die hauptsächlich Frauen beschäftigten, boten einen fixen Gehaltsscheck, eine Krankenversicherung für die Familie und leisteten oft den größten Beitrag der Steuereinnahmen der lokalen Regierung. Die Landwirtschaft, in der Regel ‚Männerarbeit', bezahlte und erhielt das Gehöft und unterstützte eine Vielzahl lokaler Unternehmen, vom Baumarkt

und Futtermittelgeschäft bis hin zur örtlichen Autohandlung und Gerätemanufaktur. Zusammen stützten die Landwirtschaft und die Nähfabriken eine starke lokale Wirtschaft, brachten eine Generation durch das College und schufen ein Gefühl der örtlichen Zugehörigkeit."

Die neuen zentralisierten globalen Textilverarbeitungssysteme haben sich auf die Arbeitsplätze in der ländlichen Produktion in unserem Land und auch auf die landwirtschaftlichen Lebensgrundlagen insgesamt ausgewirkt. Die zentralisierte globale Infrastruktur wurde bevorzugt und entwickelt, um großindustrielle landwirtschaftliche Systeme zu unterstützen. Man könnte meinen, dass die Zentralisierung der Wertschöpfungskette irgendwie effizienter ist, und „größer ist besser" ist in der westlichen Kultur seit Generationen das Mantra. Es ist jedoch wichtig zu bedenken, dass sich der menschliche Verbrauch in den letzten 40 Jahren verdreifacht hat, während sich die Materialeffizienz seit 1990 kaum oder gar nicht verbessert hat. Das bedeutet, dass wir heute mehr Material pro BIP-Einheit verbrauchen als noch zur Jahrhundertwende, weil sich die Produktion aus sogenannten materialeffizienten Volkswirtschaften wie Japan, Südkorea, den USA und Europa in weniger materialeffiziente Länder wie China, Indien und viele andere Länder in Südostasien verlagert hat.[112]

Wenn wir uns fragen, wie wir in der zweiten Hälfte des 21. Jahrhunderts in den Vereinigten Staaten und darüber hinaus eine neue Strategie für die wirtschaftliche Entwicklung des ländlichen Raums finden können, müssen wir mit der Frage beginnen: „Welche Arten von landwirtschaftlich basierten Lebensgrundlagen wollen wir unterstützen?" Um die Grundwerte zu erfüllen, die wir als zentral für das Gleichgewicht unseres Planeten betrachten, konzentriert sich Fibershed darauf, Anreize für die Bodenregeneration und Biodiversität zu geben. Wir möchten Existenzgrundlagen für junge Unternehmer*innen schaffen, die in wiederbelebten ländlichen Gemeinden bleiben oder Teil davon werden wollen. Es ist auch sehr wichtig, die wirtschaftliche Stabilität der von Generation zu Generation weitergegebenen landwirtschaftlichen Familienbetriebe zu verbessern, die sowohl in unserem Fibershed als auch in anderen im ganzen Land und auf der ganzen Welt existieren.

Wenn einzelne Regierungen, gemeinnützige Organisationen und zwischenstaatliche Behörden überlegen, wie diese Werte unterstützt und gefördert werden können, konzentriert sich das Gespräch in erster Linie auf eine Lebensmittelagenda, die auf wirtschaftlichen Strategien vom Typ „farm-to-table" (vom Bauernhof auf den Tisch) beruht. Es ist in der wirtschaftlichen

Die dezentrale Verarbeitung von Fasern und Fellen könnte unsere Bemühungen unterstützen, gerechte Lebensmittelsysteme zu schaffen.

Entwicklung und im politischen Diskurs selten, dass Soil-to-Skin-Strategien in die Wirtschaftsmodellierung aufgenommen werden, um die Arten von landwirtschaftlichen Betrieben zu unterstützen, die wir alle gedeihen sehen wollen. Die dezentrale Verarbeitung von Fasern und Fellen könnte unsere Bemühungen unterstützen, gerechte Lebensmittelsysteme zu schaffen. Bei so vielen Produzent*innen, die sich auf essbare Proteine wie Schafsmilchkäse oder grasgefüttertes und veredeltes Rind- und Lammfleisch konzentrieren, vergessen wir oft, dass diese Proteine auch als Fasern derselben Tierart existieren. Wenn wir einen Teil des Tieres abwerten, schmälern wir die Möglichkeiten, das Einkommen der Landbewirtschaftenden und damit ihre finanzielle Sicherheit zu verbessern. Die Produzent*innen profitieren in hohem Maße davon, wenn sie ihre Einnahmen durch die Aufwertung aller Rohstoffe, die von ihren Herden stammen, steigern können. „Damit die Schafhaltung finanziell erfolgreich ist, müssen die Erzeuger*innen das Klima, die Schafrasse und das Land berücksichtigen", sagt Jaime Irwin, die mit ihrem Mann Robert großflächige Vertragsweiden in ganz Nordkalifornien anbietet. „Wenn die Schafrasse zum Klima passt und es den Landwirt*innen gelingt, das Land und die Tiere zu verstehen, zu verbessern und zu bewirtschaften, dann können die drei Dinge, für die Schafe gut sind – Nahrung, Fasern und Landbewirtschaftung –, genügend Einnahmen für einen erfolgreichen Betrieb bieten. Wenn sich der Fokus von der allgemeinen Gesundheit und der Verbesserung des Zustands von Tieren und Land auf nur einen Produktionsaspekt verlagert, dann geht die wirtschaftliche Nachhaltigkeit verloren."

Welche globale Bedeutung hat die Erhaltung rentabler kleiner und mittlerer landwirtschaftlicher Familienbetriebe, die beispielsweise Fasern für die kalifornische Spinnerei produzieren würden? Die jüngste Datensammlung zur globalen Ernährungssicherheit der Ernährungs- und Landwirtschaftsorganisation der Vereinten Nationen (FAO) besagt, dass die Menschen 70 Prozent ihrer Nahrung von kleinen oder mittleren Familienbetrieben konsumieren, Subventionen (einschließlich derer, die für Wertschöpfungsinfrastrukturen und Produktionssysteme gedacht sind) unterstützen dennoch hauptsächlich die Agrarindustrie. Die industrielle Landwirtschaft erhält 80 Prozent der Subventionen und 90 Prozent der Forschungsgelder, und zwischen schlechter Bezahlung und dem Wegfall menschlicher Arbeitskraft innerhalb dieser Systeme werden Landbewohner*innen in die Städte getrieben.[113] In dem Bericht heißt es: „Wenn sich diese Trends fortsetzen, werden bis 2050 75 Prozent der gesamten menschlichen Bevölkerung

In Orland, Kalifornien, trägt Sierra Reading, links, eine Weste, die sie aus gefilztem Cormo-Vorgarn von Sue Reusers Schafen gefertigt hat. Reading färbte das Garn mit Zwiebelschalen. Sie war durch ihre Professorin am California College of the Arts, Sasha Dürr, mit der einjährigen Wardrobe Challenge verbunden. Reading organisiert jetzt ein Ausbildungsprogramm zur Sozialwissenschaft in ihrer Heimatgemeinde in Colusa, Kalifornien.

in städtischen Gebieten leben. Wir müssen diese Trends umkehren, indem wir kleinen und mittleren Landwirt*innen, insbesondere jungen Menschen in ländlichen Gebieten, neue Möglichkeiten und Anreize bieten."

Es ist hinlänglich bekannt, was passiert, wenn wir das Geschäft mit unserer Ernährung und Kleidung der globalen Agrarindustrie überlassen: Wir verlieren den Bezug zu den Inhaltsstoffen, den Auswirkungen und zum Land selbst. Die Ernährungssicherheit reicht bei weitem als Grund aus, um die Notwendigkeit einer Verbesserung der wirtschaftlichen Bedingungen für klein- und mittelständische landwirtschaftliche Familienbetriebe zu rechtfertigen. Auch die kulturelle und politische Stabilität hat einen hohen Stellenwert, denn viele der Konflikte, die wir heute erleben, haben ihre Wurzeln in Veränderungen der Umwelt und der Wirtschaft, die die Migration der Menschen fördern und wiederum zu verstärktem Bevölkerungsdruck und Konflikten um die schwindenden natürlichen Ressourcen führen können. Diese kulturellen und politischen Spannungen werden oft auf die Abwanderung der Bevölkerung aus den bezwungenen ländlichen Gemeinden zurückgeführt.

Es mag auf den ersten Blick nicht offensichtlich sein, wie eng verwoben all diese Teile miteinander wirklich sind. Aber der Wohlstand kleiner und mittlerer Familienbetriebe und Ranches, politische Stabilität, kulturelle Kontinuität sowie Boden- und Landgesundheit sind direkt mit lokalen und dezentralisierten Wertschöpfungsketten verbunden. Sie können die effiziente Verarbeitung und den Vertrieb von landwirtschaftlichen Erzeugnissen in einer lokalen Wirtschaft unterstützen. Die Dezentralisierung der Faserverarbeitung Mitte des 20. Jahrhunderts ist ein wichtiges Instrument, um gesunde Lebensmittel- und Fasersysteme in unserer regionalen Wirtschaft zu verankern und unsere ressourcenbasierten ländlichen Gemeinden wiederherzustellen.

7. Erweiterung des Fibershed-Modells

Das Fibershed-Modell, das auf einer regionalen Umsetzung der Soil-to-Soil-Philosophie beruht, hat sich über seinen ursprünglichen Standort in Nordkalifornien hinaus ausgedehnt und ist inzwischen in mehr als 40 Orten auf der ganzen Welt zu finden, einschließlich den Vereinigten Staaten, Großbritannien, Kanada und Australien. Wir freuen uns, dass sich eine wachsende Zahl von Menschen mit ganzem Herzen auf die Entwicklung regionaler Textilkulturen und -wirtschaften konzentriert. Es ist unglaublich vielversprechend, dass Fibershed-Projekte in Ländern entstehen, deren Wirtschaft historisch auf den Werten der Kolonialisierung aufbaut und diese immer noch weiterträgt. Die Organisation Fibershed hat es sich zur Aufgabe gemacht, diese aufkeimenden Bemühungen zu fördern und dabei zu helfen, kleine „Flammen des Wandels" in größere zu verwandeln und ihre Erfolgsgeschichten zu teilen. Für Organisationen, die eine formellere Beziehung wünschen, haben wir das Fibershed-Partner*innenprogramm ins Leben gerufen. Dort teilen wir das Fibershed-Logo und die Webseiten-Vorlage mit den Mitgliedern, um zum Wachstum der regionalen Textilbewegung beizutragen. In diesem Kapitel geht es um einige dieser Erfolgsgeschichten.

Die Mitglieder der Pacific-Northwest-Fibershed-Gemeinschaft arbeiten zur Erntezeit auf dem Flachsfeld und schaffen sogenannte Flachsgarben. *Foto © John Morgan*

DAS FIBERSHED-PARTNER*INNEN-PROGRAMM

Das Fibershed-Partner*innenprogramm entstand aus unseren Bemühungen heraus, ein regionales, auf Mitgliedschaft basierendes Produzent*innenverzeichnis für die 51 Landkreise im Northern California Fibershed zu entwickeln. Ziel des Verzeichnisses ist es, ein Netzwerk von Landbewirtschaftenden, Züchter*innen, Kunstschaffenden, Näher*innen, Weber*innen, Stricker*innen, Fabrikinhaber*innen, Naturfärber*innen und anderen zu schaffen, damit sie sich untereinander vernetzen und potenzielle Kundschaft treffen können. Wenn ein*e Landwirt*in oder eine kunstschaffende Person direkt in der regionalen Landwirtschaft oder wertschöpfenden Verarbeitung tätig ist und die Werte einer lokalen und fairen Wirtschaft sowie des ökologischen Gleichgewichts erhalten möchte, dann kann diese Person zertifiziertes Mitglied des Verzeichnisses werden und unser Logo für ihr Gewerbe oder Marketingmaterialien nutzen. Das Verzeichnis ist sehr beliebt und in wenigen Jahren auf über 170 Mitglieder angewachsen. Das Fibershed-Affiliate-Programm erweitert diese Idee weltweit mit dem Ziel, ein dynamisches Netzwerk von gemeinschaftsbasierten regionalen Fasersystemen zu schaffen, die sich auf den Informationsaustausch, gegenseitige Vernetzung und kohlenstoffarme Anbaumethoden konzentrieren. Dank eines neuen Vorlagen-Tools und einer Reihe von Online-Treffen starten die Partnerorganisationen inzwischen bereits ihre eigenen Verzeichnisse, fördern Bildungsveranstaltungen und teilen Geschichten und Forschungsergebnisse über Fasersysteme auf Projektseiten und Blog-Posts.

Eine häufige Frage, die wir bekommen, ist: „Wie gründe ich ein Fibershed, wo ich wohne?“ Es überrascht nicht, dass regionale Fibersheds auf die gleichen Herausforderungen stoßen, zum Beispiel den Verlust der Textilinfrastruktur, einen Mangel an Verarbeitungseinrichtungen, unterentwickelte Lieferketten und fehlende Bildungsmöglichkeiten für Gemeindemitglieder, um mehr über Carbon Farming und das Soil-to-Soil-Modell zu erfahren. Um zu helfen, Herausforderungen zu meistern, haben wir eine Reihe von Webinaren erstellt, um Forschungsergebnisse, Informationen und gewonnene Erkenntnisse zugänglich zu machen. Wir haben auch ein Mikro-Zuschussprogramm (2.500 bis 3.000 US-Dollar) eingeführt, um Startkapital für neue Projekte von Mitgliedern bereitzustellen. Obwohl Gruppen das Fibershed-Logo und die Website-Vorlage verwenden können, wenn sie mit unseren Zielen übereinstimmen, gibt es keinen formellen Zertifizierungsprozess. Wir verstehen, dass kundenspezifische Versionen des Fibershed-Modells erforderlich sind, um den lokalen Bedingungen zu entsprechen. „Wir bauen und stärken dezentrale Systeme", sagt Jess Daniels, Kommunikationsdirektorin bei Fibershed. „Wir sind nicht daran interessiert, irgendwem vorzuschreiben, wie sie ein Fibershed führen sollen. Wir möchten Erfahrungen austauschen." Nicht alle Gruppen haben Erfolg. Manche entwickeln sich in andere Richtungen, andere fusionieren mit neuen Organisationen und wieder andere sehen nicht so viel Wachstum, wie sie gerne hätten. Dennoch erleben wir, wie viele Mitglieder aufblühen, was uns allen viel Inspiration und Freude gibt.

KOMMERZIELLER FLACHS KEHRT NACH OREGON ZURÜCK

Das Pacific Northwest Fibershed wurde 2013 von Shannon Welsh gegründet. Sie ist eine Textildesignerin und Pädagogin aus Portland, die auf der Flachsfarm ihrer Familie in North Dakota aufgewachsen ist. Das Ziel der Organisation ist es, die Neuentstehung einer bioregionalen Textilgemeinschaft zu fördern, die Soil-to-Soil-Prozesse in der Faser-, Textil- und Bekleidungsproduktion unterstützt. Die geografische Grenze des Fibersheds ist ein 480-Kilometer-Radius um Portland, aus dem alle Naturfasern, Farbstoffe und die zur Herstellung der Textilien benötigte Arbeit bezogen werden sollen. Der Fokus der Organisation wird zunächst auf Leinen liegen. Es mag zu kalt für den Baumwollanbau sein, aber das Klima im Westen Oregons ist perfekt geeignet für Flachs, der im Sommer ohne Bewässerung angebaut werden kann. Das Leinenprojekt des Pacific Northwest Fibershed wird sich auf die als *Linore* bekannte Flachssorte, die einem doppelten Verwendungszweck (Saatgut und Fasern) dient, sowie auf Fasersorten wie *Ione* und *Agatha* konzentrieren.

Oregon war einst führend in der Flachsproduktion in der Region, insbesondere im Willamette Valley, wo Boden- und Klimabedingungen den Zentren des europäischen Flachsanbaus in Flandern und den Niederlanden ähneln. In den Jahren vor dem Zweiten Weltkrieg wurden in Oregon auf fast 20.000 Morgen Ackerland jährlich 37.000 amerikanische Tonnen (etwas weniger als 34.000 Tonnen) Flachs angebaut, genug, um 14 Fabriken in Betrieb zu halten. In Mount Angel, auf halbem Weg zwischen Salem und Portland, fand jährlich ein Flachsfest statt. In den 1940er Jahren stieg die Nachfrage nach Flachsfasern, um den steigenden Bedarf an Kleidung, Zelten und Seilen für die Kriegsanstrengungen zu decken. Als Europa wieder anfing, Flachs anzubauen, brach die Produktion zusammen. Inzwischen hatten sich auch synthetische Fasern wie Nylon in die amerikanische Kleidungsindustrie integriert, was die Nachfrage nach Leinen weiter reduzierte. Bis 1960 hatten alle 14 Fabriken geschlossen, und die Landwirt*innen in Oregon hörten auf, die Pflanze für die kommerzielle Nutzung von Fasern anzubauen. Bis 1980 war fast die gesamte Produktionsinfrastruktur der Region bis zur Unbrauchbarkeit verfallen oder verkauft worden. Bis 2015 wurden Flachspflanzen nur noch für die Saatgutproduktion oder zu Forschungszwecken angebaut.

Für Shannon Welsh und Angela Wartes-Kahl, eine Bio-Bäuerin aus Alsea, Oregon, bedeutete die lange Geschichte der Flachsproduktion im Bundesstaat, dass die Zeit reif für ein Wiederaufleben der Bastfaser war. Für Wartes-Kahl war die anfängliche Motivation simpel: Sie wollte ein Arbeitshemd aus lokalem Leinen für die heißen Sommermonate. Gemeinsam gründeten die beiden Frauen Fibrevolution, ein Unternehmen, das sich der Wiedereinführung von Flachs verschrieben hat. In Zusammenarbeit mit der Oregon State University, einem Beratungsunternehmen für Naturfasern, lokalen Landbewirtschaftenden und einem*einer Kurator*in vom Willamette Heritage Center koordinierte Fibrevolution die erfolgreiche Anpflanzung und Ernte von 40.000 Quadratmetern Flachs – von Hand geerntet – und markierte damit die frühen Stadien der Rückkehr des Flachses nach Oregon. 2018 wurde der Anbau auf 180.000 Quadratmeter erweitert. Eine Forschungsreise von Welsh und Wartes-Kahl nach Europa, um Saatgutunternehmen zu treffen, nach effektiven Verarbeitungsanlagen zu suchen und eine Flachsanbaugenossenschaft zu besuchen, war ebenfalls erfolgreich. Ein Zuschuss aus dem Umwelt- und Sozialinitiativen-Programm der Marke Patagonia an das Pacific Northwest Fibershed hat dem Flachsprojekt ebenfalls geholfen, in Gang zu kommen. Welsh und Wartes-Kahl hoffen, dass all diese Arbeiten und Forschungen schließlich zum Bau einer modernen Flachsverarbeitungsanlage in der Region führen werden.

Bei ihrer Arbeit stießen sie auf eine große mechanische Herausforderung: Erntegeräte zu finden, die die Pflanze ziehen, statt sie zu schneiden, um sicherzustellen, dass die maximale Menge an hochwertigen Fasern für die spätere Verarbeitung zu Leinen erhalten bleibt. Leider gibt es in den gesamten Vereinigten Staaten kein entsprechendes Gerät – zumindest kein

Shannon Welsh und Angela Wartes-Kahl mit ihrer Flachsernte 2017 zur Erntezeit. *Foto © Micha Fischer*

funktionierendes, also müssen die Pflanzen auf den Fibrevolution-Feldern bislang von Hand geerntet werden. Trotz der vielen Herausforderungen bleiben Welsh und Wartes-Kahl unbeirrt in ihrem Bemühen, Flachs als verlässliche Nutzpflanze nach Oregon zurückzubringen. Sie betrachten Leinen als perfekte Passform für den pazifischen Nordwesten und ergänzen die Fülle an Wolle und anderen Tierfasern, die für kühles Wetter geeignet und in Oregon bereits erhältlich sind. „Wir sehen Flachs als eine sehr vielversprechende Nutzpflanze für unser landwirtschaftliches System", schreibt Welsh auf der Fibershed-Website. „Flachs kann biologisch angebaut werden und hat das Potenzial, unsere Umwelt zu schützen und Gesundheitsrisiken für die Landarbeiter*innen zu verringern ... er kann ohne großen Bodenbearbeitungsaufwand gesät werden, was die Bodenbildungskapazität dieser Pflanze verbessert."

ALPAKA-LANDWIRTSCHAFT IN NEUENGLAND

Alpaka-Farmer*innen schließen sich in Massachusetts zusammen. Das 2017 gegründete Southeastern New England Fibershed ist ein Netzwerk von Faserzüchter*innen, Textil- und Bekleidungsdesignenden, Hersteller*innen, Marken, Unterstützenden und Pädagog*innen, das in einem Radius von 100 Meilen um die historischen Zentren der Textilherstellung in New Bedford, Massachusetts, und Providence, Rhode Island, tätig ist – Städte, in denen es noch eine umfangreiche Textilinfrastruktur gibt. Die Mission der Organisation besteht darin, ein regionales Fibershed zu schaffen, das die Rohfasern mit den Endprodukten verbindet, indem es die Punkte der Lieferkette miteinander verknüpft, um die Produktion wieder anzukurbeln und die einst florierende Textilindustrie in Neuengland wiederzubeleben. Auf ihrem Höhepunkt in den 1880er Jahren beschäftigte die Textilproduktion in der Region Zehntausende von Arbeiter*innen; es folgte ein starker Rückgang, bei dem bis 1950 fast alle Arbeitsplätze verloren gingen. Ein kürzliches Wiederaufleben der Produktion, angeführt von Boutique-Bekleidungslinien, Naturfaser-Unternehmen und Hipster-Designer*innen, hat jedoch zur Gründung neuer Fabriken und Arbeitsplätzen in der Gegend geführt. Ein Beweis für diesen Aufschwung ist, dass der Wert der in Massachusetts hergestellten Textilwaren nach Angaben des US-Handelsministeriums von 400 Millionen Dollar im Jahr 2009 auf 600 Millionen im Jahr 2013 gestiegen ist. Um diese aufkeimende Entwicklung zu unterstützen, beantragte und erhielt das Southeastern New England Fibershed einen Zuschuss von unserer Organisation, um mit dem Aufbau einer Gruppe von Alpakaproduzent*innen zu beginnen, die Kohlenstofflandwirtschaft in der Region betreiben. Die Gruppe umfasst sechs Alpaka-Farmer*innen und hat sich bereits mit dem New England Alpaca Fiber Pool verbunden, einem 1997 von drei Faserkunstschaffenden gegründeten Unternehmen, um kleine Mengen Alpaka-Fasern von Farmen in der gesamten Region zu kommerziell verwertbaren Mengen zusammenzufassen. Alle, die sich der Gruppe anschlossen, waren daran interessiert, das Potenzial ihrer Weide- und Tierhaltungssysteme für Carbon-Farming-Methoden zu diskutieren und die nächsten Schritte zu erkunden, wie sie in unserem Dokument zur Überprüfung des klimafreundlichen Übergangs

Um diese aufkeimende Entwicklung zu unterstützen, beantragte und erhielt das Southeastern New England Fibershed einen Zuschuss von unserer Organisation, um mit dem Aufbau einer Gruppe von Alpakaproduzent*innen zu beginnen, die Kohlenstofflandwirtschaft in der Region betreiben.

beschrieben sind. Gemeinsam mit einem*einer Weidemanagement-Berater*in und Bodenwissenschaftler*innen am Woods Hole Research Center wird die Alpaka-Gruppe die Voraussetzungen für Anträge der Erzeuger*innen beim Agricultural Environmental Enhancement Program des Massachusetts Department of Agricultural Resources schaffen. Laut seiner Website hofft das Southeastern New England Fibershed, dass durch die Aktivitäten der Gruppe „Ressourcen fürs Carbon Farming geschaffen werden, die auf Alpakafarmer*innen zugeschnitten sind und so ein Modell für Alpakazüchter*innen anderswo in unserem Fibershed und im ganzen Land sein können." Außerdem sollen die im Rahmen dieses Projekts erstellten Pläne für die Kohlenstoffbewirtschaftung Ansätze darstellen, die für das Klima und die Vegetation des Nordostens im Allgemeinen geeignet sind. Die Saat des Southeastern New England Fibershed wurde durch einen ganztägigen Runden Tisch im Jahr 2017 bei Joseph Abboud Manufacturing in New Bedford genährt. 75 Personen nahmen teil, um das Ausmaß der Produktionskapazitäten der Region zu erkunden, Möglichkeiten für eine Zusammenarbeit zu prüfen und Hindernisse und nächste Schritte zu identifizieren. Zu den Teilnehmenden gehörten Landarbeiter*innen, Modedesigner*innen, gewählte Amtsträger*innen, Landwirtschaftsaffine, Textilkunstschaffende und Vertreter*innen von Bekleidungsfabriken. Während der Veranstaltung freuten sie sich, eine „Farm-to-Fashion"-Zusammenarbeit mit der Rhode Island School of Design in Providence ankündigen zu dürfen. Nach dem Ende der Diskussion am Runden Tisch machte die Gruppe einen Rundgang durch die Abboud-Fabrik, eine der größten Produktionsstätten für Bekleidung in den Vereinigten Staaten, in der über 800 Textilarbeiter*innen beschäftigt sind.

Seit der Formalisierung des Southeastern New England Fibershed leitet die Co-Organisatorin Amy Dufault Versammlungen regionaler Fibershed-Veranstalter*innen. In der Großraumregion New England hat Amy Treffen und gemeinsame Präsentationen mit nahegelegenen Vereinigungen ermöglicht, unter anderem mit dem Western Massachusetts Fibershed, dem Connecticut Fibershed und Initiativen wie Local Fibre New York und der Textile-Lab-Organisation. Letztere hat die regionale Faserproduktion katalogisiert und ist seit 2016 Mitglied des Fibershed Affiliate Network. Diese Zusammenkünfte, die innerhalb des ökologischen und kulturellen Mikroklimas des dicht besiedelten Nordostens der Vereinigten Staaten arbeiten, machen vor, wie ein zielorientiertes und dezentralisiertes Netzwerk helfen kann, Fahrt aufzunehmen.

DAS BRISTOL CLOTH PROJECT

In Bristol, England, wurde eine Weberei eröffnet, die erste seit 90 Jahren. Die Bristol Weaving Mill wurde von Juliet Bailey und Franki Brewer, zwei Naturfaserhandwerkerinnen und Unternehmerinnen, ins Leben gerufen. Sie gründeten 2015 die Mikro-Weberei im Herzen des alten Textilviertels der Stadt mit dem Ziel, innovative, hochwertige Webstoffe nach einem traditionellen britischen Herstellungsverfahren zu produzieren – aber mit einer ökologischen Mission. Die Fabrik, die mit einer gebrauchten Dornier-Schaftwebmaschine aus Holland arbeitet, steht für Projekte anderer Faserkunstschaffender zur Verfügung und kann viele verschiedene Arten von Rohstoffen verarbeiten. Hauptsächlich ist sie auf Wollprodukte ausgelegt, einschließlich erstklassigem Tweed. Bailey und Brewer wollten von Beginn an, dass die Einrichtung ökologisch und ethisch verantwortungsvolle Kleidungsstücke aus lokaler Wolle herstellt, die nach Möglichkeit mit recycelten Fasern versponnen wird. Sie wollten, dass ein Ethos der Verantwortlichkeit, Rückverfolgbarkeit und Nachhaltigkeit in jeden Stoffballen und jedes Kleidungsstück ihrer Fabrik eingebettet wird.

Eine*r der Hauptkund*innen des Werks ist das Bristol-Cloth-Projekt innerhalb der Region des South West England Fibershed. Sein Ziel ist es, lokal produzierte, ganzheitlich bewirtschaftete und biologisch gewaschene Wolle zu präsentieren, um zu zeigen, dass es kommerziell möglich ist, Stoffe herzustellen und gleichzeitig die britische Tradition, Kultur, Gemeinschaft, Land und Wirtschaft zu erhalten. Bristol Cloth bezieht seine Wollfasern von der Fernhill Farm, die sich 25 Kilometer südlich von Bristol in den Mendip Hills befindet, einem ganzheitlich geführten Unternehmen, dessen Landbewirtschaftungspraktiken die Bodenfruchtbarkeit regenerieren und gleichzeitig die höchsten Standards für den Tierschutz erfüllen. Die Farm züchtet Shetland-Romney-Schafe sowohl für Fleisch als auch für Fasern, was ungewöhnlich ist, da die von Schafen für den Fleischmarkt produzierte Wolle oft als zu minderwertig für Kleidung angesehen wird (ähnlich wie in den Vereinigten Staaten, wo die Wolle nur für industrielle Zwecke verwendet werden kann). Meistens wird sie einfach weggeworfen – was für die Betriebe teuer ist. Das Bristol-Cloth-Projekt hingegen hält das von Fernhill produzierte Wollgarn sowohl aufgrund seiner Qualität als auch wegen seiner Umweltethik für wertvoll.

Das Fernhill-Garn wird natürlich mit zertifizierten organischen Pflanzenfarbstoffen von Botanical Inks gefärbt. Das in Bristol ansässige Unternehmen

Das Bristol-Cloth-Projekt hat dank der Mitwirkenden Fernhill Farm, Botanical Inks und Bristol Weaving Mill ein regionales Versorgungssystem zum Anbau, Färben und Weben von Wollstoffen im Südwesten Englands entwickelt. *Foto © Landlore*

Färberei im Bristol-Cloth-Projekt. *Foto © Landlore*

Fertiger Stoff aus dem Bristol-Cloth-Projekt. *Foto © Landlore*

ist im Besitz von Babs Behan, einer Naturfarbstoff-Textilkünstlerin und einer treibenden Kraft im Bristol-Cloth-Projekt. Die aus London stammende Behan war beeindruckt vom Gemeinschaftsgefühl des Fibersheds und dem tiefen Sinn für die Textilgeschichte, der die Stadt noch immer durchdringt. Sie bemerkte, dass sich die Spinnerei in der Nähe des Geländes der Great Western Cotton Works befindet, einer großen Industriefabrik, die 1838 eröffnet wurde und bis 1925 in Betrieb war. Auf dem Höhepunkt ihrer Produktion beschäftigte sie über tausend Arbeiter*innen, hauptsächlich Frauen. Für Behan ist das Bristol-Cloth-Projekt eine Wiederbelebung altbewährter Textilherstellungsmethoden, zu denen noch die Belange der Umwelt und der sozialen Gerechtigkeit hinzukommen. Sie ist überzeugt, dass dieses Modell auch außerhalb von Bristol und auf der ganzen Welt leicht nachgeahmt werden kann.

DAS THREE RIVERS FIBERSHED

Das 2015 von Maddy Bartsch und Lydia Strand, Pädagoginnen und Faseraktivistinnen, gegründete Three Rivers Fibershed hat seinen Sitz in Minneapolis, Minnesota, und erstreckt sich über 440 Kilometer in jede Richtung, es gehören also Teile von Iowa, Wisconsin und South Dakota dazu. Es umfasst die Zwillingsstädte Minneapolis und Saint Paul, Vororte, Kleinstädte, ländliche Gemeinden und alles dazwischen, das meiste davon Ackerland. Die Herausforderung des Fibersheds besteht darin, unterschiedliche Ressourcen, Unternehmen, Produzent*innen und Verbraucher*innen so miteinander zu verbinden, dass eine gesunde, nachhaltige Faserwirtschaft praktiziert wird. Dazu konzentrierten sich Strand und Bartsch zunächst darauf, Einzelpersonen aus ihren Gemeinschaften zu befähigen, auf die einzigartigen geografischen Anforderungen einzugehen.

Im Jahr 2017 vergab Fibershed ein Mikro-Stipendium an Three Rivers, um ein selbst entwickeltes Projekt zu fördern, das sich isoliert fühlenden

Nicki Colls trägt die Kleidungsstücke, die sie für die ursprüngliche One Year One Outfit Challenge in Australien entworfen hat. *Foto © Kerry Bardot*

Landbewirtschaftenden dabei half, Zugang zu den benötigten Ressourcen zu erhalten und mit anderen Faserproduzent*innen in Kontakt zu treten, um so ein kollegiales Netzwerk aufzubauen. Konkret sollte Bauern*Bäuerinnen geholfen werden, Zugang zu Märkten in Städten und an anderen Orten zu finden, die einer Farm oder Ranch neue Einnahmen bringen können. Der Zuschuss finanzierte eine Reihe von Workshops, die sich auf die Ermittlung der kollektiven Stärken und Herausforderungen des Fibersheds konzentrierten, einschließlich Marketing, Branding, Produktpräsentation, Erzählung der Geschichte des Betriebs und seiner Fasern, Diskussion der besten Weidepraktiken, Suche nach Scherer*innen, Parasitenmanagement, einer Empfehlung von an das Klima angepassten Tieren und des Aufbaus einer Beziehung zu einem*einer Mentor*in. Die Bedürfnisse sind umfangreich, das fanden Strand und Bartsch heraus. Das Fehlen direkter Marktzugänge für lokale Fasern ist ein großes Problem, ebenso wie die Herausforderungen eines Vertriebs ohne effektives Branding. Es fehlten zum Beispiel Verpackungen, die das Interesse der Verbraucher*innen wecken, zumal viele potenzielle Kund*innen möglicherweise zögern oder nicht bereit sind, einen Aufpreis für lokale Fasern zu zahlen. Derzeit erstellt das Three Rivers Fibershed ein Produzent*innenverzeichnis, ähnlich wie wir es in Nordkalifornien gemacht haben, um Produzierende und Konsument*innen besser zu verbinden.

Kürzlich hat Three Rivers einen Workshop zu einer „One Year One Outfit Challenge" (ähnlich meiner eigenen einjährigen Wardrobe Challenge) durchgeführt, bei der sich Einzelpersonen dazu verpflichten, innerhalb eines Jahres ein lokal bezogenes Outfit nach den Fibershed-Prinzipien von *Local Fiber, Local Labour and Local Dyes* herzustellen. Das Ziel des ersten von vier Workshops ist es, die Bildung einer Gruppe zu erleichtern, deren Mitglieder sich gegenseitig dabei unterstützen, ein ethisches und nachhaltiges Outfit mit kleinem Budget zu schaffen. Die Idee für die Herausforderung stammt von Nicki Colls, einer Nähexpertin und Textilhandwerkerin aus Melbourne, Australien. Sie wurde neugierig auf Stofflieferketten und beschloss, ein Jahr lang ein lokales Outfit zu schaffen. Das daraus resultierende Projekt, das schnell Teil unseres Fibershed-Partner*innenprogramms wurde, hat Menschen aus der ganzen Welt zur Teilnahme eingeladen, darunter Bristol Cloth, das ein vielfältiges Angebot an lokaler Kleidung und Gemeinschaft kultiviert. Die Regeln der One Year One Outfit Challenge von Nicki Colls sind einfach. Ein Versuch, ein Outfit zu kreieren, sollte in eine von drei Kategorien fallen: Meister*in, Neuerfinder*in oder Ermittler*in.

MEISTER*IN

- Die Faser muss vollständig innerhalb eines festgelegten Radius gezüchtet und verarbeitet werden, obwohl eine Fernfertigung zulässig ist, wenn sie lokal nicht verfügbar ist.
- Alle Fasern müssen natürlich sein.
- Beim Färben müssen lokale, nicht-synthetische Materialien verwendet werden.
- Alle hergestellten Stoffe und Kleidungsstücke müssen qualitativ hochwertig verarbeitet sein, um eine lange Lebensdauer der Kleidung zu gewährleisten und kein übermäßiges Bügeln oder Waschen zu erfordern.

NEUERFINDER*IN

- Die Hauptfaser muss aus eurem Fibershed stammen.
- Das Outfit kann gebrauchte Komponenten oder Gebrauchsgegenstände (Reißverschlüsse, Einlagen, Futter) enthalten, wenn lokale Optionen nicht verfügbar sind.

ERMITTLER*IN

- Jede Faser oder Idee ist erlaubt, aber ihr müsst die gesamte Lieferkette untersuchen und erzählen, warum ihr euch dafür entschieden habt.
- Ihr könnt gebrauchte Komponenten verwenden, aber auch hier erzählt ihr, wo und woraus sie hergestellt wurden.

Colls' Herausforderung fand Anklang bei Maddy Bartsch von Three Rivers Fibershed, die vor drei Jahren aufgehört hatte, neue Kleidung zu kaufen, die nicht ethisch hergestellt und nachhaltig bezogen wurde. „Ich finde es toll, mit meiner Kleidung und meinem Stil persönliche Werte auszudrücken", sagt Bartsch einer Reporterin. „Wenn mir jemand Komplimente macht, möchte ich meine Werte mit der Person teilen können und diese Kleidung als Verbindungspunkt haben."

DAS UPPER CANADA FIBRESHED

Das Upper Canada Fibreshed wurde 2015 von Becky Porlier und Jennifer Osborn, zwei Landwirtinnen und Faserkünstlerinnen, mit dem Ziel gegründet, eine aufstrebende bioregionale Textilgemeinschaft von Produzent*innen und Verbraucher*innen zu fördern. In einem Radius von

400 Kilometern um das kanadische Toronto vereinen sie Menschen, die nachhaltige Landwirtschaft und lokale Textilherstellung praktizieren. Wie andere Mitgliedsorganisationen unterstützt das Upper Canada Fibreshed ein Basisnetzwerk, das die Entwicklung eines regionalen Fasersystems durch Bildung, Forschung, Peer-to-Peer-Wissensaustausch und den Aufbau eines Inventars von Materialien, Fähigkeiten, Verarbeitungsausrüstung und Fachwissen fördert. Ihre pädagogische Botschaft ist sehr klar formuliert: Regional produzierte, naturbelassene Textilien können den CO_2-Ausstoß reduzieren, giftige Nebenprodukte der synthetischen Stoffproduktion eliminieren, der Wasserverschmutzung entgegenwirken und eine ethische Konsumkultur fördern. Sie glauben, dass skalierbare, innovative und regionalspezifische Wertschöpfungsketten wichtige und positive Auswirkungen auf das Wohlergehen und den Wohlstand der Produzent*innen haben.

Diese maßgefertigte, dreibahnige Decke im Queen-Size-Format wiegt dreieinhalb Kilogramm. Sie wurde um 2015 für einen Unterstützer des Upper Canada Fibreshed hergestellt: handgewebt von Deborah Livingston-Lowe von Upper Canada Weaving, mit einer Mischung aus Shetlandwolle von Chassagne, Gotlandwolle von Robin Theon und Alpakawolle von Freelton Fibre Mill, gesponnen in der Freelton Fibre Mill und Wellington Fibres. *Foto © Becky Porlier, präsentiert von Mike und Jay Pieterse*

„Regenerative Faseranbausysteme innerhalb lokaler Verarbeitungs-Wertschöpfungsketten haben das Potenzial, durch die wachsende Nachfrage nach lokalen, nachhaltigen Textilprodukten wirtschaftliche Chancen für ländliche Gemeinden zu schaffen", sagt Porlier. „Investitionen in diese Systeme geben dem Boden Kohlenstoff zurück [und] schützen unsere Wasser- und Nahrungsgebiete. Gleichzeitig fördern sie sinnvolle Arbeit in einem hochqualifizierten und kollaborativen Bereich."

Becky Porlier und Jennifer Osborn lernten sich auf einer Bio-Konferenz in Guelph, Ontario, kennen und hatten beide ein starkes Interesse am Fibershed-Modell. Nachdem sie – eigenen Angaben zufolge – zu viel Kaffee getrunken hatten, entschieden sie, sich mit beiden Füßen gleichzeitig in das aktuelle Fibershed-Modell zu stürzen – sofern sie die kanadische Schreibweise von *Fibre* verwenden durften (wir stimmten gerne zu). Ein Grund für die Wahl eines so großen Radius um Toronto waren die relativ wenigen Faserproduzent*innen in der Provinz. Es gibt sogar noch weniger Verarbeitungsstandorte und Produzent*innen in dieser Region, daher wurde ihr Fibreshed ziemlich groß gehalten, um so viele Ressourcen wie möglich zusammenzubringen. Seitdem sind in Kanada weitere angeschlossene Mitglieder entstanden, darunter das Sunshine Coast BC Fibreshed, welches sich an einem 100 Meilen langen Abschnitt der Westküste von British Columbia in der Nähe von Vancouver befindet; das Vancouver Island Fibreshed, das sich speziell auf die ganz lokale Bewegung in der eigenen Gemeinde konzentriert; und das Pembina Fibreshed im Süden von Manitoba.

Einer der Schwerpunkte des Upper Canada Fibreshed lag auf Haushaltswaren wie Decken und anderen strapazierfähigen Textilien, für die sich die in Ontario erhältliche grobe Wolle besser eignet.

Einer der Schwerpunkte des Upper Canada Fibreshed lag auf Haushaltswaren wie Decken und anderen strapazierfähigen Textilien, für die sich die in Ontario erhältliche grobe Wolle besser eignet. Osborn erklärt, dass „Textilien in unserem täglichen Leben so allgegenwärtig sind, dass wir sie kaum bemerken. Vorhänge, Bettlaken, Teppiche, Möbelstoffe; sie sind überall. Naturfasern werden auch bei der Beseitigung von Ölverschmutzungen, als Schalldämmung, Bettzeug, Füllmaterial, Segeltuch und vieles mehr verwendet." Einige dieser Dinge könnten in Ontario mit der bereits verfügbaren Wolle hergestellt werden.

Jennifer Osborn hat eine gemischte Herde mit Shetland-Schafen auf ihrer Farm All Sorts Acre außerhalb von Orangeville, Ontario, die sie mit Romney, Island und Bluefaced Leicester sowohl für Fleisch als auch für Wolle kreuzt. Sie ist außerdem bestrebt, die erste ökologisch basierte kommerzielle Naturfärbefarm in Ontario zu sein. „Bei der Pflanzenauswahl für die Gärten wurde viel geforscht. Dabei ging es um Aspekte wie den Ertrag der Pflanzen im Verhältnis zum benötigten Platz, wie einfach die Pflanzen angebaut werden können, die Jahre, die bis zur Ernte benötigt werden, die Frage, ob die Pflanze mehrjährig oder einjährig ist, die Kältetoleranz, die für den Anbau der Pflanzen benötigten Einrichtungen (wir wollten kein Gewächshaus beheizen), das Beizmittel, das benötigt wird, um die gewünschte Farbe zu erhalten, die Lichtechtheit, die potenzielle Invasivität, die Verarbeitung der Pflanzen, um die Farbe zu erhalten, und natürlich die potenzielle Farbausbeute – all das musste berücksichtigt werden."

Upper Canada Mercantile, ein Mitglied des Upper Canada Fibreshed, machte sich daran, eine Decke zu entwerfen, die die Wechselwirkungen zwischen Land, Klima und Mensch repräsentiert, die ein Produkt einzigartig machen, ähnlich wie das inzwischen bekannte Konzept des *Terroirs*, das in Verbindung mit französischem Wein verwendet wird. Wie alle landwirtschaftlichen Produkte hat diese Decke ein für ihre Region und ihre Menschen einzigartiges Terroir. Die Herstellung dieser weichen Wolldecken hängt von einer Vielzahl von Talenten und Ressourcen innerhalb des Fibersheds ab, vom Scheren über die Verarbeitung bis zum Weben – ein hervorragendes Beispiel dafür, worum es bei Fibersheds geht.

Das Upper Canada Fibreshed hat auch einen Mode-Bestandteil. Es hat sich mit der Designerin Peggy Sue Deaven-Smiltnieks zusammengetan, um Kleidungsstücke zu kreieren, die die Einzigartigkeit der Region widerspiegeln. Peggy Sue wuchs in Kalifornien auf, absolvierte die Rhode Island School of Design mit einem Master of Fine Arts in Bekleidungsdesign und begann ihre Karriere in New York im Supply-Chain-Management und in der Produktentwicklung, wo sie Linien für verschiedene große Einzelhändler entwarf. Dort lernte sie branchenübliche globale Lieferketten kennen, die sich auf die Maximierung der Effizienz, Kostensenkung und die Beschleunigung von Arbeitsabläufen konzentrieren. Während sie an saisonalen Textilmessen teilnahm, stellte sie fest, dass es nicht viele nordamerikanische Unternehmen gab. Der Grund? Kleinere nordamerikanische Fertigungsunternehmen waren nicht ausreichend ausgestattet, um diese Messen zu besuchen und mit etablierten Designhäusern in Kontakt zu treten.

„Selbst wenn Verbraucher*innen qualitativ hochwertige, rückverfolgbare und nachhaltige Artikel erwerben wollten, gab es ganz offensichtlich nur unglaublich begrenzte Möglichkeiten", so Deaven-Smiltnieks, die inzwischen in Milton, Ontario, ansässig ist. „Viele von ihnen stammten nicht aus nordamerikanischen Lieferketten." Als sie 2014 nach der Rezession begann, ihre eigene Linie zu konzipieren, wählte sie handverlesene nordamerikanische Produzent*innen und baute ihre eigene Lieferkette auf. Heute besteht ihre in Kanada hergestellte Peggy Sue Collection ausschließlich aus in Nordamerika produzierten Fasern. Röcke, Mäntel und Jacken aus gewebtem Upcycling-Denim, Bio-Baumwolle oder 100 Prozent heimischem Alpaka und Wolle widerlegen die vorherrschende Vorstellung, dass nachhaltige Mode nicht sexy sei. Das gesamte verwendete Denim stammt von Mülldeponien in Ontario, und es gibt keinen Abfall. Sogar Denimreste von anderen Kleidungsstücken werden zu weißem Wollgarn für Pullover verarbeitet.

Designer*innen spielen laut Peggy Sue eine wichtige Rolle bei der Veränderung von Praktiken, ebenso wie die Verbraucher*innen bei der Forderung nach besseren Praktiken. Sie sagt, dass sie nordamerikanische Fasern verwendet, weil sie „an die Langlebigkeit der nordamerikanischen Landwirt*innen und die Erhaltung der Genetik einer vielfältigen Faserlandschaft glaubt. Wenn Kreativkünstler*innen diese Fasertypen nicht für Alltagskleidung verwenden, wird es keine Nachfrage nach diesen gezüchteten Fasern geben und es wird den landwirtschaftlichen Betrieben finanziell nicht möglich sein, eine solche Sorte weiter anzubauen/zu züchten." Oder wie sie es selbst gern zusammenfasst: „No Farms, No Fashion".

DAS NEW YORK TEXTILE LAB

Die neun Millionen Menschen in New York City sind fast alle auf ein umfangreiches und kompliziertes Wasserversorgungssystem angewiesen, das seinen Ursprung in den Farmen, Feldern und Bergen des Bundesstaates New York hat. Vor Jahren sahen sich die Stadtverwaltungen mit einer ärgerlichen Krise konfrontiert: Wie konnten sie qualitativ hochwertiges Trinkwasser aus abgelegenen Oberflächenquellen sicherstellen, die im Wesentlichen keinerlei Kontrollen unterzogen wurden? Ein Lösungsvorschlag bestand darin, ein sehr teures Filtersystem zu bauen, welches das Wasser reinigte, bevor es in die Stadt gelangte. Eine zweite Lösung bestand darin, die Verschmutzung an ihren verschiedenen Quellen zu bekämpfen, entweder durch rechtliche und regulatorische Auseinandersetzungen mit den Grundeigentümern oder durch Kooperation. Die New Yorker Behörden entscheiden sich für eine Zusammenarbeit. Das Ergebnis war eine wegweisende Vereinbarung aus dem Jahr 1997, die staatliche und bundesstaatliche Behörden, Grundbesitzer*innen,

Im Textile Lab werden geerntete Pflanzen von lokalen Märkten genutzt, um ökologische Methoden zur Herstellung, Färbung, Wiederverwertung und Kompostierung von Textilien zu üben. *Foto © Laura Sansone/NY Textile Lab*

Umweltgruppen, Gemeinden und andere zum Schutz des Wassereinzugsgebietes der Stadt verpflichtete. Dazu gehörte auch die Unterstützung der landwirtschaftlichen Gemeinschaft. An dieser Stelle kam der Watershed Agricultural Council ins Spiel. Er arbeitete daran, die Umweltverschmutzung zu reduzieren und gleichzeitig Familienbetriebe in der Region durch eine Vielzahl von Programmen zu unterstützen. Dazu gehörte das neue Planungs- und Umsetzungskonzept für CO_2-Farmen, das bei Faserfarmen, die mit dem New York Textile Lab zusammenarbeiten, Pionierarbeit leistet, um regionale, klimafreundliche Faserquellen zu erschließen.

Das 2015 gegründete New York Textile Lab bringt Künstler*innen, Familienbetriebe und Verarbeitungsstandorte in New York zusammen, um eine wirtschaftlich vielfältige Textillieferkette für den ganzen Staat aufzubauen. Wie andere Organisator*innen des Fibershed-Partner*innenprogramms erkannte die Designerin und Aktivistin Laura Sansone die bedeutenden Mängel der konventionellen Textilindustrie, einschließlich ihres Beitrags zur globalen Erwärmung. Ihre Antwort darauf war, bei der Schaffung von verteilten Netzwerken kleiner Unternehmen zu helfen, zu denen Faserfarmen, Fabriken und Hersteller*innen gehören, mit dem Ziel, eine klimafreundliche Textilwirtschaft im Bundesstaat aufzubauen. „Als Student*innen lernten wir die natürlichen Eigenschaften von Fasermaterialien kennen“, schreibt sie auf der Website des Labors. „Aber wir haben nicht wirklich viel darüber erfahren, woher die Materialien kommen, insbesondere industrielle Textilmaterialien und Kleidung. Die Flachspflanze, das Schaf und die Seidenraupe wurden oberflächlich erwähnt, aber der genauen Farm oder geografischen Region, in der diese Materialien angebaut werden, und den Agrargemeinschaften, die sie kultivieren, wurde extrem wenig Aufmerksamkeit geschenkt.“

Um Abhilfe zu schaffen, ist es ihrer Meinung nach unerlässlich, dass Designer*innen die Herkunft der verwendeten Materialien sowie die sozialen und ökologischen Auswirkungen der Herstellung eines Textils kennen. Besonders besorgniserregend ist die mangelnde Vielfalt bei der Materialwahl, eine Folge der Monopolisierung der Bekleidungsindustrie durch Baumwolle und Polyester, und der damit verbundene Rückgang kleiner Familienbetriebe. Das Fibershed-Modell gefiel ihr sofort, mit seinem Schwerpunkt auf biologisch abbaubaren Materialien, besseren Anbaumethoden mit regenerativen Ergebnissen, reduziertem Ressourcenverbrauch und dem Fokus auf lokalen Arbeitsplätzen. Aus diesem Grund werden die Garne, Textilien und Produkte des New York Native Lab im

Textile Lab ist 2009 aus dem GrowNYC-Greenmarket-System hervorgegangen. Es nutzt eine mobile Küche und eine kleine Arbeitsstation, um lokale Fasersysteme und eine umweltethische Textilproduktion zu erforschen. *Foto © Laura Sansone/NY Textile Lab*

Umkreis von knapp 480 Kilometern um New York City bezogen, gesponnen, gestrickt und gewebt. Sie sind eine Mischung aus Corriedale-Wolle vom Southern Adirondack Wool Pool und Alpaka von der Little Creek Farm. Eine weitere Initiative ist das Regional Cloth Project des Labors, bei dem Textilien aus gemischten, maschinentauglichen Garnen von den südlichen Adirondacks zusammen mit hochwertigem Alpaka hergestellt werden.

STRATEGIEN ZUM ERHALT REGIONALER TEXTILSYSTEME

Basierend auf den Erfahrungen der nationalen Fibershed-Organisator*innen, vertreten wir die Meinung, dass die folgenden Strategien essenziell sind für die Entwicklung und den Erhalt von regionalen Faser-und-Farbstoffsystemen.

#1: In Menschen investieren

Es besteht ein echter Schulungsbedarf in Bereichen wie der klassischen Pflanzenzüchtung; Faserklassifizierung und -handhabung; Verarbeitungsschritte wie Faserreinigung, Kardieren, Waschen, Spinnen, Naturfärberei, Stricken, Weben und ökologische Endbearbeitung von Textilien. Die Herstellungsprozesse von Kleidungsstücken erfordern Fähigkeiten im Umgang mit Schnittmustern, dem Zuschneiden und Nähen. Diejenigen, die neue berufliche Textilkompetenzen entwickeln möchten, benötigen auch Bildungsdienstleistungen und Schulungen, um Finanzkenntnisse, Geschäftsplanung und Verwaltungserfahrung zu entwickeln. Um ein kleines Unternehmen aufbauen zu können, braucht es zunächst ein grundlegendes Verständnis der Unternehmensarchitektur. Rechtsdienstleistungen, die Absolvent*innen einer Ausbildung zur Unternehmensentwicklung angeboten werden, bieten qualifizierten Jungunternehmer*innen die Unterstützung, die sie benötigen, um ihre Projekte als vollwertige juristische Personen zu starten. Diese Bildungsdienstleistungen könnten durch öffentliche Reinvestitionen in unser Junior-College-System erbracht werden.

#2: Investitionen in Wirtschaftsanalysen

Die Durchführung von Machbarkeitsstudien für die Infrastruktur ist ein erster Schritt vor der Umsetzung der Infrastruktur vor Ort. Den Gemeinden die nötige Zeit zu geben, um ihre Faserversorgung und die vorhandenen Talentpools in der Faserverarbeitung zu erfassen, ist die Grundlage dafür, zu wissen, wo eine Fabrik angesiedelt werden soll und wer darin arbeiten möchte. Dies ist eine Investition, die philanthropische Stiftungen am besten unterstützen können.

#3: Investitionen in Infrastruktur und Marktentwicklung

Dies sind die größten Kapitalinvestitionen, die eine Gemeinde tätigen wird, daher ist es wichtig, das „wer, was, wo und warum" zu kennen, bevor man* Gebäude, Maschinen und Transportinfrastrukturen errichtet. Die Kunst der Infrastrukturplanung besteht darin, den Umfang eines Projekts zu bestimmen, abhängig von Angebot und Nachfrage. Unsere Arbeit hat gezeigt, dass Umfragen und Marktforschung nur begrenzt hilfreich sind, um Angebot und Nachfrage verlässlich zu evaluieren. Menschliche Beziehungen sind der grundlegende Schlüssel, um langfristig ein stabiles Angebot und eine stabile Nachfrage aufzubauen. Es kann zwei bis drei Jahre dauern, bis eine Textilmarke, Designer*innen, Kunstschaffende oder Händler*innen dazu in der Lage sind, die Geschäftsarchitektur zu entwickeln, um ein „regional gewachsenes und genähtes" Gut zu kreieren, zu vermarkten und zu verkaufen. Oft sind hunderte von Stunden für Anrufe, E-Mails und Lieferketten-Support erforderlich, um Unternehmen bei der Regionalisierung zu unterstützen. Sobald diese Reinvestition in die Infrastruktur umgesetzt wird, benötigen unsere Gemeinden umfangreiche Langzeit-Finanzinvestitionen. Dazu einige Beispiele aus den USA:

KOMMUNALANLEIHEN: Derzeit werden Kommunalanleihen für Investitionen ausgegeben, die von Wasseraufbereitungsanlagen bis hin zu Mountainbike-Trails reichen. Klimafreundliche Kleidung ist zweifellos genauso wichtig wie Mountainbike-Trails und möglicherweise vergleichbar wichtig wie Wasseraufbereitungsprozesse.

AKTUELLE INVESTITIONEN AUS DEM PRIVATSEKTOR FÜR SOZIALE AUSWIRKUNGEN: Wir haben umfangreiche Investitionen in Technologien getätigt, deren Auswirkungen auf den Boden noch nicht untersucht worden sind (zum Beispiel synthetische Biofasern und Farbstoffe oder Kleidung mit elektronischen Sensoren). Die gleichen Investitionssummen könnten in den Aufbau von Verarbeitungssystemen für Naturfasern und Farbstoffe fließen, deren Auswirkungen auf den Boden bekannt, vorhersehbar und sicher sind.

COMMUNITY DEVELOPMENT FINANCIAL INSTITUTIONS (CDFI-FONDS): CDFIs stellen Kapital zur Verfügung, um Wirtschaftswachstum und Chancen in notleidenden und einkommensschwachen Gemeinden zu generieren. Diese Bundesmittel werden von auftragsorientierten zertifizierten Finanzinstituten ausgegeben und dienen der Förderung und Schaffung von Arbeitsplätzen, dem Wohnungsbau und der Schaffung von Infrastruktur. CDFIs sind potenzielle Kreditgeber zur Unterstützung der Neuentwicklung der notwendigen Verarbeitungsinfrastruktur. Sie könnten eingreifen, nachdem eine Gemeinde Zeit hatte, die Lücken zwischen Angebot und Nachfrage nach regional angebauten Faserprodukten und Textilien zu ermitteln.

USDA-PROGRAMME: Dazu gehören der Value Added Producer Program Grant und der Working Capital Grant. Beide Fördermöglichkeiten werden über die Büros für ländliche Entwicklung des USDA (Landwirtschaftsministerium der Vereinigten Staaten von Amerika) vergeben. Sie unterstützen unsere Faser- und Nahrungssysteme und könnten noch viel mehr Mittel erhalten, um die Wünsche und die Bedürfnisse der ländlichen Gemeinden zu bedienen.

Staatliche und regionale Investitionen in Strategien zur Verbesserung der Widerstandsfähigkeit gegen den Klimawandel und zur Bekämpfung des Klimawandels werden derzeit durch Emissionshandelsgesetze – sogenannte Cap-and-Trade-Gesetze – und andere Formen der Besteuerung und Wiederverwendung von Mitteln generiert. Im Jahr 2015 verteilte unser kalifornisches Cap-and-Trade-Gesetz 2,2 Milliarden US-Dollar für Investitionen in Elektroautos, Hochgeschwindigkeitszüge, Gemeinden, Städte, Wasserbezirke und andere ähnliche Behörden und Organisationen. Ein verschwindend geringer Teil dieser Mittel wurde für das neue Programm für gesunde Böden unseres Bundesstaates bereitgestellt. Wenn wir die Weiterentwicklung unserer Klimaarbeit unterstützen wollen, müssen wir unseren Investitionsfokus auf ganzheitlich konzipierte Soil-to-Soil-Nahrungs- und Faserprojekte ausweiten. Die Zuweisung regionaler und staatlicher Mittel zur Entwicklung der Infrastruktur dieser Systeme wird dazu beitragen, in diesen Gemeinden Wohlstand zu schaffen. Das beinhaltet regionale Verarbeitungszentren, die Rohstoffe in ländlichen Gemeinden bis zur Wertschöpfung aufbewahren. Gleichzeitig würde dies den ökologischen Fußabdruck des Konsums reduzieren. Bevölkerungszentren sind derzeit auf Endprodukte angewiesen, die größtenteils aus Übersee importiert werden, aber aus benachbarten ländlichen Gemeinden stammen könnten.

Mit angemessenen Investitionen aus dem öffentlichen und privaten Sektor können wir eine neue Reihe von wertvollen Traditionen fördern und wachsen lassen, die funktionierende und gesunde Faser-, Lebensmittel- und natürliche Färbesysteme wiederherstellen. Diese „Einzugsgebiets"-Ökonomien („shed" economies auf Englisch) können verbessert werden, um dauerhafte und nachhaltige Produktionssysteme zu schaffen, die einen sinnvollen Lebensunterhalt in unseren Gemeinschaften sichern. Indem wir gezielt Fibersheds wiederbeleben und die volle Verantwortung für den Lebenszyklus eines Kleidungsstücks oder Textils übernehmen, werden wir auf natürliche Art den ökologischen und menschenrechtlichen Druck in Regionen der Welt verringern, in denen die Produktion gelandet ist, um auf Kosten vieler einigen wenigen Geld einzubringen.

Die beiden Gründerinnen von Fibershed DACH: Susan Zimmermann und Nina Conrad. *Foto © Fibershed DACH*

DEN FADEN WEITERSPINNEN, ÜBER LÄNDERGRENZEN HINWEG: FIBERSHED DACH

Die Fibershed-Idee ist im Norden Kaliforniens entstanden – also weit weg von unserem Verlagssitz, in einer völlig anderen Umgebung, einem ganz eigenen Klima. Fasziniert und begeistert von den verschiedenen Fibersheds im englischsprachigen Raum und darüber hinaus, fragten wir uns doch: Könnte die Bewegung auch im deutschsprachigen Raum Fuß fassen? Welche Textilien könnten in Österreich, in Deutschland, in der Schweiz, also im D-A-CH-Raum, produziert werden? Welche Fasern wachsen hier? Und plötzlich fanden wir sie: eine Website im Aufbau, Fibershed DACH, das erste Fibershed im deutschsprachigen Raum, an dessen Gründung Susan Zimmermann und Nina Conrad gerade arbeiteten. Wir kontaktierten die beiden sofort – und freuen uns sehr, dass sie ihre Geschichte hier beitragen. Mehr über Fibershed DACH könnt ihr außerdem auf **www.fibershed-dach.org** *herausfinden.*
(Löwenzahn Verlag)

Gegründet haben wir Fibershed DACH im Winter 2021. Nach dem Vorbild des ersten Fibersheds aus den USA setzen wir uns dafür ein, die Herstellung von Textilien und Alltagsprodukten zurück in unsere Region zu holen und dadurch die einzelnen Schritte der Verarbeitung nicht nur für alle sichtbar und nachvollziehbar zu machen, sondern auch die Menschen, die daran beteiligt sind, wieder direkt zueinander in Beziehung zu bringen.

Unser Einzugsgebiet ist im Vergleich zu anderen Fibersheds sehr weitläufig und besteht aus dem deutschsprachigen Raum Europas, den drei Ländern Deutschland, Österreich und der Schweiz. Das Wort „DACH" steht auch sinnbildlich für die künstliche Grenze, die wir damit ziehen: Sie orientiert sich an der gemeinsam gesprochenen Sprache über Ländergrenzen hinweg, ist aber weder politisch noch kulturell motiviert.

Unsere Region liefert eine Fülle an Ressourcen, die sich zur Herstellung von Kleidung, Heimtextilien und Alltagsprodukten eignen: Insbesondere pflanzenbasierte Fasern wie Hanf, Flachs und Nesseln und tierische Fasern wie die Wolle von Schafen und Alpakas, Edelhaare von Kaschmirziegen, Felle von Nutztieren oder auch Seide sind wertvolle Rohstoffe, die in unseren Breitengraden in ausreichend großen Mengen hergestellt werden. Dazu gehören auch Färberpflanzen, mit denen eine Fülle an Farben produziert werden kann.

Vom Fell zum Leder: Pflanzlich gegerbtes Leder ist ein hochwertiger Naturstoff und ein langlebiges Material, das sich wunderbar zur Herstellung von Kleidung, Schuhen, Interior-Produkten und Möbeln eignet. *Foto © Angelika Annen für MARAI*

Der Schwerpunkt unseres Fibershed-Netzwerks liegt daher auf der Herstellung und Weiterverarbeitung von Textilien und Leder, aber wir berücksichtigen auch weitere natürliche und regenerativ wachsende Materialien wie Holz, Weiden und Stroh.

Textile Tradition

Historisch gesehen schaut unsere Region auf eine traditionsreiche Geschichte in der Textilindustrie zurück. Je nach Gebiet waren unterschiedliche Fasern verbreitet, wobei insbesondere Leinen, Hanf und Wolle lokal verarbeitet wurden. Die Schweiz war darüber hinaus weltweit für ihre Seidenindustrie bekannt.

Vor allem in bergigen und ländlichen Regionen gab es gute klimatische Bedingungen für den Anbau von Flachs und Hanf. Der Faserflachs braucht ein gemäßigtes, feuchtes Klima, um optimal zu wachsen. Ebenfalls begünstigt ein maritimes Klima, das von Wind und Niederschlägen geprägt ist, ein starkes Wachstum und liefert besonders lange und kräftige Fasern.

Auch die Haltung von Schafen bietet sich auf den vielen vorhandenen Wiesen an. Als die meisten Menschen noch im primären Sektor als Landwirt*innen tätig waren, haben sie sowohl ihre eigenen Rohstoffe wie auch ihre eigenen Stoffe und Kleidung daraus hergestellt. Später wurden auch hierzulande die Bastfasern langsam durch Baumwolle abgelöst, die in großen Mengen importiert wurde. Damit entstanden ab Ende des 18. Jahrhunderts die ersten Textilfabriken, die sich zu einem international florierenden Gewerbe entwickelten und sehr viele Arbeitsplätze schufen.

Nach dem Ende des 2. Weltkriegs und verstärkt durch die fortschreitende Globalisierung ab den 1970er-Jahren sind viele der verbleibenden Betriebe entweder in weit entfernte, sogenannte Niedriglohnländer abgewandert, oder haben ihre Türen geschlossen.

Es ist notwendig, dass die bestehenden Akteur*innen miteinander vernetzt werden, damit eine regionale Produktion stattfinden und der Einsatz von Naturfasern in Zukunft wieder gesteigert werden kann.

Heute spielt die Textilindustrie im DACH-Raum eine untergeordnete Rolle. Hergestellt werden insbesondere technische Textilien für Gewerbe wie die Autoindustrie, das Baugewerbe oder medizinische Anwendungen, während sowohl pflanzliche wie synthetische Fasern meistens importiert werden. Daneben gibt es aber auch einige Betriebe wie Spinnereien, Strickereien, Webereien oder Gerbereien sowie zahlreiche Manufakturen und Handwerker*innen, die Stoffe und Leder zu Produkten verarbeiten.

Wir bemühen uns darum, genau diese Betriebe aufzuspüren, uns mit ihnen zu vernetzen, ihnen Sichtbarkeit zu geben und die Möglichkeiten auszuloten, die sich für eine regional integrierte Produktion von Kleidung und Alltagsprodukten bieten.

Es ist notwendig, dass die bestehenden Akteur*innen miteinander vernetzt werden, damit eine regionale Produktion stattfinden und der Einsatz von Naturfasern in Zukunft wieder gesteigert werden kann. Deshalb möchten wir lokale Kooperationen mit Landwirt*innen und Designer*innen, Hersteller*innen und Handwerker*innen schaffen. Unser Ziel ist es, das Potenzial natürlicher und lokal verfügbarer Rohstoffe aufzuzeigen, zu kommunizieren und dadurch die Nutzung von mehr nachwachsenden Rohstoffen und Naturfasern zu fördern.

Gleichzeitig versuchen wir auch, die Lücken in den Lieferketten zu bestimmen und zu überlegen, wie diese geschlossen werden können. Durch die Abwanderung der Textil- und Bekleidungsindustrien ins Ausland ist nicht nur sehr viel Wissen, sondern auch die Infrastruktur verloren gegangen und in der gesamten Region nicht mehr vorhanden. Doch nur mit einer

Gabriele verspinnt auf ihrem Lernbauernhof Kunzenhof in Freiburg Flachs und Wolle zu Garn. In Kursen lernen Kinder und Jugendliche, wie aus dem lokalen Rohstoff ein fertiges Stück Stoff wird. *Foto © Alexander Ratzing für Hiddenland*

funktionierenden Industrie können lokal vorhandene Ressourcen optimal genutzt werden.

Es wird in den nächsten Jahren vermutlich nicht umsetzbar sein, alle benötigten Textilien komplett in Europa herstellen zu lassen – geschweige denn im DACH-Raum. Regionale Produktion wird in der mittelbaren Zukunft ein Impuls dafür sein, wie eine zukunftsfähige, faire Wertschöpfung aussehen kann.

Regionales Leinen

Im Bereich der Lebensmittel ist auffällig, dass es viele Projekte und Initiativen in der regionalen Landwirtschaft gibt. In der Gesellschaft wachsen das Bewusstsein und die Nachfrage nach regionalen und biologischen Lebensmitteln. Auch die Nachfrage nach ökologischer, regional hergestellter Bekleidung ist in unserer Region vorhanden. Da die Gewinnung und Verarbeitung der heimischen Bastfasern aufwendig ist und in mehreren Teilschritten an unterschiedlichen Orten erfolgt, gestaltet sich die Erzeugung trotz großer Tatkraft einzelner Textilverarbeiter*innen im DACH-Raum aber als komplex.

Heute werden 80 Prozent des Leinens weltweit in der Region Frankreich, Belgien und den Niederlanden angebaut. Verschiedene klimatische Voraussetzungen von maritimem bis zu kontinentalem Klima haben die Züchtung von unterschiedlichem Saatgut hervorgebracht, um die Pflanzen an die Standortbedingungen anzupassen. So kann der Flachs unter natürlichen klimatischen Bedingungen angebaut werden. Durch die Verwendung verschiedener Flachssorten wird nicht nur die genetische Vielfalt erhalten, sondern auch die Erntesicherheit bei unterschiedlichen Witterungsbedingungen erhöht.

Ein Großteil der europäischen Flachs-Rohfasern wird zur Weiterverarbeitung nach China transportiert, um als Garn, Stoff oder sogar fertige Textilien wieder auf den europäischen Markt zu gelangen.

Seit einigen Jahren wird auch wieder in Deutschland und der Schweiz Flachs angebaut – die Nachfrage nach regionalen Textilen ist deutlich höher als das Angebot.

SwissFlax wurde 2014 gegründet und bildet das Bindeglied zwischen den Emmentaler Landwirt*innen (Kanton Bern, Schweiz) und dem Leinenmarkt. Es verfolgt das Ziel, die Wertschöpfungskette für Schweizer Flachs wieder aufzubauen und im industriellen Maßstab zu verarbeiten. Swiss-Flax steht allerdings vor den gleichen Hürden wie andere Hersteller in der Region: Es fehlt die Infrastruktur, um das Rohmaterial weiterzuverarbeiten. Im Fall von Flachs fehlen in unserer Region eine Aufschlussmaschine, die den gerösteten Flachs bricht, und auch eine Spinnerei, die aus dem Rohstoff Flachs ein Garn herstellt.

Momentan funktioniert die Lieferkette bis zur Ernte. Schweizer Landwirt*innen bauen derzeit rund sieben Hektar Flachs an. Die Maschinen, die sie für die Ernte und Röste brauchen, werden gemeinsam genutzt. Die Idee, auch zukünftig mit Clustern zu arbeiten, um sich bei teuren Anschaffungen die Kosten zu teilen, steht im Zentrum der weiteren Planung.

Damit es sich lohnen würde, eine Aufschlussmaschine anzuschaffen, bräuchte es in der Region aber rund 80–100 Hektar Anbaufläche für Flachs. Aus diesem Grund wird das Flachsstroh aktuell in Ballen gepresst, in die Niederlande zum Brechen transportiert, wo ein passionierter Partner die Lang- und Kurzfasern gewinnt. Die Langfasern werden nach Polen weitertransportiert, wo sie zu Garn versponnen werden. Safilin, der Partnerbetrieb,

„Eine Fahrt ins Blaue"? Der Flachs öffnet seine Blütenkelche nur für wenige Stunden mit dem Sonnenaufgang – während weniger Tage. Blaublühende Flachsfelder sind somit eine wunderschöne Seltenheit. *Foto © Mina Mahouti*

ist bereit, auch Kleinmengen aus Europa zu verarbeiten, und bemüht sich außerdem darum, in den kommenden Jahren in Frankreich wieder eine Spinnerei zu eröffnen.

Das fertig gesponnene Garn kommt zurück in die Schweiz und in Zusammenarbeit mit Webereien und Strickereien werden hochwertige Stoffe, Interieur und Kleidungsstücke hergestellt.

Ein weiteres Projekt mit Leinen aus unserer Region ist hessenlein, das die hessnatur-Stiftung ins Leben gerufen hat. In Kooperation mit Biobauern*bäuerinnen aus Hessen wird wieder Flachs in Deutschland angebaut. Verarbeitet wird der Flachs in angrenzenden europäischen Ländern.

Besonders die Schritte der Faseraufbereitung Brechen, Hecheln, Kämmen und Spinnen sind also ausgelagert. Es werden vor allem Strukturen in angrenzenden Ländern, die sich im Hauptanbaugebiet von Flachs befinden (Frankreich, Belgien, Niederlande), genutzt. Die Produktionsschritte des Webens, des Strickens und der Fertigstellung der Kleidungsstücke finden an unterschiedlichen Orten in der Region statt.

Neben der Langfaser, die für textile Anwendungen verwendet wird, können auch die weiteren Bestandteile der Pflanze sinnvoll verwertet werden.

Yasmin Bawa fertigt Skulpturen und Interior-Produkte aus Hempcrete – einer Mischung aus Hanfschäben und Kalk. Die Objekte müssen nicht gebrannt werden; stattdessen werden sie mit Tadelakt, marokkanischem Kalkputz, veredelt.
Foto © Magnus Pettersson für Yasmin Bawa

Aus den „Abfallprodukten" der Fasergewinnung wie den Schäben und Kurzfasern können Viskose, Papier, Karton oder Baumaterial weiterverarbeitet werden. „Hempcrete", oder „Flaxcrete" sind natürliche Werkstoffe, die aus Hanf- beziehungsweise Flachsfasern, Schäben und Kalk bestehen und eine Alternative zu Beton darstellen können. Traditionell wird Hempcrete vorrangig in der Baubranche eingesetzt, wobei das Material sich auch gut für Objekte, Vasen und andere Interior-Produkte eignet.

Regeneration unserer Böden

In unserer Region sind Methoden der regenerativen Landwirtschaft noch nicht so verbreitet wie in den USA, wenn auch die Prinzipien nicht neu, sondern vielmehr nur in Vergessenheit geraten sind. Gleichzeitig gibt es vor allem in hügeligen und bergigen Regionen Wanderschäfer*innen und Bergbauern*bäuerinnen, die mit ihren Schafen und Ziegen die Wiesen auf eine sehr natürliche Art regenerieren, indem sie von Weide zu Weide ziehen. In der regenerativen Landwirtschaft wird diese Methode „ganzheitliches Weidemanagement" genannt. Diese ganzheitliche Bewirtschaftung beeinflusst natürliche Ökosystemprozesse, um die Umwandlung von Sonnenenergie durch Pflanzen zu unterstützen, das Abfangen und Zurückhalten von Niederschlägen durch den Boden zu verbessern und die Nährstoffkreisläufe zu fördern. Der Wiederaufbau organischer Masse pumpt Kohlendioxid in Form von CO2 in den Boden und erzeugt eine Aufwärtsspirale der Ökosystemgesundheit. Immer mehr Landwirt*innen interessieren sich auch in unserer Region für die Methode des ganzheitlichen Weidemanagements in der Viehzucht, woraus unter anderem Leder als regionales Endprodukt entsteht. Die Nachfrage nach diesem hochwertigen Leder von regenerativ wirtschaftenden Betrieben ist riesig und steigt in unserer Region stetig.

Eine weitere Methode zur Regenerierung der Böden ist die Agroforstpraxis, die absichtlich Bäume, Weiden und Futterpflanzen in Systeme zur Viehzucht integriert. Hier nimmt das Interesse von Seiten der Landwirt*innen ebenfalls stetig zu. Studienergebnisse zeigen, dass Grasflächen mit Bäumen 5- bis 10-mal so viel Kohlenstoff in Biomasse und Boden binden wie Flächen in gleicher Größe ohne Bäume. Diese Integration kommt den Landwirt*innen auch zugute, indem sie Tieren Schatten, vielfältige Nahrungs- und Einkommensquellen, verbesserte Bodenfruchtbarkeit und Artenvielfalt bietet. Handwerksbetriebe wie Korbmachereien, Drechslereien und Schreinereien können

sich hier auf der regionalen Wertschöpfungsebene angliedern und Rohmaterialien aus Agroforstwirtschaft von den Landwirtschaftsbetrieben beziehen.

Landwirt*innen interessieren sich ebenfalls zunehmend für die Integration von Zwischenfrüchten auf den Feldern. Hier werden neben der Produktion von Lebensmitteln auch Bastfasern wie Hanf als Zwischenfrüchte eingesetzt, der beispielsweise als Tiefwurzler die Böden regeneriert, da er Gifte aus dem Boden zieht und sie in harmlose Substanzen umwandelt.

Die Regeneration der Böden kann somit unter anderem durch Schafhaltung und auch den Anbau von Faserpflanzen in der regenerativen Landwirtschaft vorangetrieben werden, was wiederum Rohmaterialien für Textilien und Gebrauchsgegenstände liefert und mehr Vielfalt in den von uns bewohnten Ökosystemen hervorruft.

Wir suchen die Zusammenarbeit mit einzelnen Betrieben in unserer Region, um diese regionalen Kreisläufe wieder anzustoßen, mit dem Ziel, Landwirt*innen zu ermutigen, regenerative Praktiken in ihren Betrieben zu integrieren und dadurch die Faser- und Textilproduktion wieder neu zu denken. Hier streben wir unter anderem auch Zusammenarbeiten mit

Regenwürmer – kleine Helden mit großer Wirkung. Sie sind unabkömmlich für fruchtbare Böden. Unermüdlich graben sie sich durch den Boden, lockern damit die Bodenstruktur, verbessern die Luftzufuhr und steigern den Nährstoffaustausch zwischen den einzelnen Bodenschichten. *Foto © Alexander Ratzing für Hiddenland* regionalen und überregionalen Partner*innen und Vereinen wie Agricultura regeneratio an, um sowohl konventionell als auch biologisch wirtschaftende Betriebe, die bereits Fasern anbauen, über Möglichkeiten des Aufbaus neuer Wertschöpfungskreisläufe in der Faserherstellung zu informieren.

Unsere Vision

Mittlerweile sind wir ein kleines Team von engagierten Personen aus unserer Region, die viel Enthusiasmus, großes Wissen über die lokal wachsenden Rohstoffe, langjährige Erfahrung in der Weiterverarbeitung und ein großes Netzwerk mitbringen. Gemeinsam wollen wir einen Raum für den digitalen und persönlichen Austausch schaffen, um mit der Umsetzung eines Fibershed in unserer Region zu beginnen. Das offene Netzwerk soll neue Mitglieder und finanzielle Unterstützung anziehen und sich zu einer florierenden, sich gegenseitig unterstützenden Gemeinschaft entwickeln.

Einerseits beschäftigen wir uns mit dem historischen und traditionellen Wissen, das in unserer Region vorhanden ist. Wir haben uns dem internationalen Fibershed-Netzwerk angeschlossen, um andererseits auch von anderen Menschen aus anderen Regionen dieser Welt etwas lernen zu können. Denn auch wenn ein Fibershed im Grunde sehr regional ist, weil es sich auf die Textilfasern bzw. Materialien konzentriert, die in einer bestimmten Region wirklich erzeugt und weiterverarbeitet werden können, so hat die Textilindustrie doch auch eine sehr internationale und vielseitige Geschichte. Das zeigt sich beispielsweise darin, dass hier auch Tierrassen gehalten werden, die ursprünglich nicht hier lebten, oder Spinntechniken aus anderen Ländern Anwendung finden. In anderen Ländern gibt es zwar ganz andere Textiltraditionen, doch die Herausforderungen sind oftmals dieselben. So können wir von ihrem Wissen profitieren und ihre Erfahrungen auch bei uns einbringen. Eine widerstandsfähige lokale Wirtschaft und blühende lokale Gemeinschaften leben vom kulturellen Austausch.

Auf unserer Website zeigen wir einerseits unser Netzwerk, bestehend aus Landwirt*innen, Schäfer*innen, Webereien, Spinnereien, Strickereien, Gerbereien, Nähereien, Werkstätten, kleinen Manufakturen, Ateliers, Designer*innen und Menschen, die stricken, spinnen oder mit Pflanzenfärbung arbeiten. Andererseits informieren wir über Veranstaltungen, Workshops und Kurse, die Fachwissen und Können direkt an Interessierte weitergeben und einen großen Beitrag zur Aufklärung und Sensibilisierung von

Schafe mitten im Weinberg? Sie haben eine positive Wirkung auf den Boden und die Biodiversität des Weinberges, hier auf dem Biohof Lindenhof. Schöner Nebeneffekt: Sie liefern noch dazu wunderbare Wolle. *Foto © Susan Zimmermann*

Konsument*innen leisten. In Planung ist ein Marktplatz, über den wir Produkte aus unserem Fibershed-Netzwerk vertreiben möchten.

Durch Workshops an Schulen und Design-Hochschulen möchten wir das Bewusstsein für Regionalität und den Wert, der Textilien beigemessen wird, aufbauen. Das Verständnis für den Aufwand, der hinter der textilen Verarbeitung steht, wird greifbar gemacht. Vor allem kann aber ein direkter Kontakt und eine Bindung zu besonderen, hiesigen natürlichen Materialien entstehen.

Transformation gestalten

Wir müssen ganz grundsätzlich etwas ändern an der Art, wie wir produzieren: Nicht nur der letzte Produktionsschritt, sondern die gesamte Herstellung – vom Rohstoff zum fertigen Produkt – soll in unserer Region stattfinden. Denn erst, wenn sich die textile Kette auf kleinräumiger Ebene etabliert hat und wirklich regional produziert wird, potenzieren sich die positiven Effekte von lokalen natürlichen Materialien. Die Förderung der regionalen Wirtschaft mit nachwachsenden Rohstoffen begünstigt zudem die Vernetzung von ländlichen und urbanen Strukturen, schafft zusätzliche Einnahmemöglichkeiten und sorgt für eine Einsparung von Ressourcen.

Mit der globalen Textilproduktion von Baumwolle und synthetischen Stoffen hängen negative Begleiterscheinungen wie langfristige Bodenunfruchtbarkeit und Wasserverknappung, Schadstoffemission und Altlasten zusammen. Es findet eine Externalisierung der Kosten dadurch statt, dass sich diese Faktoren nicht in dem niedrigen Endpreis der Textilien widerspiegeln. Durch Regionalwirtschaft werden die wahren Kosten eines Produktes abgebildet. Es entsteht wieder ein Gefühl, dass Persönlichkeiten, eine sorgfältige Planung und ein gut ausgeübtes Handwerk hinter der Erzeugung von Kleidung und Alltagsprodukten stehen. Diese Mehrkosten der inländischen Erzeugung können nur durch die entsprechende Wertschätzung ausgeglichen werden: Denn wer weiß, wie und von wem ein Produkt hergestellt wurde, misst diesem einen anderen Wert bei. Im Umkehrschluss können durch regionale Produktion nicht nur vergessene Rohstoffe gefördert werden, vielmehr trägt sie auch zu einem Wandel des Bewusstseins in der Gesellschaft bei.

Eine wahrheitsbasierte Zukunft

Die Wiederentdeckung und der Aufbau einer Beziehung zur Landschaft, die eine Basis für Textilressourcen darstellt, ist ein Prozess, der uns für den Zustand unserer Erde, unserer Gemeinden und der lokalen Wirtschaft sensibilisiert. Wenn wir diesen Zuständen Aufmerksamkeit widmen, wird die Notwendigkeit, die ökologische Funktion unserer regionalen Landschaften wiederherzustellen und unser soziales Gefüge zu reparieren, offensichtlich. Eine ökologische und soziale Wiederherstellung mit Hilfe von Faser-und-Farbstoff-Systemen bietet direkte Umsetzungsmöglichkeiten, die im Laufe des Buches erwähnt wurden. Wir haben gezeigt, dass ihr viele Möglichkeiten habt, euch zu engagieren, wenn ihr das wollt: vom Anlegen eines Färbergartens in ein paar Tontöpfen über die Verwendung von lokal angebautem Garn von klimafreundlichen Farmen und Ranches bis hin zum Ausbessern der eigenen Kleidung. Wenn es jedoch darum geht, größere Fabriken, den Vertrieb und kapitalintensive Initiativen zu starten, die zur vollständigen Dezentralisierung eines Faser- und Färbesystems erforderlich sind, vollzieht sich der Wandel langsamer.

Obwohl wir die Vorteile der Dezentralisierung und der Stärkung der lokalen Wirtschaft verstehen, gibt es keine unmittelbaren wirtschaftlichen Anreize für traditionelles Investitionskapital, um Projekte zu finanzieren, die keine offensichtliche Ausstiegsstrategie beinhalten. Aus einer ortsbezogenen Textilkultur auszusteigen ist nicht einfach. Daher war der wirtschaftliche Aufwand, unsere Naturfaser- und Färbetraditionen zu erweitern und zu verbessern, nicht der einfachste Weg im gegenwärtigen Wirtschaftssystem.

Die Produktionsprozesse, die heute die überwiegende Mehrheit der Menschen bekleiden, werden durch globales Investitionskapital unterstützt, das seit Jahrhunderten daran arbeitet, die Genetik und die Maschinerie, die die Grundlage für den Anbau und die Herstellung von Fasern und Färbemitteln

Deepa und Loka Natarajan untersuchen eine Coreopsis-Blume in ihrem Färbe- und Futtergarten in Berkeley, Kalifornien. Deepa ist Ethnobotanikerin, Naturfärberin und Programmkoordinatorin am Botanischen Garten des UC Berkeley. *Foto © Alycia Lang*

bilden, zu zentralisieren und zu privatisieren. Dieses System befindet sich eindeutig an einem Wendepunkt, da wir eine Schwelle dafür erreichen, wie lange eine Zentralisierung auf einem Planeten mit Klimazerstörung bestehen kann. Derzeitige Textilsysteme produzieren einen Überschuss an Materialien auf Kosten der Biome der Erde. Es ist inzwischen ein wirtschaftliches Privileg, Zugang zu ungiftiger Kleidung und sauberer Nahrung zu haben. Es stellt sich also die offensichtliche Frage: *Warum lassen wir diese Art von Wirtschaft immer noch zu, wo sie doch gesunde Entscheidungen in Bezug auf Textilien (und andere Dinge) für die große Mehrheit von uns zu teuer gemacht hat?*

Um dysfunktionale Beziehungen jeglicher Art zu verändern und sicherzustellen, dass Lösungen umgesetzt und Fehler nicht wiederholt werden, ist es wichtig, die Geschichte der Beziehung zu verstehen. Während ich dies schreibe, befinde ich mich in einem Büro, das auf Land gebaut wurde, das von Europäer*innen parzelliert wurde, die den nordamerikanischen Kontinent gewaltsam eroberten und Völkermord an indigenen Zivilisationen verübten, die fortschrittliche Faser- und Färbetraditionen pflegten und weiterhin pflegen. Ihre Methoden sind sogar so fortschrittlich, dass Textilkunstschaffende in meiner Region dafür bekannt sind, Rohstoffe für Kleidung und andere notwendige Dinge anzubauen und zu ernten, ohne Abfall zu erzeugen, und dabei die biologische Vielfalt verbessern. Im Südosten der Vereinigten Staaten wurde Land für die Landwirtschaft gerodet und die Sklaverei eingeführt, ein System, das auf dem Diebstahl von Bauern*Bäuerinnen, Ingenieur*innen, Hebammen, Kräuterkundigen und Baumeister*innen aus vielen afrikanischen Gesellschaften beruhte. Diese Personen und Familien hatten in ihren Heimatländern Pionierarbeit beim Anbau von Indigo, Baumwolle und Reis geleistet. Die versklavten Landwirt*innen waren so produktiv und qualifiziert, dass 1836 mehr als die Hälfte der gesamten Wirtschaftsleistung in den USA (600 Millionen US-Dollar) von der Baumwollindustrie erzielt wurde. Sie wurde von über einer Million versklavter Menschen betrieben, die für ihre Arbeit keinen wirtschaftlichen Gewinn erhielten.[114] Der Aufstieg Amerikas zur wirtschaftlichen Vormachtstellung wurde durch die Erträge in den von versklavten Menschen getragenen Baumwollsystemen ermöglicht. Obwohl diese Geschichte nicht neu ist, wurde vielen von uns beigebracht, dass diese Verbrechen gegen die Menschlichkeit irgendwie hinter uns lägen und dass sich unsere Wirtschaft, die einst auf Gewalt und Ausbeutung beruhte, im Laufe der Jahrzehnte und Jahre verändert hätte. Aber solltet ihr jemals versuchen, von einer Bank oder einem*r traditionellen Kreditgeber*in Investitionen zu erhalten für den Aufbau oder das Wachstum eines

Unternehmens auf Faser- und Farbstoffbasis, das sich auf die Verbesserung der sozialen und ökologischen Bedingungen eurer eigenen Gemeinde konzentriert, werdet ihr auf die gleichen Mechanismen der wirtschaftlichen Dysfunktion stoßen, die von Völkermord und Sklaverei profitierten. Das US-Wirtschaftssystem hängt von vierteljährlich gemessenen Renditen ab, die in den meisten Fällen die Kapazitäten der Erde zur Produktion von Rohstoffen übersteigen. Es ist bekannt, dass diese Renditen die Ausbeutung von Menschen, Pflanzen und Tieren vorantreiben – in anderen Worten, der „Erfolg" unserer Wirtschaft zwingt uns in ökologische und soziale Schulden. Im Moment halten Billionen unserer eigenen Dollars dieses versagende System aufrecht; Pensionsfonds (und der größte Teil, wenn nicht gar unser gesamtes Treuhandkapital), Private-Equity-Firmen, Hedgefonds und die meisten Privatbanken, in denen wir unser Geld aufbewahren, sind auf Renditen angewiesen, die aus Projekten und Unternehmungen gewonnen werden, die auf der langfristigen Verarmung der Mehrheit der Bevölkerung basieren. Ein vernünftiger Ansatz für die wirtschaftliche Entwicklung würde den Aufbau eines neuen Systems vorsehen, eines Systems, das uns einen Anreiz bietet, uns auf die Regenerationsfähigkeit unseres Landes und unserer eigenen Körper zu konzentrieren.

Trotz des Weges, den die globale Textilwirtschaft eingeschlagen hat, ist unsere Gemeinschaft aktiv dabei, dieses System zu ändern; Verbündete aus allen Bereichen des sozialen und wirtschaftlichen Lebens arbeiten zusammen, um dies umzusetzen. Unser Fibershed sucht weiterhin nach Möglichkeiten und lotet aus, was ein regionales Faser- und Färbesystem produzieren kann. Wir haben uns in den letzten zehn Jahren zu einem wahren Think Tank für soziale, wirtschaftliche und politische Daten entwickelt. Wir haben außerdem mit der Gewinnung von Rohstoffen aus integrierten und regenerierenden Faser-, Lebensmittel-, Farbstoff-, Medizin- und Kraftstoffsystemen begonnen. Wir haben gerade erst damit angefangen, alle verfügbaren Verarbeitungssysteme auszuprobieren, um das, was wir anbauen, in schöne Textilien zu verwandeln.

Es ist uns gelungen, den Farmer*innen, Tierzüchter*innen und Handwerker*innen Stimmen und Gesichter zu geben, indem wir ihre Geschichten an die Öffentlichkeit brachten. Wir erleben Faser nicht mehr nur als Ware, und Farbstoffe sind kein anonymer Chemiecocktail mehr. Wir haben Jahre damit verbracht, diese einst unbekannten Materialien und Prozesse mit tatsächlich gelebter menschlicher Erfahrung zu verbinden, und haben dabei die Rolle und Wirtschaftlichkeit des Faser- und Farbstoffanbaus wieder zu schätzen gelernt. Wie mein Kollege Dan DiSanto sagt: „Die Zukunft liegt in der Umkehr der Lieferkette." Das bedeutet, unsere Aufmerksamkeit darauf zu richten, dass

Textilien aus der Erde kommen und dass es Menschen gibt, die jeden Tag aufwachen und sich für ihr Land, ihre Pflanzen und Tiere einsetzen. Menschen, die es genießen, mit anderen verbunden zu sein, die die Früchte ihrer Arbeit in ihrer eigenen Arbeits- und Lebenspraxis schätzen und nutzen.

In der Textilanbau- und Kleidungsindustrie in meiner Region haben sich die Geschichten hauptsächlich auf die Erfahrungen von Frauen wie mir konzentriert – deren Familien im Laufe der Jahrhunderte in kolonisierte Länder eingewandert waren und ihre Landwirtschafts- und Designpraktiken mitgebracht hatten. Die Bewegung zur vollständigen Dezentralisierung und Regenerierung unserer Textilsysteme beinhaltet die Aufrechterhaltung und Wertschätzung sowie den Respekt für indigene Völker und ihre Traditionen – insbesondere die von BIPoC, deren Geschichten durch Fast Fashion und industrielle Landwirtschaft ausgelöscht wurden und werden.

Die nächste Phase dieser Arbeit besteht darin, sicherzustellen, dass die lokale Faser- und Naturfärberei erweitert werden kann, um für mehr als die wenigen Privilegierten zugänglich und gewinnbringend zu sein. Viele Aspekte des Systems müssen transformiert werden, um das gewährleisten zu können. Einer der wichtigsten Punkte ist die Art und Weise, wie in Verarbeitungs- und Verteilsysteme investiert wird. Die Zukunft dieser textilen Systeme könnte alle, die auf dem Weg von Soil-to-Skin arbeiten, klimafreundlich und wirtschaftlich stärken. Diese aufstrebende Zukunft beginnt sich bereits zu zeigen, und wir alle spielen eine Rolle darin, ihren Aufschwung durch unsere Stimmen, unser Handeln und unser konsequentes Engagement zu beschleunigen.

Craig Wilkinson pflanzt mit einem Team von Freiwilligen Indigo. Craig bietet Samen- und Färbeworkshops für die Northern-California-Fibershed Gemeinde an. *Foto © Kalie Cassel-Feiss*

Danksagungen

Ich danke allen Landwirt*innen, Kunstschaffenden, kleinen Manufakturbetreiber*innen, Scherer*innen, Tierzüchter*innen und Produzent*innen im Northern California Fibershed, die mich zu dieser Arbeit inspiriert haben und die ich tagtäglich dabei beobachte, wie sie daran arbeiten, ihr Leben mit ihrer angeborenen menschlichen Kreativität und Leidenschaft für Erdverbundenheit zu revitalisieren und zu gestalten und ein Teil ihres Ortes zu sein. Eine besondere Anerkennung und Dank gehen an die Schafherdenhalterin und Landwirtin Jean Gowan Near, die während des Schreibens dieses Buches im reifen Alter von 105 Jahren verstarb. Sie hat mir so viel darüber beigebracht, wie die Dinge vor nicht allzu langer Zeit gemacht wurden und wie echte Nachhaltigkeit aussah, sich anfühlte und funktionierte. **–RB**

Meine Arbeit an diesem Buch wäre ohne die finanzielle Unterstützung folgender Personen nicht möglich gewesen: Bradshaw-Knight Foundation, Bybee Foundation, Grasslans Foundation, Globetrotter Fund, O'Toole Family Foundation, Regenerative Agriculture Foundation und die Stokes Foundation. Ich bin sehr dankbar für die Unterstützung jeder einzelnen Person, die an diesen Organisationen mitwirkt. **–CW**

Der Irma Jumpsuit wurde von Geana Sieburger von GDS Cloth Goods entworfen für die Fibersheds-Climate-Beneficial-Gala. Er wurde mit Community Supported Cloth aus Rambouillet-Wolle von Lani's Lana hergestellt und gewebt von der Huston Textile Company. *Präsentiert von Serah Blackstone-Fredericks.*

Anhang A:

INHALTSSTOFFE, DIE IHR IM AUGE BEHALTEN SOLLTET

Es gibt zahlreiche und ständig wechselnde synthetische Verbindungen, die in der Textilherstellung verwendet werden. Der Buyer's Guide der American Association of Textile Chemists and Colorists listet 2.000 Spezialchemikalien (die Spezialchemie ist ein uneindeutig definierter Bereich der chemischen Industrie, die besondere Wirkstoffe geringpreisig und häufig für individuelle Kund*innen herstellt) in über 100 Kategorien auf – und Textilfarbstoffe sind darin nicht einmal enthalten. In dem Bemühen, die Stoffe auszusondern, von denen bereits bekannt ist, dass sie die schwerwiegendsten und am besten dokumentierten Auswirkungen auf die Gesundheit haben, haben wir hier eine Untergruppe von Komponenten zusammengestellt. Während diese Verbindungen und ihre Wirkungen einzeln und linear aufgeführt sind, wirken diese Chemikalien beim Einatmen, Verschlucken oder Resorbieren synergistisch; es hat sich gezeigt, dass die Kombination von Verbindungen eine größere schädliche Wirkung hat als jede einzelne Verbindung für sich.[115] Es ist wichtig zu verstehen, dass die Forschung immer wieder aufdeckt, dass „zulässige Mengen" dieser Verbindungen oft das überschreiten, was viele unserer Körper aushalten können. So verursachen sie Krankheiten oder chronische Krankheiten, und zwar schon bei viel niedrigeren Schwellenwerten, als innerhalb der Industriestandards zulässig sind.[116]

Bei Laboranalysen von Drittanbieter*innen von Produkten großer Marken, Kleidung und Accessoires wurden in mehreren Fällen bedenkliche Verbindungen in Konzentrationen gefunden, die sogar über den vom Unternehmen angegebenen zulässigen Werten liegen.[117] Dies kann aufgrund der weitläufigen und undurchsichtigen Natur der globalen Lieferketten auftreten, auf die sich die Branche bei der Herstellung ihrer Markenprodukte verlässt. Nach den zum Zeitpunkt der Veröffentlichung durchgeführten Forschungen ist der Global Organic Textile Standard (GOTS) der einzige globale Standard, der Schutz durch die Eliminierung der unten genannten synthetischen Verbindungen bietet. Dieser Standard geht in Bezug auf eine Vielzahl von besorgniserregenden Verbindungen in die Tiefe, weit über die hier vorgestellte kurze Liste hinaus. Der Standard erlaubt die Verwendung synthetischer Farbstoffe, hat jedoch die Nutzung von Azofarbstoffen (die unten erläutert werden) ausgeschlossen.

PHTHALATE

Die chemische Klasse der Phthalsäureester ist allgemein als Phthalate bekannt. Sie werden häufig verwendet, um Kunststoffe weicher zu machen, und werden neben anderen Anwendungen auch in Kunststofftinten für den Textilsiebdruck genutzt. Phthalathaltige Plastisol-Tinten sind das am häufigsten verwendete Material für den Textildruck und wurden in 33 der 35 getesteten Kinderbekleidungsartikel gefunden. Sie waren 2014 von unabhängigen Drittlabors in der Greenpeace-Studie *A Little Story About the Monsters in Your Closet* getestet worden. In einer Studie mit dem Titel *A Red Card for Sportswear Brands* aus dem Jahr 2016 wurden Phthalate in Fußballschuhen, Handschuhen und Trikots gefunden, die im Rahmen des WM-Merchandisings verkauft wurden. Die Verbindungen sind chemisch nicht an den Kunststoff gebunden und so sondern die Kleidungsstücke ihr Leben lang giftige Stoffe ab.

Diese Verbindungen werden oft in der Raumluft und in Staub gefunden.[118] DEHP und DINP sind häufig verwendete Bestandteile dieser Verbindungsklasse und werden in Mengen von 13 bzw. 10 Millionen Kilo pro Jahr produziert. So ist es nicht überraschend, dass die amerikanischen Gesundheitsbehörden bei fast 100 Prozent der US-Bevölkerung messbare Mengen einer oder mehrerer dieser Chemikalien im Körper nachgewiesen haben.[119] Phthalsäureester wandern aus unseren Kleidungsstücken und Haushaltsprodukten in unsere Körperflüssigkeiten und wurden vor allem in Fruchtwasser, Muttermilch und Urinproben von Schwangeren gefunden.[120] Es ist sehr besorgniserregend, dass Phthalate so leicht in unsere Körperflüssigkeiten, insbesondere Schwangerer, gelangen; es konnte nachgewiesen werden, dass die Verbindungen die Hormonproduktion der Hodenzellen in der Entwicklung der Geschlechtsorgane stören und verändern. Phthalate senken den testikulären Testosteronspiegel, während der Fötus den Prozess der sexuellen Differenzierung durchläuft. Forscher*innen nennen dies das Phthalat-Syndrom. Es verursacht einen unvollständigen Hodenabstieg, ein geringeres Hodengewicht und eine geringere Penisgröße sowie eine verkürzte anogenitale Distanz oder AGD.[121] Diese Verbindungen wurden außerdem mit einem „weniger männlichen" Spielverhalten bei Jungen in Verbindung gebracht. Die Ergebnisse deuten darauf hin, dass Phthalate das Potenzial haben, die auf Androgen (auch bekannt als männliches Hormon) ansprechende Gehirnentwicklung beim Menschen zu verändern. Die Phthalat-Exposition wurde auch mit einer verminderten männlichen Fertilität in Verbindung gebracht, insbesondere aufgrund einer verminderten Samenqualität.[122]

PFCS

Perfluorierte und polyfluorierte Chemikalien (PFCs) sind synthetische (vom Menschen hergestellte) Verbindungen, die seit mehr als 50 Jahren produziert werden. Sowohl die lang- als auch die kurzkettigen PFCs sind dafür bekannt, dass sie aufgrund der Stärke der Kohlenstoff-Fluor-Bindung in der Umwelt bestehen und sich zusammenballen können. PFCs haben wasser- und ölabweisende Eigenschaften und werden für flecken- und fettabweisende Kleidungsstücke, Teppiche und Lederprodukte sowie zur Herstellung dauerhaft wasserabweisender Artikel wie Regenmäntel und Jacken und Bergsportbekleidung verwendet. FTOH (Fluortelomer-Alkohol), ein üblicher chemischer Ausgangsstoff, der zur Abdichtung verwendet wird, ist als flüchtige PFC bekannt und zerfällt zu PFOA (eine langkettige PFC), sobald es in den menschlichen Körper gelangt und oxidiert.[123]

Regierungen in den Vereinigten Staaten und in Europa haben Anstrengungen unternommen, um die Produktion und Verwendung der besser untersuchten, langkettigen PFCs schrittweise einzustellen. Im Jahr 2002 begann die 3M Corporation mit dem stufenweisen Rückzug von langkettiger Perfluoroctansulfonsäure (PFOS). Perfluorbutyrat (PFBA) wurde zuletzt 1998 in den Vereinigten Staaten hergestellt. Es ist jedoch allgemein bekannt, dass diese Moleküle so konzipiert sind, dass sie auch unter extremen Bedingungen bestehen bleiben (ihre Aufgabe ist es, ein Textil wasserabweisend zu halten, so dass sie auch nach dem Waschen unserer Kleidungsstücke weiterhin in der Umwelt fortbestehen). Ein Beispiel für diese biologische Persistenz wurde in einer Studie aus dem Jahr 2009 deutlich, die über ein Jahrzehnt nach dem Ausstieg stattfand – Forscher*innen identifizierten die allererste PFBA-Nabelschnurblutprobe in den Vereinigten Staaten, zehn Jahre nachdem wir die Produktion der Substanz eingestellt hatten.[124] Laut einem Bericht von Greenpeace aus dem Jahr 2014 wurden PFCs in den Lebern von Eisbären, in den Exkrementen von Pinguinen in Feuerland und in Schneeproben in abgelegenen Regionen der italienischen Alpen gefunden – alles Orte, an denen kein Konsum und keine Produktion von PFC-haltigen Textilien stattfindet.[125] Diese Verbindungen werden jedoch aufgrund ihrer Fähigkeit zur Bioakkumulation und Konzentration in unserer Umwelt heute in den entlegensten Gebieten unseres Planeten gefunden. Es überrascht nicht, dass sich PFCs im menschlichen Blut und in der Muttermilch anreichern. PFBA war nur eine PFC, die in den Nabelschnüren von Neugeborenen gefunden wurde.[126]

Wissenschaftler*innen der Gesundheitsbehörde der Columbia University und der Johns Hopkins University testeten Nabelschnurblut von Babys, die zwischen dem 26. November 2004 und dem 16. März 2005 im Johns Hopkins Hospital geboren wurden, auf zehn PFCs. Sie wiesen PFOS in 99 Prozent und PFOA in 100 Prozent der Proben nach. Acht weitere PFCs wurden mit geringerer Häufigkeit nachgewiesen.[127] Der Bericht *Pollution in People: Cord Blood Contaminants in Minority Newborns* der Environmental Working Group aus dem Jahr 2009 präsentiert die Erkenntnisse von Forscher*innen der Johns Hopkins Bloomberg School of Public Health, die PFC-Werte bei fast 300 Mutter-Kind-Paaren getestet und festgestellt haben. Sie fanden heraus, dass Schwangere mit erhöhten Blutwerten dieser Chemikalien Säuglinge mit reduziertem Geburtsgewicht und reduziertem Kopfumfang zur Welt brachten.[128] Andere Studien am Menschen haben die PFC-Aussetzung mit Schwierigkeiten bei der Empfängnis, geringerer Spermienqualität, Schilddrüsenerkrankungen und erhöhtem Cholesterin in Verbindung gebracht.[129] In Tierstudien wurde eine PFC-Kontamination mit einer Immunsuppression sowie mit Bauchspeicheldrüsen-, Leber- und Brustkrebs in Verbindung gebracht. Der Kontakt mit einigen PFCs wurde auch mit Nieren- und Hodenkrebs beim Menschen in Verbindung gebracht.[130] PFOS und PFOA werden mit negativen Auswirkungen auf die Konzentrationen von Impfantikörpern bei geimpften Kindern assoziiert.[131] Während die Vereinigten Staaten die Produktion einer Teilmenge dieser Verbindungen eingestellt haben, gelangen PFCs weiterhin in unsere Häuser und Schränke durch den Import von Kleidungsstücken und langlebigen Gütern aus Ländern, deren Herstellungsverfahren oft nicht gesetzlich reglementiert sind. In *A Little Story About the Monsters in Your Closet* stellte Greenpeace fest, dass 15 der 15 Kinderkleidungsstücke positiv auf eine oder mehrere PFCs getestet wurden. In der Studie *Chemistry for Any Weather*, die ebenfalls von

Greenpeace veröffentlicht wurde, stellte sich heraus, dass 14 von 14 Regenjacken der weltweit führenden Outdoor-Marken nachweisbare PFC-Werte aufweisen. Derzeit gibt es keine Vorschriften, die den Import von Kleidung verhindern, die diese Verbindungen enthält. Es gibt jedoch Alternativen, und die Suche nach PFC-freien Kleidungsstücken ist jetzt möglich, da immer mehr Unternehmen daran arbeiten, sichere Alternativen anzubieten.

NONYLPHENOLETHOXYLATE

Nonylphenolethoxylate oder NPEs sind synthetische (vom Menschen hergestellte) Chemikalien, die als Stabilisatoren und Emulgatoren in Kunststoffen verwendet werden. Sie sind in Waschmitteln und als Tenside in der Textilherstellung weit verbreitet. NPEs können durch Einatmen von kontaminierter Luft, die Aufnahme von kontaminierten Lebensmitteln oder Wasser und durch Hautkontakt mit Produkten in den Körper gelangen.[132] NPEs zerfallen zu NPs (Nonylphenolen), die als endokrine Disruptoren bekannt sind. Sie ahmen Östrogen nach, ballen sich zusammen und bleiben in unserer Umwelt bestehen, was sie besonders für Wasserlebewesen bekanntermaßen gefährlich macht. NPEs werden bei den Wasch- und Verarbeitungsprozessen der Textilverarbeitung verwendet und verbleiben nach dem Kauf auf unserer Kleidung. Länder, die die meisten unserer Kleidungsstücke herstellen (China, Bangladesch, Vietnam, Myanmar, Kambodscha und Indien, um nur einige zu nennen), haben keine Verbote für die Herstellung oder Verwendung von NPEs. So werden Kleidungsstücke immer noch mit nachweisbaren Mengen dieser chemischen Verbindungen gekauft und importiert. Beim Waschen werden die Rückstände behandelter Textilien über die öffentlichen Abwassersysteme direkt in unsere lokalen Gewässer und Böden abgegeben. Schließlich lagern sich die Verbindungen in Flüssen, Seen, Ozeanen, Sedimenten und Böden ab.[133] Aufgrund des weit verbreiteten Wissens, dass sich diese Verbindungen in flüssiger Form verbreiten und sich in unseren Wasservorräten sammeln, ist die Europäische Union 2005 einen Schritt weiter gegangen und hat NPEs als *prioritäre gefährliche Stoffe* gemäß der EU-Wasserrahmenrichtlinie eingestuft.

Ein Bericht von Greenpeace vom Mai 2014, *A Red Card for Sportswear Brands*, testete 33 Produkte der Sportbekleidungsunternehmen Nike, Adidas und Puma. Jedes dieser Unternehmen hatte sich zwei Jahre zuvor verpflichtet, NPEs zu eliminieren und seine Lieferketten zu entgiften. In Labortests von Fußballtrikots, -schuhen und -handschuhen wurden bei den meisten getesteten Artikeln NPEs in unterschiedlichen Mengen gefunden.[134] 2015, ein Jahr später, verbot die Europäische Union die Einfuhr von Textilien, die selbst winzige Rückstände des Stoffes enthalten.[135] In den Vereinigten Staaten führte die amerikanische Umweltbehörde EPA (Environmental Protection Agency) ungefähr zur gleichen Zeit (2015) eine neue Verwendungsregel für 15 NPEs/NPs ein. Sie forderte Hersteller*innen in den Vereinigten Staaten auf, die EPA 90 Tage vor der Verwendung der Verbindungen zu benachrichtigen. Dieses Verfahren sollte der EPA genügend Zeit geben, um in „gerechtfertigten" Fällen Maßnahmen ergreifen zu können, um „die Aktivität zu verbieten, bevor sie auftritt".[136] Es erübrigt sich zu erwähnen, dass nicht explizit die Abschaffung der Verwendung von NPEs im Inland geregelt wird, und wir sind nach wie vor weit davon entfernt, importierte Textilien zu verbieten, die die Verbindungen enthalten.

Die Gesetze in den Vereinigten Staaten im Vergleich zu denen in der Europäischen Union mögen ausgesprochen mild sein, aber immerhin erkennt unsere Umweltschutzbehörde diese Chemikalien als Gesundheitsrisiken an. Sie arbeitet mit den Hersteller*innen zusammen, um deren freiwilligen Ausstieg aus der Verwendung im Inland zu unterstützen. Im Jahr 2010 betrug die Nachfrage nach NPEs/NPs in den US 170 Millionen Kilogramm. Bei Untersuchungen der EPA wurden die Verbindungen im Oberflächenwasser und in Sedimenten der Großen Seen sowie des Ohio River gefunden – und auch in bodenbewohnenden Fischen (Karpfen). Die östrogenen Wirkungen von NPEs/NPs in Süß- und Salzwasserökosystemen erzeugen ökologische Effekte auf jeder trophischen Ebene.[137] Östrogene Verbindungen wie NPs wurden mit östrogenabhängigen Krebserkrankungen bei Erwachsenen und Kindern in Verbindung gebracht. Solche Krebsarten sind seit 1975 um 0,6 Prozent pro Jahr gestiegen, und in der Forschungsstudie „Association of Environmental Chemicals and Estrogen Metabolites in Children" hatte ein Drittel der untersuchten Kinder messbare Mengen an NPs im Urin.[138]

BPA

Bisphenol A (BPA) ist eine synthetische Verbindung, die vor allem für ihre Verwendung bei der Herstellung von Kunststoffen bekannt ist, obwohl sie auch in der Textilherstellung verwendet wird. Die Verbindung wurde ursprünglich Ende des 19. Jahrhunderts entwickelt; heute stellen die Vereinigten Staaten jedes Jahr eine Million Kilogramm BPA her. Weltweit werden ungefähr 3 Milliarden Kilogramm produziert. Der Wirkstoff erwirtschaftet jährlich einen Umsatz von sechs Milliarden Dollar und wird von Bayer, Dow, Hexion Specialty Chemicals, SABIC Innovative Plastics und Sunaco hergestellt.[139] Bisphenol A ist ein bekanntes Östrogen-Mimetikum; das National Institute for Environmental Health Sciences kam zu dem Schluss, dass die Verbindung eine abnormale Entwicklung des Fortpflanzungssystems verursacht, die intellektuelle Kapazität verringert und Verhaltensprobleme bewirkt.[140] Andere Studien haben gezeigt, dass BPA Krebs des Fortpflanzungssystems, Fettleibigkeit, Diabetes, frühe Pubertät, Resistenz gegen Chemotherapie, Asthma und Probleme des Herz-Kreislauf-Systems verursachen kann.[141]

Eine epidemiologische Studie von Kaiser Permanente, die im November 2009 in der Zeitschrift *Human Reproduction* veröffentlicht wurde, zeigte, dass die Exposition gegenüber BPA am Arbeitsplatz die männliche Sexualfunktion beeinträchtigen könnte.[142] BPA wurde in gesundheitsschädlichen Konzentrationen in Flüssen und Flussmündungen sowie in Sedimenten gemessen. Tests, die 2009 von der Fakultät für Biowissenschaften der University of Missouri-Columbia durchgeführt wurden, haben es auch im Nabelschnurblut von neun von zehn Neugeborenen nachgewiesen. So allgegenwärtig wie in unserem Blut konzentriert sich BPA auch in unseren Ozeanen.[143] Die Gesundheitsbehörden gaben an, dass die Substanz jetzt bei 93 Prozent der Amerikaner*innen über sechs Jahren nachweisbar ist. Der bekannte Biowissenschaftler Frederick vom Saal wurde in einem Interview mit dem Mother Jones Magazine zitiert: „Ein Gift tötet dich. Eine Chemikalie wie BPA programmiert eure Zellen um und verursacht schließlich eine tödliche Krankheit bei euren Enkelkindern."

SYNTHETISCHE FARBSTOFFE

Ungefähr 10.000 verschiedene synthetische Farbstoffe werden für unsere Kleidungsstücke verwendet.[144] Diese aus fossilen Kohlenstoffquellen gewonnenen Verbindungen basieren auf der wissenschaftlichen Innovation von William Perkins, der 1856 den ersten synthetischen Farbstoff entdeckte, als er versuchte, ein Heilmittel gegen Malaria zu entwickeln. Synthetische Farbstoffe sind ein Relikt der industriellen Revolution. Das Originalrezept erforderte 180 Kilo Kohlenteer für eine Ausbeute von etwas mehr als 100 Gramm blauem Farbstoff. Die heutigen synthetischen Farbstoffe sind für die Farbe der Textilien weltweit verantwortlich (abzüglich eines sehr kleinen Anteils natürlich gefärbter und ungefärbter Kleidungsstücke). Die am weitesten verbreitete Familie von Farbstoffen, die bei 60 bis 70 Prozent der gesamten industriellen Praktiken zum Einsatz kommen, sind Azofarbstoffe. Sie sind sowohl krebserregend als auch mutagen (sie zerstören die DNA in einer Zelle). Derzeit gibt es 22 Azofarbstoffe, deren Verwendung in Textilien, die direkt auf der Haut getragen werden, von der Europäischen Union nicht zugelassen ist.

Anilingelb war der erste Azofarbstoff, der 1861 auf den Markt gebracht wurde.[145] Jährlich werden mehr als 2 Billionen Liter Wasser beim Färben von Textilien verwendet. Ungefähr 200.000 Tonnen Farbstoff bleiben nach dem Färbeprozess übrig und fließen ins Abwasser.[146] Wenn diese Farbstoffe in Süßwassersysteme gelangen, verursachen sie Sauerstoffmangel und können das Trink- und Bewässerungswasser stark beeinträchtigen.[147] In einer Studie aus dem Jahr 2010 wurden im Flusswasser drei synthetische Farbstoffe in unterschiedlichen Konzentrationen identifiziert; das aus dem Fluss gewonnene Trinkwasser enthielt diese Farbstoffe selbst nach der Wasseraufbereitung, was zeigt, dass Methoden wie Flockung, Koagulation und Vorchlorung nicht ausreichen, um das Wasser für den menschlichen Gebrauch zu reinigen.[148] Farbstoffe zersetzen sich nicht leicht und widerstehen dem biologischen Abbau, und aus diesem Grund bleiben sie in unseren Wassersystemen erhalten.

In einem Interview mit Dr. Shanna Swan, Professorin für Umweltmedizin und öffentliche Gesundheit, Geburtshilfe, Gynäkologie und Reproduktionswissenschaft an der Icahn School of Medicine at Mount Sinai, kam das Thema Anilinfarbstoffe zur Sprache. „Um es einfach auszudrücken, wir haben viel mehr Daten zu Verbindungen, die eingenommen werden – wie beispielsweise Arzneimittel –, weil wir mehr Verantwortung dafür übernehmen, ihre Auswirkungen auf die menschliche Gesundheit zu testen. Wir haben weit weniger Daten zu Substanzen, die nicht für den Verzehr bestimmt sind. Was wir durch umfangreiche Forschungen festgestellt haben, ist die Wirkung des Schmerzmittels Paracetamol (auch als Tylenol oder unter anderen Markennamen bekannt) auf das menschliche endokrine System“, sagt Swan. Paracetamol reagiert mit unserem Körper auf die gleiche Weise wie ein Phthalat – diese Schmerzmittel sind bekannte endokrine Disruptoren.[149] Swan fährt fort: „Wenn unser Körper *Anilin* ausgesetzt ist (einem Bestandteil von Textilfarbstoffen), wird es zu Acetaminophen (N-Acetyl-4-Aminophenol oder NA4AP) metabolisiert. Es ist bekannt dafür, dass es die Plazenta passiert und in Muttermilch nachweisbar ist. Es ist ein weiterer bekannter endokriner Disruptor.“

In einer deutschen Studie war Anilin bei über 90 Prozent der Bevölkerung vorhanden.[150] Was wir jedoch immer noch nicht verstehen, sind die Menge und die Auswirkungen des Anilins, das von der Haut aufgenommen oder über Fusseln eingeatmet wird – hier sind weitere Forschungen erforderlich. Es bleibt die Frage: Wie sind wir Anilin ausgesetzt? Es gibt keine orale Einnahme, aber Urinproben zeigen weiterhin Hinweise auf eine Exposition. Der Metabolit (das Stoffwechselprodukt) von Anilin, NA4AP, verursacht nachweislich in den sensibelsten Momenten des menschlichen Lebens gesundheitliche Probleme. Wenn ein Fötus antiandrogenen endokrinen Disruptoren ausgesetzt ist, sehen wir Probleme wie eine verringerte anogenitale Distanz, kleinere oder entstellte Penisse und Verhaltensänderungen, die sich bei kleinen Kindern als „weniger männliches" Spielverhalten zeigen.[151] „Acht Wochen ist eine kritische Zeit für einen Fötus, um die Geschlechtsorgane zu differenzieren – für diese Transformation ist Testosteron erforderlich. Hindernisse oder Veränderungen des Hormonspiegels aufgrund der Exposition der Mutter gegenüber diesen antiandrogenen Verbindungen, kann die Arten von physischen Veränderungen und Mutationen hervorrufen, die wir heute in viel größerer Zahl sehen", sagte Dr. Swan.

GLYPHOSAT

In einer Studie aus dem *Journal of Environmental Sciences* wurde festgestellt, dass Glyphosat, der Wirkstoff in Roundup, das weltweit am häufigsten verwendete Herbizid ist. Wir finden es in unseren öffentlichen Parks, in den Gärten unserer Nachbar*innen, auf den Gehwegen, wo einst kleines Unkraut wuchs – und auf unserer Kleidung.[152] Laut US-Landwirtschaftsministerium (USDA) wurden 94 Prozent der 2015 in den USA angebauten Baumwolle gentechnisch verändert, um gegen den Einsatz wichtiger Herbizide, die Glyphosat als Hauptbestandteil enthalten, resistent zu sein. An kommerziellen Herbiziden gibt es abgesehen von Roundup noch PROMOX und WeatherMAX. Sie werden in der Faserproduktion verwendet, um Pflanzenarten, die keine Baumwolle sind, auf dem Feld zu zerstören, während die gezüchteten Arten erhalten bleiben. Der Baumwollanbau nimmt einen beträchtlichen Teil der landwirtschaftlich genutzten Böden Amerikas ein; Baumwolle wird in 17 Bundesstaaten angebaut und bedeckt 50.000 Quadratkilometer Ackerland. Drei Viertel dieser Baumwolle werden für unsere Kleidungsstücke verwendet, und jährlich gelangen fast 3 Milliarden Kilogramm Baumwollsaat in das Nahrungssystem. Wir exportieren Ernten im Wert von sieben Milliarden Dollar, und die US-Baumwolle macht 30 Prozent des gesamten Weltexportmarktes aus. Nach Angaben des National Cotton Council geben Landwirt*innen jährlich 780 Millionen US-Dollar für synthetische Chemikalien und 170 Millionen US-Dollar für landwirtschaftliche Arbeitskräfte aus (Chemikalien kosten heute mehr als menschliche Arbeitskraft). In einer Studie des wissenschaftlichen Journals *Toxicology* wurde gezeigt, dass Glyphosat menschliche Zellen innerhalb von 24 Stunden nach Exposition in nicht einmal annähernd so hohen Dosen, wie sie in der Landwirtschaft eingesetzt werden, zerstört.[153] Aufgrund dieser endokrin wirksamen Eigenschaften erhöht Glyphosat die Vermehrung von Brustkrebszellen im Bereich von Teilen pro Billion.[154]

Wir wissen jetzt auch, dass eine endokrine Störung zum Metabolischen Syndrom, Fettleibigkeit und Typ-2-Diabetes führt.[155] Dr. Michelle Perro, eine Kinderärztin und Pädagogin in unserer Gemeinde, mit 20 Jahren Erfahrung und Autorin von *What's Making Our Children Sick?*, wurde kürzlich zu den Auswirkungen von Glyphosat auf ihre Patient*innen interviewt und sagte: „Glyphosat verursacht Leberschäden im Bereich von 1 Teil pro Milliarde, und dies hat bei einem von vier Kindern eine Lebererkrankung verursacht, was bedeutet, dass ein Kind unfähig ist, seinen Körper richtig zu entgiften. Dies führt zu vielen Schwierigkeiten, einschließlich der am weitesten verbreiteten schweren Allergien." Derzeit gibt es keine Gesetze, die die Konzentration von Glyphosat-Rückständen auf unserer Kleidung, Bettwäsche oder anderen Haushaltstextilien regeln.

DIMETHYLFORMAMID (DMF)

DMF ist eine Verbindung, die bei der Herstellung von menschengemachten Acrylfasern verwendet wird. Frauen, die in Textilfabriken arbeiten, die Acrylfasern herstellen, haben ein siebenmal höheres Risiko, an Brustkrebs zu erkranken, als Frauen außerhalb der Textilindustrie. Die US-Gesundheitsbehörde hat DMF in Textilfarbstoffen und -pigmenten identifiziert und warnt vor Hautkontakt mit der Substanz. Es führe zu Leberschäden und anderen nachteiligen gesundheitlichen Auswirkungen, einschließlich Hautproblemen. Es könne außerdem die genetische Komposition einer Zelle verändern, was bedeutet, dass die Verbindung als mutagen bekannt ist. Die Behörde hat auch festgestellt, dass über 100.000 Arbeiter*innen in den Vereinigten Staaten dem Toxin ausgesetzt sind – einer farblosen und wasserlöslichen Flüssigkeit, die leicht nach Ammoniak riecht.

FLAMMSCHUTZMITTEL

Bromierte Flammschutzmittel wurden zwar aufgrund ihrer biologischen Beständigkeit von vielen Regierungsbehörden verboten, sind aber überall dort, wo sie noch legal sind, nach wie vor relativ kostengünstig und großzügig im Einsatz. Wir sind diesen Verbindungen durch Polsterstoffe, Haushaltsmöbel und Elektronik ausgesetzt. Es ist bekannt, dass Chemikalien aus diesen Produkten wandern; mit der Zeit werden sie zu Feinstaub im Hausstaub und dann von Menschen eingeatmet. Die Europäische Union hat die Verwendung dieser Verbindungen aufgrund ihrer endokrin-störenden Fähigkeiten stark eingeschränkt. Sie sind bekannt dafür, dass sie die Entwicklung der Fortpflanzungsorgane negativ beeinflussen, die Schilddrüsenfunktion und die neurologische Entwicklung stören und mit Lern- und Verhaltensproblemen bei Kindern korrelieren. Im Jahr 2003 erließ Kalifornien ein gesetzliches Verbot von Flammschutzmitteln, das sich speziell auf die Verwendung von polybromierten Diphenylethern (PBDEs) konzentrierte. Seitdem haben ein Dutzend Staaten ähnliche Verbote erlassen.[156] Vor dem Verbot hatten Studien gezeigt, dass PBDEs in der Milch von 100 Prozent der Stichproben vorhanden waren; 30 Prozent der getesteten Schwangeren hatten sehr hohe Werte. Durch kontinuierliche Biomonitoring-Studien in den Jahren 2009 und 2012 – Jahre nach Inkrafttreten des Verbots – wurde gezeigt, dass 66 im Santa Rosa Women's Health and Birth Center getestete Erstgebärende signifikant niedrigere PBDE-Werte hatten als die 82 Erstgebärenden, die zwischen 2003 und 2006 (vor dem Verbot) im Zentrum getestet worden waren. Diese Verringerung der Milchtoxizität veranschaulicht die positiven Auswirkungen, die staatliche Maßnahmen auf unsere Gesundheit und die Gesundheit unserer Kinder haben können. Die Studie zeigt auch, dass wir in der Lage sind, unsere materielle Kultur zu bereinigen und unsere kollektive Lebensqualität zu verbessern, vorausgesetzt, wir entscheiden gemeinschaftlich, dass dies für uns wichtig genug ist, und wir erhalten genügend Informationen, um fundierte Entscheidungen zu treffen.

ANTIMONTRIOXID

Antimontrioxid ist eine Verbindung, die als Katalysator bei der Herstellung von Polyesterfasern und oft in Kombination mit bromierten Flammschutzmitteln verwendet wird. Antimontrioxid wurde in 36 der 36 Kinderkleidungsstücke gefunden, die 2009 von unabhängigen Labors im Greenpeace-Bericht *A Little Story About the Monsters in Your Closet* getestet wurden. In der Verordnung über das EU-Umweltzeichen ist Antimontrioxid auf 260 mg/kg begrenzt, obwohl mehrere der von den unabhängigen Labors getesteten Produkte Mengen deutlich über den zulässigen Werten enthielten – bis zu 293 mg/kg. Antimontrioxid wird für Menschen als „mögliches Karzinogen" eingestuft. Es ist dafür bekannt, Dermatitis zu verursachen und die Atemwege zu reizen.[157] Bei Exposition von Ratten wurde eine Konzentration in der Schilddrüse und im Magen-Darm-Trakt festgestellt; geringere Konzentrationen wurden in Milz, Niere, Herz, Knochen, Muskeln, Leber und Lunge gefunden.[158]

Anhang B:

FIBERSHEDS WELTWEIT

Das Fibershed-Partner*innenprogramm unterstützt ein internationales Basisnetzwerk, das die Entwicklung regionaler Textilfasersystem-Gemeinschaften fördert. Einschließlich des wirtschaftlichen und nicht-wirtschaftlichen Wachstums durch den Aufbau von Beziehungen und neuen globalen Vernetzungen. Eine ständig aktualisierte Version der Liste findet ihr auf der Fibershed-Webseite: www.fibershed.com/affiliate-directory.

USA

ACADIANA FIBERSHED

Kontakt: Sharon Donnan
E-Mail: acadianbrowncotton@gmail.com
Webseite: www.facebook.com/AcadianBrownCotton
Strategische Geographie: Südwest-Louisiana: 13 Gemeinden in Acadiana
Leitbild: Von Feld zu Fashion in Acadiana: Eine sorgfältige und kontrollierte Auswahl, Lagerung und Umpflanzung sind für das Überleben der Acadian-Brown-Baumwolle, einer Art Gossypium hirsutum, essenziell. Die bevorzugten Eigenschaften dieser amerikanischen Baumwolle sind über mehrere Jahrtausende von Menschen kultiviert worden. Die Bevölkerung Akadiens und ihre Nachfahren haben diese Verfahren in den letzten 200 Jahren fortgesetzt. Wir können mit Stolz verkünden, dass die University of Louisiana, Lafayette, Cade Research Farm and Seed Bank nun unsere eigenen samenfesten Acadian-Brown-Baumwolle-Samen züchtet.

AUSTIN FIBERSHED

Kontakt: Weavers & Spinners Society of Austin; Inga Marie Carmel, Becky Johnson
E-Mail: atxfibershed@gmail.com
Webseite: www.atxfibershed.org
Strategische Geographie: Texas (im ganzen Staat)
Leitbild: Das Austin Fibershed, eine Studiengruppe der Weavers & Spinners Society of Austin, erforscht die Auswirkungen und die Umsetzbarkeit von Herstellungsprozessen handgefertigter Kleidung und Haushaltsgegenstände mit lokal angebauten Fasern, Farbstoffen, Pflanzen und

Arbeitskräften. Im Rahmen der Forschung kreiert es eine Garderobe und eine Auswahl an Wohnmode aus den lokalen Materialien.

CHENANGO FIBERSHED

Kontakt: Kathryn Wojciechowski
E-Mail: chenangowoolworks@yahoo.com
Strategische Geographie: 280 Kilometer Radius um South Otselic, NY

CHESAPEAKE FIBERSHED

Kontakt: Marian Bruno, Martha Polkey, Gretchen Frederick
E-Mail: chesapeakefibershed@gmail.com
Strategische Geographie: etwa 200 Kilometer Radius um Richmond, VA

CONNECTICUT FIBERSHED

Kontakt: Alisa Mierzejewski
E-Mail: alisamierzejewski@gmail.com
Strategische Geographie: 320 Kilometer Radius um Canterbury, CT (im ganzen Staat)

FEATHER RIVER FIBERSHED

Kontakt: Lorraine Nielsen
Webseiten: www.featherriverfibershed.weebly.com; www.facebook.com/featherriverfibershed
Strategische Geographie: Plumas, Sierra und Lassen Counties, CA
Leitbild: Das Feather River Fibershed ist eine regionale Organisation, die eine gewissenhafte Gemeinschaft fördert und lokale Faserproduzent*innen, Handwerker*innen und Verbraucher*innen unterstützt und verbindet. Wir schärfen das öffentliche Bewusstsein für nachhaltige Textilpraktiken durch Bildung. Dabei heben wir den Überfluss unserer ländlichen Berglandschaft hervor – die Pflanzen, Tiere und menschlichen Ressourcen, die unsere Region auszeichnen. Unser Fokus umfasst die Wiederbelebung des Erbes von Naturfasern und Farbstoffen sowie der kreativen Fähigkeiten, die im Streben nach Geschwindigkeit, Bequemlichkeit und Profit in der regulären Textilindustrie verloren gegangen sind. Wir stellen uns eine blühende Zukunft vor, durch die Synergie von Landverwaltung, handwerklicher Kreativität und informierten Verbraucher*innen.

FIBERSHED CAROLINAS

Kontakt: Stephanie Ondo
E-Mail: FibershedCarolinas@gmail.com
Webseite: facebook.com/FibershedCarolinas
Instagram: @fibershedcarolinas
Strategische Geographie: 480 Kilometer Radius um Charleston, SC
Fibershed of the Greater Northwest
Kontakt: Karmel Ackerman
E-Mail: info@fibersoftheworld.com
Webseite: www.facebook.com/Fibershed-of-the-Greater-Northwest-1033973589962632
Strategische Geographie: 480 Kilometer Radius um Seattle, WA

GREAT LAKES FIBERSHED

Kontakt: Amanda Cinco-Hoyt, Lauren Mathieson, Michelle McCoskey
E-Mail: colorwheelmichigan@gmail.com
Strategische Geographie: 400 Kilometer Radius um Detroit, MI
Leitbild: Das Great Lakes Fibershed konzentriert sich auf einen Radius von 400 Kilometern um Detroit, Michigan, und umfasst Teile von Kanada, Indiana, Illinois, Ohio, New York und Pennsylvania. Unser Fibershed begrüßt das gemeinschaftliche Engagement von Faserproduzent*innen, Tuchfabriken, Färber*innen, Handwerker*innen und enthusiastischen Menschen, um lokale Ressourcen zu vereinen und umweltverträgliche Praktiken zu fördern. Derzeit von drei Kernmitgliedern geleitet, freuen wir uns darauf, unser Netzwerk von

Unterstützer*innen und Mitwirkenden zu erweitern, und laden alle Interessierten ein, ihre Ideen, ihr Wissen und ihre Fähigkeiten zu teilen, während unser Fibershed organisch Gestalt annimmt.

HIGH DESERT FIBERSHED OF CALIFORNIA

Kontakt: Bonnie Chase, Warner Mountain Weavers
E-Mail: warnermtnweavers@citlink.net
Strategische Geographie: Nordost-CA, Süd-OR, Reno NV

INLAND EMPIRE OF SOUTHERN CALIFORNIA FIBERSHED

Kontakt: Mary Hurley
E-Mail: finefleeces@aol.com
Strategische Geographie: 120 Kilometer Radius um Redlands, CA

KAW POINT FIBERSHED

Kontakt: Jamie Root
Webseiten: kawpointfibershed@gmail.com; kawpointfibershed.com; www.facebook.com/kawpointfibershed
Strategische Geographie: 240 Kilometer Radius um Kansas City, MO (östliches Kansas und westliches Missouri rund um den Zusammenfluss von Kansas und Missouri River in Kansas City)

LOCALFIBER NY FIBERSHED

Kontakt: Dana Havas
Webseite: localfiber.org
Instagram: @localfiber.ny
Strategische Geographie: 240 km Radius um Ithaca, NY
Leitbild: LocalFiber arbeitet mit kleinen Flockfaserproduzent*innen in der Finger Lakes/Central Region von New York zusammen. Kleine Flockfaserhersteller*innen im gesamten Nordosten der Vereinigten Staaten stehen zahlreichen Herausforderungen gegenüber, wenn sie ihre Waren auf den Markt bringen möchten, von der Scherung bis zum Marktzugang.
LocalFiber ist eine Gruppe kleiner Flockfaserhersteller*innen, die sich zusammentun, um diese Herausforderungen gemeinsam zu identifizieren und anzugehen.
LocalFiber ist eine Gemeinschaft von Farmer*innen und Hersteller*innen, die Wert auf lokal produzierte Tierfasern legen. Gemeinsam sind wir Teil einer starken lokalen Wirtschaft.

MAINE FIBERSHED

Kontakt: Marcia MacDonald; Rachel Bingham Kessler
Webseite: facebook.com/mainefibershed
Instagram: @mainefibershed
Strategische Geographie: Maine (im ganzen Staat)

MOUNTAINS & PLAINS FIBERSHED

Kontakt: Anne-Marie Chmielewski, Karey Grant
E-Mail: localinfo@mountainsplainsfibershed.com
Webseite: mountainsandplainsfibershed.org
Instagram: @fibershedmountainsplains
Strategische Geographie: 480 Kilometer Radius um Golden, CO
Leitbild: Wir fördern die Zusammenarbeit zwischen Textilkünstler*innen, Designer*innen, Faserbauern*bäuerinnen, Verarbeitungsbetrieben, Lieferant*innen und Einzelhandelsunternehmen in und um Colorado.

MONTEREY BAY FIBERSHED

Kontakt: Trish Sparling
E-Mail: tsparling@sbcglobal.net
Webseite: fibershedmontereybay.com
Strategische Geographie: Royal Oaks, CA (100 Kilometer Radius um Monterey Bay)

NJ FIBERSHED

Kontakt: Anne Choi
E-Mail: njfibershed@gmail.com
Webseite: www.njfibershed.com
Strategische Geographie: New Jersey (im ganzen Staat)
Leitbild: NJ Fibershed arbeitet daran, ein Netzwerk zwischen unabhängigen Faserfarmer*innen aufzubauen, die kleine Herden von Schafen, Alpakas, Ziegen und anderen Fasertieren im Bundesstaat New Jersey züchten. Unser Ziel ist es, die persönlichen Beziehungen zwischen Fasertieren, Landwirt*innen und Faserkünstler*innen innerhalb unserer Gemeinschaft zu fördern. NJ Fibershed bietet Bildungsprogramme an, die sich auf die kleinbäuerliche Faserzucht konzentrieren, wie z. B. Tierpflege und Faserverarbeitung. Wir organisieren außerdem Community-Veranstaltungen für bereits tätige sowie angehende Faserbauern*bäuerinnen.

NORTHERN MINNESOTA FIBERSHED

Kontakt: Keila McCracken
E-Mail: northernmnfibershed@gmail.com
Webseite: www.northernminnesotafibershed.com
Strategische Geographie: 320 Kilometer Radius um Bemidji, MN

PACIFIC NORTHWEST FIBERSHED

Kontakt: Shannon M. Welsh
E-Mail: pnwfibershed@gmail.com
Webseite: www.pacific-northwest-fibershed.com
Instagram: @pnw_fibershed
Strategische Geographie: 480 Kilometer Radius um Portland, OR
Leitbild: Pacific Northwest Fibershed hilft bei der Aufstellung einer bioregionalen Textilgemeinschaft, die Soil-to-Soil-Prozesse in der Faser-, Textil- und Bekleidungsproduktion unterstützt. Unsere natürliche Textilressourcenbasis wird durch die geografische Landschaft eines Radius von fast 500 Kilometern von Portland, Oregon, definiert. Nachdem wir die Erfolge und Fehler der historischen Faserindustrie des pazifischen Nordwestens gründlich untersucht hatten, haben wir den Bedarf unserer Gemeinde an Naturfasern und ihre nachgewiesene Fähigkeit zum Anbau einer qualitativ hochwertigen Pflanze festgestellt. Gemeinsam werden wir unsere regenerativen Textilsysteme dazu inspirieren, die Textilindustrie des pazifischen Nordwestens wiederzubeleben.

PIEDMONT FIBERSHED

Kontakt: Courtney Lockemer
E-Mail: piedmontfibershed@gmail.com
Webseite: facebook.com/piedmontfibershed
Strategische Geographie: 320 Kilometer Radius um Durham, NC

RUST BELT FIBERSHED

Kontakt: Jessalyn Boeke, Sarah Pottle
E-Mail: rustbeltfibershed@gmail.com
Instagram: @rustbeltfibershed
Webseite: rustbeltfibershed.com
Strategische Geographie: 400 Kilometer Radius um Cleveland, OH
Leitbild: Das Rust Belt Fibershed umfasst einen Radius von 400 Kilometern außerhalb von Cleveland, Ohio, einschließlich Teilen von Michigan, Süd-Ohio, West-Pennsylvania und West-New-York. Wir bauen eine Gemeinschaft auf, die kollaborativ lokal angebaute Textilien unterstützt. Wir streben danach, die vielen Teile unseres lokalen Fasersystems zu verbinden: Landwirt*innen, Faserverarbeiter*innen – von großen Manufakturen über Heimspinner*innen, Weber*innen, Färber*innen und

Faserkunstschaffende – bis hin zu Designer*innen, Ladeninhaber*innen, Verbraucher*innen und Faserbegeisterte. Durch dieses Projekt hoffen wir, Freundschaften, Kreativität und einen tieferen Respekt für unsere Umwelt zu schaffen und ein Verständnis für den Einfluss zu vermitteln, den wir in unserer Ecke der Welt teilen.

SAN DIEGO FIBERSHED

Kontakt: Susan Plack
Webseite:
facebook.com/SanDiegoFibershed
Strategische Geographie: Großraum San Diego, CA

SLIGO CREEK FIBERSHED

Kontakt: Kerstin Zurbrigg, Ava Stebbins
Strategische Geographie: 160 Kilometer Radius um Silver Spring, MD

SOUTHEASTERN NEW ENGLAND FIBERSHED

Kontakt: Sarah Kelley, Karen Schwalbe, Amy DuFault
Webseite: senefibershed.org
Instagram: @senewenglandfibershed
E-Mail: fiber@semaponline.org
Strategische Geographie: Massachusetts und Rhode Island
Leitbild: Das Southeastern New England Fibershed umfasst Massachusetts und Rhode Island. Unsere Mission ist es, ein regionales Fibershed zu schaffen, das die Faser mit dem Endprodukt verbindet. Von Landwirt*innen bis zu den Verarbeitenden, von der Finanzierung bis zum Zuschneiden und Nähen. Wir verbinden die Punkte der Lieferkette, um die Produktion zurück in die Region zu bringen und eine einst florierende Textilindustrie in Neuengland wiederzubeleben. Unser geografischer Radius basiert auf den historischen Textilverarbeitungszentren von New Bedford, Massachusetts, und Providence, Rhode Island. Beide verfügen über eine umfangreiche verbleibende Infrastruktur und decken beide Bundesstaaten mit einem Radius von etwa 160 Kilometern ab.

SOUTHERN APPALACHIA FIBERSHED

Kontakt: Kacie Lynn
Webseite: safibershed.com
Instagram: @southernappalachiafibershed
Facebook: Southern Appalachia Fibershed
Strategische Geographie: 320 Kilometer Radius um Knoxville, TN
Leitbild: Das Southern Appalachia Fibershed umfasst einen Radius von 320 Kilometern außerhalb von Knoxville, Tennessee. Es beinhaltet Teile von Nord-Alabama, Georgia, West-North-Carolina und Kentucky. Wir begannen, um eine Gemeinschaft aufzubauen und die gesamte Lieferkette von den Landwirt*innen bis zu den Verbraucher*innen zu verbinden. Durch dieses kollaborative Netzwerk freuen wir uns darauf, unsere lokale Wirtschaft zu stärken und bei der Sensibilisierung für die Vielfalt der lokalen Textilressourcen unserer Region zu helfen.

SOUTHERN CALIFORNIA FIBERSHED

Kontakt: Lesley Roberts
E-Mail: hello@socalfibershed.org
Webseite: www.socalfibershed.org
Strategische Geographie: Die Region südlich von San Luis Obispo bis San Diego, von der Pazifikküste bis zur Grenze mit Arizona
Leitbild: Unser Fibershed fördert den Gemeinschaftsaufbau und die Verbindungen zwischen Textilkunstschaffenden, Designer*innen, Faserproduzent*innen, Verarbeitungsbetrieben, Lieferant*innen und Einzelhandelsunternehmen. Wir fördern eine Transparenz, die es Träger*innen, Landwirt*innen, Handwerker*innen und Verbraucher*innen ermöglicht, sich mit dem

Soil-to-Skin-Paradigma auseinanderzusetzen und es zu verstehen. Wir versuchen, die Konversation über nachhaltige Textilien zu vertiefen, indem wir die Träger*innen direkt mit dem biologischen Kontext ihrer Garderobe verbinden. Südkalifornien ist ein urbanes Zentrum mit vielen talentierten Designer*innen, Hersteller*innen und Kunstschaffenden, die sich mit alternativen Prozessen auseinandersetzen und sie verstehen möchten. Das So Cal Fibershed zielt darauf ab, Bewusstsein zu schaffen und die notwendigen Fähigkeiten zu vermitteln, um eine blühende Textilkultur aufzubauen und zu erhalten. Es geht Hand in Hand mit den Prinzipien des ökologischen Gleichgewichts, der lokalen Wirtschaft und der regionalen biologischen Landwirtschaft.

TEXTILE LAB FIBERSHED

Kontakt: Laura Sansone
E-Mail: nytextilelab@gmail.com
Webseite: www.newyorktextilelab.com
Instagram: @nytextilelab
Strategische Geographie: 480 Kilometer Radius um New York City, NY
Leitbild: Wir bringen New Yorker Designer*innen mit Faserproduzent*innen und Fabriken zusammen, um eine wirtschaftlich vielfältige, landesweite Textillieferkette zu entwickeln. Unser Ziel ist es, die regionale Textilproduktion wieder aufzubauen, die unseren Gemeinden und der Umwelt einen Mehrwert bietet. Unsere Designer*innen erkennen die Herausforderungen, die große Fertigungssysteme plagen. Unter ihnen Umweltverschmutzung, die zum Klimawandel führt, Menschenrechtsverletzungen in Fabriken und die anhaltende Zentralisierung der Wirtschaftsmacht. Kleine Fertigungsansätze ermöglichen die Kontrolle über das gesamte Produktionssystem hinweg, sodass dem Wohlergehen von Mensch und Umwelt mehr Aufmerksamkeit geschenkt wird. Unser Ziel ist es, verteilte Netzwerke kleiner Unternehmen zu schaffen, zu denen Faserfarmen, Verarbeitungsstandorte und Hersteller*innen gehören, die das Wachstum einer widerstandsfähigen Textilwirtschaft im Bundesstaat New York ermöglichen.

THREE RIVERS FIBERSHED

Kontakt: Maddy Bartsch
E-Mail: threeriversfibershed@gmail.com
Webseite: www.threeriversfibershed.com
Instagram: @threeriversfibershed
Strategische Geographie: 280 Kilometer Radius um Minneapolis, MN
Leitbild: Das Three Rivers Fibershed arbeitet an der Entwicklung regionaler Fasersysteme, die den Boden aufbauen und die Gesundheit unserer Biosphäre hier in Minnesota schützen. Wir arbeiten mit einer strategischen Geographie, die sich auf das Textile Center von Minnesota konzentriert. Das Gebiet erstreckt sich über einen Radius von 280 Kilometern und umfasst Teile von Minnesota, Wisconsin, Iowa und South Dakota. Das Three Rivers Fibershed zielt darauf ab, mit unserer Gemeinde zusammenzuarbeiten, um unsere lokalen Fasersysteme zu verbessern. Dafür müssen wir herausfinden, was es braucht, um alle Mitglieder der Fasergemeinde zu stärken. Wir möchten Gelegenheiten für die Verbindung zwischen Landwirt*innen und Tuchfabriken, Künstler*innen und Hersteller*innen, Verbraucher*innen und allen anderen schaffen, um unsere lokalen Fasergemeinden zu stärken.

VASHON FIBERSHED

Kontakt: Laurel Boyajian, Emily MacRae
E-Mail: vashonfibershed@gmail.com
Strategische Geographie: 160 Kilometer Radius um Vashon Island, WA
Leitbild: Unser Fibershed arbeitet in einem Umkreis von 160 Kilometern um Vashon Island und versucht, wann immer

möglich lokale Materialien zu verwenden, einschließlich Tier- und Pflanzenfasern, Färberpflanzen und Upcycling-Stoffen. Als Mitglied der größeren Non-Profit-Organisation Fibershed sind wir mit Gruppen auf der ganzen Welt verbunden, die sich der Soil-to-Skin-Bewegung verschrieben haben.

WESTERN MASS FIBERSHED

Kontakt: Nur Tiven, Michelle Parrish, Lisa Bertoldi
Webseite: westernmassfibershed.org
Instagram: @westernmassfibershed
E-Mail: WesternMassFibershed@gmail.com
Strategische Geographie: Connecticut River Valley & Berkshires (160 Kilometer Radius)
Leitbild: Das Western Massachusetts Fibershed erstreckt sich vom Connecticut River Valley bis zu den Berkshires in Massachusetts und umfasst Teile des Südens von Vermont. Wir organisieren uns, um die Herstellung von nachhaltiger Kleidung und Textilien aus lokaler Produktion im Westen von Massachusetts zu unterstützen. Wir sind Bauern*Bäuerinnen, Weber*innen, Spinner*innen, Färber*innen, Designer*innen, Stricker*innen und Näher*innen, die zusammenarbeiten, um unsere eigene Kleidung aus unserem regionalen Fibershed anzubauen und herzustellen.

INTERNATIONAL

FIBERSHED DACH

Kontakt: Susan Zimmermann, Nina Conrad
Webseite: www.fibershed-dach.org
Instagram: @fibershed.dach
E-Mail: hallo@fibershed-dach.org
Strategische Geographie: Deutschland, Österreich, Schweiz
Leitbild: Mit Fibershed DACH möchten wir die regionale Herstellung von Textilien und Alltagsprodukten aus heimischen Fasern fördern und Landwirt*innen, Designer*innen, Hersteller*innen und Handwerker*innen miteinander vernetzen. Der Schwerpunkt unseres Fibershed-Netzwerks liegt auf der Herstellung und Weiterverarbeitung von Textilien und Leder, aber wir berücksichtigen auch weitere natürliche und regenerativ wachsende Materialien wie Holz und Weiden, die in unserer Region wachsen.

FIBRESHED MELBOURNE

Kontakt: Rachel Bucknall, Nicki Colls
E-Mail: letsyarn@fibreshedmelbourne.com
Webseite: www.fibreshedmelbourne.com
Instagram: @fibreshedmelbourne
Leitbild: Fibreshed Melbourne unterstützt unsere lokale Wirtschaft mit lokal produzierten, nachhaltigen Textilien. Wir möchten, dass unsere Kleidung dem Land und den Menschen in und um Melbourne zugutekommt.
Wir setzen uns für ein transparentes, zugängliches und nachhaltiges lokales Textilnetzwerk von den Anfängen auf der Farm bis zur Rückkehr in den Boden am Ende des Kreislaufs ein. Wir tun dies, indem wir die Möglichkeiten des CO2-Farmings erweitern, die Grundlagen der regionalen Produktion wieder aufbauen und Endverbraucher*innen auf persönliche Weise mit ihrer lokalen Lieferkette verbinden.

Fibreshed Melbourne ist die einzige Organisation in Australien, die einen branchenübergreifenden Blick auf das textile Ökosystem wirft. Unser ganzheitlicher, beziehungsorientierter Ansatz liefert wünschenswerte, realistische und praktikable Lösungen für die gesamte Gemeinschaft.

MIDT-NORGE FIBERSHED

Kontakt: Årolilja Jørgensrud
Strategische Geographie: Die Provinzen Trøndlag, Møre und Romsdal in Norwegen; 200 Kilometer Radius um die Stadt Trondheim

NORTHERN ENGLAND FIBRESHED

Kontakt: Claudia Quayle
E-Mail: claudia@thetextillery.co.uk
Strategische Geographie: Northumberland, Cumbria, Lake District, County Durham, Tyne and Wear, North Yorkshire

ONE YEAR ONE OUTFIT FIBRESHED

Kontakt: Nicki Colls
E-Mail: thisismoonlightsewing@gmail.com
Webseiten: thisismoonlight.com/1year-1outfit; www.facebook.com/1year1outfit
Leitbild: One Year One Outfit ist eine Challenge, um in einem Jahr ein lokales Outfit zu kreieren. Alle, die sich für Bekleidungsherstellung interessieren, sind herzlich eingeladen, mitzumachen. Die meisten Teilnehmenden halten ihre Ergebnisse über soziale Medien fest und verwenden den Hashtag #1year1outfit, um mit der Gruppe in Kontakt zu bleiben.

PEMBINA FIBRESHED

Kontakt: Margaret Brook, Anna Hunter
E-Mail: connect@pembinafibreshed.com
Webseite: www.pembinafibreshed.com
Strategische Geographie: 320 Kilometer Radius um Pembina River Valley, Manitoba, Kanada
Leitbild: Wir arbeiten daran, Faserproduzent*innen, Hersteller*innen und Färber*innen innerhalb des Pembina Fibreshed aufzuklären, zu fördern und zu unterstützen. Unser Ziel ist es, lokale Bauern*Bäuerinnen, Färber*innen, Spinner*innen und Designer*innen zu unterstützen, mehr lokale Textilien herzustellen und diese in die Hände lokaler Stricker*innen, Spinner*innen, Weber*innen und Näher*innen zu bringen. Wir wollen eine florierende Faserwirtschaft in Manitoba.

PRAKRITI FIBERSHED

E-Mail: n.chopra@oshadi.in
Strategische Geographie: 8 Hektar in Erode, Tamil Nadu
Leitbild: Prakriti Fibershed zielt darauf ab, traditionelle und nachhaltige Baumwollanbaupraktiken wiederzubeleben und zu erhalten und die Lebensgrundlage von Baumwollanbauenden zu verbessern. Insgesamt besteht das Ziel des Projekts darin, in abgelegenen Dörfern autarke Gemeinschaften zu schaffen. Neben dem ökologischen Landbau können sie direkt in verschiedene Schritte der Baumwolllieferkette eingebunden werden, bis hin zur endgültigen Stoff- und Bekleidungsherstellung. Angefangen haben wir mit einem 5 Hektar großen Modellprojekt. Es soll mehr lokale/regionale Landwirt*innen dazu inspirieren, ökologische Anbaumethoden zu übernehmen, Beschäftigung und Selbstbestimmung unter den Dorfgemeinschaften zu fördern und eine gerechte Einkommensverteilung in der gesamten Versorgung sicherzustellen. Das Projekt wird auch darauf abzielen,

verschiedene Anforderungen an eine nachhaltige Landwirtschaft zu erfüllen, einschließlich Abfallmanagement (durch Kompostierung), Bodenwasserschutz und Regenwassernutzung, Carbon Farming sowie rückstandsfreie und intelligente landwirtschaftliche Praktiken.

SALT SPRING ISLAND FIBRESHED

Kontakt: Terri Bibby
Webseiten: www.saltspringfibreshed.com; www.facebook.com/saltspringislandfibreshed
Strategische Geographie: Salt Spring Island und Southern Gulf Islands, Kanada
Leitbild: Wie ein Wassereinzugsgebiet – wo das gesamte Wasser eines Gebiets in ein lokales Gewässer fließt –, ist ein Fibershed ein Gebiet, in dem alle Fasern, Produzent*innen, Produkte und Menschen zusammenarbeiten. Ich hoffe, Faserfarmen, Färbereien, Textilfabriken, Faserkünstler*innen, Designer*innen, Weber*innen, Filzer*innen, Spinner*innen, Näher*innen, Stricker*innen und andere zusammenzubringen, um Artikel aus lokal angebauten, gemahlenen, entworfenen und genähten Fasern herzustellen. Unser Fokus liegt auf Salt Spring Island und den Southern Gulf Islands von British Columbia, Kanada.

SOUTH WEST ENGLAND FIBRESHED

Kontakt: Emma Jane Hague
E-Mail: emma@bristoltextilequarter.co.uk
Webseiten: http://bristoltextilequarter.co.uk; www.bristolcloth.co.uk/#concept; www.facebook.com/workingwool
Strategische Geographie: Bristol, UK
Sunshine Coast BC Fibreshed
Kontakt: Merrily Corder, Lynda Daniells, Ann Harmer
Webseiten: www.sunshinecoastfibreshed.ca; facebook.com/sunshinecoastfibreshed
Strategische Geographie: 160 Kilometer Küstenlinie von Langdale bis Lund, BC, Kanada

Leitbild: Unsere Mission ist es, unseren ökologischen Fußabdruck zu verringern, indem wir in der Gemeinde das Bewusstsein für die vielen Verwendungen lokaler Tier- und Pflanzenfasern fördern und unterstützen und lokale Faseranbauende mit lokalen Kunsthandwerker*innen verbinden, die einem „Slow-Fashion"-Modell folgen. Wir haben eine Webseite, einen Blog, ein Verzeichnis von Handwerker*innen, Produzent*innen und Verkäufer*innen und fördern die Aktivitäten von Fibreshed über soziale Medien wie Facebook. Wir machen Veranstaltungen, organisieren Kurse und Workshops und nehmen an vielen lokalen Gemeindefesten und Versammlungen teil, um die Botschaft und Arbeit von Fibreshed zu fördern.

UPPER CANADA FIBRESHED

Kontakt: Jennifer Osborn, Becky Porlier
Webseiten: www.uppercanadafibreshed.ca; www.facebook.com//UpperCanadaFibreshed
Instagram: @uppercanadafibreshed
Strategische Geographie: 400 Kilometer Radius um Toronto, Kanada
Leitbild: Das Upper Canada Fibreshed verbindet Ontarios Faserfarmer*innen, -verarbeiter*innen, -künstler*innen und -verbraucher*innen. Sie arbeiten zusammen an einer bioregionalen Textillieferkette im Umkreis von 400 Kilometern um Toronto. Die Organisation fungiert als Drehscheibe für den Austausch von Fähigkeiten und Ressourcen, unterstützt die Schaffung von Soil-to-Soil-Wertschöpfungsketten und regt zu einem Wahrnehmungswandel an, der notwendig ist, um die ökologischen Ressourcen unserer Landschaft zu schätzen.

VANCOUVER FIBRESHED

Strategische Geographie: 240 Kilometer Radius um Vancouver, BC, Kanada
Vancouver Island Fibreshed
Kontakt: Sara Mullin
Strategische Geographie: 240 Kilometer im Comox Valley, Victoria bis Port Hardy, Kanada

Weiterführende Links und Inspirationsquellen

USA

PRAKTISCHE BILDUNGSANGEBOTE

Berea College (KY)
Hand Made Studio (CA)
John C. Campbell Folk School (NC)
Marshfield School of Weaving (VT)
North House Folk School (MN)
Shakerag Folk School (TN)
Textile Arts Center (NYC)

ÖRTLICHE VEREINE

Alle Regionen

Crochet Guild of America
Häkelverbände
Kontakt: (+1) (740) 452-4541
Webseite: www.crochet.org

Handweavers Guild of America Inc.
Spinnen, Weben, Färberei-Verbände
E-Mail: hga@weavespindye.org
Webseite: www.weavespindye.org

Interweave Spinning Guild Directory
Eine Liste der Spinnerei-Verbände in allen 50 Staaten
Webseite: www.interweave.com/spinning-guilds-directory

The Knitting Guild Association
Strickverbände
E-Mail: info@tkga.org
Webseite: tkga.org

Natural Dyes International
Naturfarbstoff-Organisation
E-Mail: conference@naturaldyes.org
Webseite: www.naturaldyes.org

Nordost

Baa Baa Black Sheep Knitting Guild
Stricken; Stoneham, MA
www.facebook.com/BaaBaaBlackSheep-KnittingGuild

Black Sheep Handspinners Guild
Spinnen; Lansing, NY
www.blacksheephandspinnersguild.org

Boston Area Spinners and Dyers
Spinnen, Färben; Boston, MA
www.basdspinning.org

Boston Weavers Guild
Weben; Andover, MA
www.weaversguildofboston.org

Carroll County Knitters' Guild
Stricken; Carroll County, MD
www.ravelry.com/groups/carroll-county-knitters-guild

Chautauqua County Weavers' Guild
Weben; Westfield, NY
mafafiber.org/guilds

Chesapeake Weavers
Weben; Großraum Annapolis, MD
mafafiber.org/guilds

Finger Lakes Machine Knitting
Maschinelles Stricken; Cortland, NY
www.fingerlakesknitting.com/home

Genesee Valley Handspinners
Spinnen; Rochester, NY
www.gvhg.org

Golden Fleece Spinners' Society
Spinnen; Upstate NY
www.goldenfleecespinnerssociety.org

Handweavers Guild of Connecticut
Weben, Spinnen; Cheshire, CT
www.handweaversguildofct.org

Handweavers of Bucks County
Weben; Washington Crossing, PA
hwbcguild.org

Harmony Weavers Guild
Weben; Delaware, New Jersey, Maryland und Pennsylvania
harmonyweaversguild.org

Lancaster Spinners and Weavers Guild
Spinnen, Weben; Leola, PA
www.lancspinweaveguild.webs.com

Lighthouse Knitting Guild of Maine
Stricken; Süd-Maine
www.facebook.com/lighthouse.knitters

Long Island Machine Knitters Guild
Maschinelles Stricken; Long Island, NY
www.limkg.com

Maine Spinners Registry
Spinnen; Augusta, ME
www.mainespinnersregistry.org

MidAtlantic Fiber Association
Faserkunst; Mittelatlantikstaaten
www.mafafiber.williamsburgspinweave.org/wordpress

New Hampshire Weavers Guild
Weben; Concord, NH
www.nhweaversguild.org

Northeast Feltmakers Guild
Filzen; New England und andere nordöstliche Staaten
northeastfeltmakersguild.org

Northwest Pennsylvania Spinners and Weavers Guild
Spinnen, Weben; Nordwest-Pennsylvania, www.npswg.org

Nutmeg Spinners Guild
Spinnen; West Hartford, CT (im ganzen Staat tätiger Verband)
www.nutmegspinners.org

Palisades Guild of Spinners and Weavers
Spinnen, Weben; Nord-NJ/Rockland County, NY
www.mafafiber.org/palisades/index.html

Rhode Island Spinners Guild
Spinnen; Rhode Island
www.facebook.com/Rhode-Island-Spinners-Guild-Page-137481299949152

South Cumberland Fiber Guild
Spinnen, Weben, Färben, Stricken, Häkeln; Süd- und Zentral-Pennsylvania
www.southcumberlandfiberguild.com

Southern Maryland Sticks and Stitches Knitting Guild
Stricken und Häkeln; Süd-Maryland
www.ravelry.com/groups/so-md-sticks-stitches

Spin City-NY
Spinnen; New York, NY
www.meetup.com/spinners-87

Spinning Study Group of Long Island
Spinnen; Long Island, NY
www.lispinning.com

Susquehanna Valley Spinners and Weavers Guild
Spinnen, Weben; Lewisburg, PA
www.svswg.org

Syracuse Weavers Guild
Weben; Syracuse, NY
www.syracuseweaversguild.org

Twist O'Wool Guild
Spinnen, Färben, Weben; Middlebury, VT, twistowoolguild.weebly.com

Ulster County Handspinners Guild
Spinnen; Lake Katrine, NY

ulsterspinners.wordpress.com
Weavers Guild of Buffalo
Weben; Amherst, NY
weaversguildofbuffalo.org

Weavers Guild of Rochester
Weben; Rochester, NY
www.weaversguildofrochester.org/index.php

Mittlerer Westen

Ann Arbor Fiberarts Guild
Filzen, Spinnen, Weben, Färben, Stricken, Häkeln; Ann Arbor, MI
annarborfiberarts.org

Arrow Rock Weavers and Spinners Guild
Weben, Spinnen, Färben, Stricken, Häkeln; Boonville, MO
www.arrowrockweavers.org

Bishop Hill Fiber Guild
Spinnen, Stricken, Häkeln; Chillicothe, IL
bishophillfiberguild.org

Central Kansas Knitters Guild
Stricken; Zentral-Kansas
centralksknittersguild.com

Central Ohio Weavers Guild
Weben, Spinnen, Färben; Centerburg, OH
www.cowg.org

Champaign Urbana Spinners and Weavers Guild
Spinnen und Weben; Champaign, IL
centralillinoisfiberguild.org

Columbia Weavers & Spinners Guild
Weben, Spinnen; Columbia, MO
cwsg.missouri.org

The Cultured Purls
Stricken; McHenry County, IL
www.culturedpurls.com

Des Moines Weavers and Spinners Guild
Weben, Spinnen; Des Moines, IA
www.desmoinesweaversguild.org

Duluth Fiber Handcrafters Guild
Spinnen, Weben, Färben, Stricken, Filzen; Duluth, MN
duluthfiberhandcrafters.org

Duneland Weavers Guild of Northwest Indiana
Weben; Chesterton, IN
www.dunelandweaversguild.org/dwg/index.htm

Fiber Arts Guild of the Red River Valley
Spinnen, Weben, Färben, Stricken, Filzen; Grand Forks, ND
fiberartsguildrrv.weebly.com

Fiber Guild of Kansas City
Weben, Spinnen, Stricken; Kansas City, MO
kansascityfiberguild.org

Fiber of Our Being Felting Guild
Filzen; Toledo, OH
www.therovingartist.com/fob-felting-guild.html

Fox Valley Spinning Guild
Spinnen, Weben, Filzen, Stricken, Häkeln; Appleton, WI
www.foxvalleyspinningguild.com

Handweavers Guild of Peoria
Weben, Spinnen; Peoria, IL
peoriaweavers.wordpress.com

Illinois Prairie Weavers Guild
Weben; Lombard, IL
www.illinoisprairieweavers.org

InterKnits Machine Knitters Guild
Maschinelles Stricken; Glen Ellyn, IL
www.interknitmk.org

Kansas Alliance of Weavers & Spinners
Weben, Spinnen; Emporia, KS
www.kansasweaversspinners.com

Machine Knitters Guild of Minnesota
Maschinelles Stricken; Brooklyn Center, MN
www.facebook.com/mkgmn

Madison Knitters Guild
Stricken; Madison, WI
www.madisonknittersguild.org

Michigan League of Handweavers
Weben; Kalamazoo, MI
www.mlhguild.org

Midwest Machine Knitters Collaborative
Maschinelles Stricken; Minneapolis, MN
www.midwestmachineknitters.org

Midwest Weavers Association
Weben; ganzer mittlerer Westen
www.midwestweavers.org/index.htm

Minnesota Feltmakers Guild
Filzen; Minneapolis, MN
www.facebook.com/MinnesotaFeltmakersGuild

Minnesota Knitters Guild
Stricken; Minneapolis, MN
knitters.org

Northcoast Knitting Guild
Stricken; Mayfield Heights, OH
www.northcoastknitting.org

Northeast Iowa Weavers and Spinners
Weben, Spinnen; Waterloo, IA
neiwsguild.wordpress.com

Omaha Weavers and Spinners Guild
Spinnen, Weben; Omaha, NE
www.owsguild.com

Shuttlecraft Guild
Weben; Sheboygan County, WI
shuttlecraftguild.org

South Central Michigan Knitting Guild
Stricken; Süd- und Zentral-Michigan
scmkguild.webs.com

Spinners and Weavers of Indiana Fiber and Textiles (SWIFT)
Spinnen, Weben; Indiana (im ganzen Staat) swiftindiana.org

Topeka Weavers Guild
Weben; Topeka, KS
topekahandweaversandspinners.wordpress.com

Wabash Weavers Guild
Weben; Lafayette, IN
wabashweaversguild.smugmug.com

Weavers Guild of Greater Cincinnati
Weben, Spinnen, Filzen, Färben, Stricken; Cincinnati, OH
weaversguildcincinnati.org

Weavers Guild of Greater Kansas City
Weben, Spinnen, Färben; Kansas City, MO
www.kcweaversguild.org

Weavers Guild of Minnesota
Weben, Spinnen, Färben; Minneapolis, MN
www.weaversguildmn.org

Weavers Guild of St. Louis
Weben, Spinnen, Färben; St. Louis, MO
www.weaversguildstl.org

Weaving Indiana
Weben; Indianapolis, IN
www.weavingindiana.org

Western Reserve Knitting Guild
Stricken; Canfield, OH
www.facebook.com/westernreserveknit-tingguild

Western Reserve Weavers & Spinners
Weben, Spinnen; Aurora, OH
www.wrspinweave.org

Wichita Weavers, Spinners & Dyers Guild
Weben, Spinnen, Färben; Derby, KS
wichitaweavers.org

Wisconsin Handweavers Inc.
Weben; Milwaukee, WI
wihandweavers.org

Woodstock Weavers Guild
Weben; Woodstock, IL
sites.google.com/site/woodstockweav-ersguild2

Zumbro River Fiber Arts Guild
Spinnen, Weben, Färben, Stricken, Filzen; nahe Rochester, MN
zumbroriverfiberartsguild.com

Süden

Bay Area Knitting Guild
Stricken; Tampa Bay, FL
www.bayareakg.com

Carolinas Machine Knitters Guild
Maschinelles Stricken; North und South Carolina
www.carolinasmkg.com

Central Arkansas Spinning Guild
Spinnen; Little Rock, AR
www.ravelry.com/groups/central-arkan-sas-spinning-guild

Chimneyville Weavers and Spinners Guild
Weben, Spinnen; Ridgeland, MS
www.cvillewsg.com

Clotho's Handspinners
Spinnen; Richmond, VA
www.clothos.org

Contemporary Handweavers of Houston
Weben, Spinnen, Färben; Houston, TX
www.weavehouston.org

Contemporary Handweavers of Texas
Weben; Texas (im ganzen Staat)
www.weavetexas.org

CSRA Knitters Guild
Stricken; Central Savannah River area, SC
www.facebook.com/CsraKnittersGuild

Dallas Handweavers and Spinners Guild
Weben, Spinnen; Dallas, TX
www.dallasweavers.org

DFW Machine Knitters Guild
Maschinelles Stricken; Dallas-Fort Worth, TX
www.dfwmachineknitters.com

El Paso Knitting Guild
Stricken; El Paso, TX
www.elpasoknittingguild.com

Fiber Artists of Oklahoma
Spinnen, Filzen, Stricken, Häkeln, Färben; Oklahoma City, OK
fiberartistsok.org

Foothills Spinners and Weavers
Spinnen, Weben; Reston, VA
www.foothillsfiber.com

Greater Birmingham Fiber Guild
Weben, Spinnen, Färben, Filzen, Stricken, Häkeln; Birmingham, AL
greaterbirminghamfiberguild.blogspot.com

Florida Tropical Weavers
Spinnen, Weben; Verband auf Staatenebene, Florida
www.ftwg.org

Houston Area Machine Knitters
Maschinelles Stricken; Houston, TX
www.houstonmk.com

The Knit at Night Guild
Stricken, Häkeln, Spinnen, Weben; Großraum Houston, TX
www.knitatnight.org

Knitting Artists of Northern Virginia
Stricken; Nord-Virginia
kanv.org

K.O.M. Rivers Knitting Guild
Stricken; Parkersburg, WV
www.ravelry.com/groups/KOM-rivers-Knitting-guild

Manasota Weavers Guild
Weben, Spinnen, Färben; Sarasota, FL
www.manasotaweaversguild.com

Memphis Guild of Handloom Weavers
Weben; Memphis, TN
www.mghw.org

Metro Atlanta Machine Knitters
Maschinelles Stricken; Atlanta, GA
www.ravelry.com/groups/browse/show/metro-atl-machine-knitters

North Georgia Knitting Guild
Stricken; Nord-Georgia
northgeorgiaknittingguild.com

Northwest Arkansas Handweavers Guild
Weben; Springdale, AR
nwahandweaversguild.com

Ol' North State Knitting Guild
Stricken; Raleigh, NC
www.meetup.com/Ol-North-State-Knitting-Guild

Palmetto Fiber Arts Guild
Weben, Spinnen, Färben, Filzen, Stricken, Häkeln; Charleston, SC
www.palmettofiberartsguild.blogspot.com

Peachtree Handspinners Guild
Spinnen; Stone Mountain, GA
www.peachtreehandspinnersguild.org

Piedmont Fiber Guild
Weben, Spinnen, Färben, Filzen, Stricken; Gastonia/Charlotte, NC
www.piedmontfiberguild.org

Potomac Fiber Arts Guild
Spinnen, Weben, Färben, Filzen, Stricken; Washington, DC
www.potomacfiberartsguild.org

Roanoke Valley Knitting Guild
Stricken; Roanoke, VA
www.thinkingknitter.com/RoanokeValleyKnittingGuild.htm

Tangled Threads
Weben, Spinnen, Stricken, Häkeln, maschinelles Stricken, Filzen; CSRA, GA
www.facebook.com/tangledthreadscsra

Triangle Machine Knitters
Maschinelles Stricken; Raleigh, NC
sites.google.com/site/trianglemachineknitters

Triangle Weavers
Weben, Spinnen, Färben, Filzen, Stricken; Chapel Hill, NC
www.triangleweavers.org

Weavers and Spinners Society of Austin
Weben, Spinnen; Austin, TX
wssaustin.org

Weavers Guild of Greater Baltimore
Weben, Spinnen, Färben; Baltimore, MD
www.wggb.org

Westen

Anchorage Weavers and Spinners Guild
Weben, Spinnen; Anchorage, AK
www.anchorageweavespin.org

Arizona Desert Weavers and Spinners Guild
Weben, Spinnen; Phoenix, AZ
www.adwsg.org

Arizona Federation of Weavers and Spinners
Weben, Spinnen; im ganzen Staat (die Webseite nennt Verbände in ganz Arizona)
www.azfed.org/azfed

Association of Northwest Weavers' Guilds
Weben; ganzer Nordwesten
northwestweavers.org

Bisbee Fiber Arts Guild
Weben, Spinnen; Bisbee, AZ
www.bisbeefiberarts.com

Cactus Needles Knitting Guild
Stricken; Phoenix, AZ
www.cactusneedlesknittingguild.com

Carmel Crafts Guild
Filzen, Stricken, Spinnen, Färben; Monterey County, CA
www.carmelcraftsguild.org

Central Coast Weavers
Weben; Nord-Santa Barbara/San Luis Obispo County, CA
www.centralcoastweavers.org

Desert Fiber Arts
Weben, Spinnen; Richland, WA
www.desertfiberarts.org

Eastside Spinners Guild
Spinnen; Issaquah, WA
groups.yahoo.com/neo/groups/eastside-spinners/info

El Segundo Slipt Stitchers
Stricken; El Segundo, CA
www.sliptstitchers.org

Eugene Weavers Guild
Weben; Eugene, OR
www.eugeneweavers.com

Fairbanks Weavers and Spinners Guild
Weben, Spinnen; Fairbanks, AK
www.fairbanksweavers.org

Fiber to Finish
Weben, Spinnen, Stricken, Häkeln, Filzen; Valencia County, NM
www.fibertofinish.org

Foothill Fibers Guild
Spinnen, Weben, Stricken; Nevada City, CA
www.foothillfibersguild.org

Front Range Knitting Guild
Stricken; Nord-Colorado
frkg.webs.com

Great Falls Spinners & Weavers Guild
Spinnen, Weben; Great Falls, MT
www.greatfallsspinnersweaversguild.weebly.com

Greater Los Angeles Spinning Guild
Spinnen; Los Angeles, CA
www.glasg.org

Handweavers Guild of Boulder
Weben; Boulder, CO
www.handweaversofboulder.org

Hawaii Handweavers' Hui
Spinnen, Weben, Färben; Honolulu, HI
www.hawaiihandweavers.org

Job's Peak Fiber Arts
Weben, Spinnen, Färben, Stricken, Häkeln; Carson Valley, NV
www.jobspeakfiberarts.com

Knerdy Knitters of the SFV
Stricken; San Fernando Valley, CA
www.knerdyknitters.com

Las Aranas Spinners & Weavers Guild
Spinnen, Weben; Albuquerque, NM
www.lasaranas.org

Las Tejadoras
Weben, Spinnen, Stricken, Häkeln, Filzen, Färben; Santa Fe, NM
www.lastejedoras.org

Machine Knitters Guild of San Diego
Maschinelles Stricken; San Diego, CA
www.mkgsd.com

Machine Knitters Guild San Francisco Bay Area
Maschinelles Stricken; San Francisco, CA
www.mkgsfba.org

Mountain Spinners & Weavers Guild
Weben, Spinnen; Prescott, AZ
www.mtnspinweave.org

North Olympic Shuttle and Spindle Guild
Spinnen, Färben, Filzen, Stricken, Häkeln; Northern Olympic Peninsula, WA
www.nossg.org

Northwest Regional Spinners Association
Spinnen; nordwestliche Pazifikküste
www.nwregionalspinners.org

Oregon Metropolitan Machine Knitters Guild
Maschinelles Stricken; Oregon City, OR
mmkg.freehostia.com

Pikes Peak Weavers Guild
Weben, Spinnen, Färben; Colorado Springs, CO
www.pikespeakweavers.org

Redwood Guild of Fiber Arts
Weben, Spinnen; Northern California
www.redwoodgfa.org

Reno Fiber Guild
Weben, Spinnen; Reno, NV
renofiberguild.blogspot.com

Rocky Mountain Weavers Guild
Filzen, Färben; Denver, CO
www.rmweaversguild.org

Sacramento Area Machine Knitters Guild
Maschinelles Stricken; Sacramento, CA
machineknittingfun.blogspot.com

Salt Lake Knitting Guild
Stricken; Salt Lake City, UT
saltlakeknittingguild.org

San Diego Creative Weaver's Guild
Weben; San Diego, CA
www.sdcwg.org

San Juan County Textile Guild
Färben, Filzen, Häkeln, Stricken, Weben, Spinnen; Puget Sound, WA
www.sjctextileguild.org

Seattle Weavers Guild
Weben; Seattle, WA
seattleweaversguild.com

South Bay Machine Knitting Meetup Group
Maschinelles Stricken; San Jose, CA
www.meetup.com/machineknit-103

Southern California Handweavers Guild
Weben; Harbor City, CA
www.schg.org

Spindles & Flyers Spinning Guild
Spinnen; Berkeley/San Francisco Bay Area, CA
www.spindlesandflyers.org

Telarana Spinners and Weavers
Weben, Spinnen; Mesa, AZ
www.telarana.org

Tigard Knitting Guild
Stricken; Metropolregion bei Portland, OR
www.tigardknittingguild.org

Twisted Threads Fiber Guild
Weben; Vernon & White-Mountains-Region, AZ
www.azfed.org

Valley Fiber Arts Guild
Weben, Spinnen, Stricken; Mat-Su Valley, AK
www.valleyfiberarts.org

Weaving, Spinning and Fiber Arts Guild of Idaho Falls
Weben, Spinnen, Filzen, Färben, Stricken; Idaho Falls, ID
www.srfiberartists.org

What the Knit! Guild
Stricken; Bakersfield, CA
what-the-knit.org

KAMPAGNEN & MEHR INFORMATIVE WEBSEITEN

Care What You Wear:
www.organicconsumers.org/campaigns/care-what-you-wear

Food & Fibers Project:
www.foodandfibersproject.com

UNIVERSITÄTEN & INKUBATOR-PROGRAMME

California College of Arts (Professor*innen Lynda Grose, Amy Campos und Sasha Duerr)
Fashion Institute of Design & Merchandising (FIDM) (Janice Parades)
Fashion Institute of Technology (FIT) (Jeffrey Silberman)
Parsons School of Design (Professor*innen Timo Rasmussen und Laura Parsons)

FIBER FESTIVALS

Auf diesen Festivals könnt ihr Farmer*innen und Rancher*innen persönlich kennenlernen und in vielen Fällen auch vor Ort ihre Garne kaufen.

Nordosten

Adirondack Wool & Arts Festival (NY)
CNY Fiber Arts Festival (NY)
Common Ground Country Fair (ME)
Connecticut Sheep, Wool & Fiber Festival (CT)
Fiber Fest 2017 (MD)
Fiber Festival of New England (MA)
Finger Lakes Fiber Arts Festival (NY)
Garden State Sheep Breeders Sheep and Fiber Festival (NJ)
Maine Fiber Frolic (ME)
Maryland Alpaca and Fleece Festival (MD)
Maryland Sheep & Wool Festival (MD)
Massachusetts Sheep and Woolcraft Fair (MA)
New England Fiber Arts Summit (VT)
New Hampshire Sheep & Wool Festival (NH)
New York State Sheep & Wool Festival (NY)
Pennsylvania Endless Mountains Fiber Festival (PA)
Rhode Island Fiber Festival and Craft Fair at Coggeshall Farm Museum (RI)
Steel City Fiber Fest (PA)
Vermont Sheep and Wool Festival (VT)
Washington County Fiber Tour (NY)
Waynesburg Sheep & Fiber Festival (PA)
Western New York Fiber Arts Festival (NY)

Mittlerer Westen

Autumn Fiber Festival (OH)
Fiber "U" (MO)
Fiber Arts Festival (ND)
Fiber Expo (MI)
Fiber in the Park (IL)
Fosston Fiber Festival (MN)
Great Lakes Fiber Show (OH)
Hoosier Hills Fiber Festival (IN)
Indiana Fiber & Music Festival (IN)
Iowa Sheep & Wool Festival (IA)
Jay County Fiber Arts Festival (IN)
Michigan Fiber Festival (MI)
Mid-Ohio Fiber Fair (OH)
Mid-Plains Fiber Fair (NE)
North Country Fiber Fair (SD)
Northern Michigan Lamb & Wool Festival (MI)
Ozark Fiber Fling (MO)
Scotts Bluff Valley Fiber Fair (NE)
Shepherd's Harvest Festival (MN)
Shepherds Market Fiber Festival (IA)
Spring Fiber Fling (IL)
The Fiber Event (IN)
Tip of the Mitt Fiber Fair (MI)
Upper Valley Fiber Fest (OH)
Winter Woolfest (KS)
Wisconsin Alpaca & Fiber Fest (WI)
Wisconsin Sheep & Wool (WI)
Wool Gathering at Young's (OH)

Süden

Carolina Fiber Fest (NC)
DFW Fiber Fest (TX)
East Side Fiber Festival (TN)
Fall Fiber Festival and Montpelier Sheep Dog Trials (VA)
Fiber Christmas in July (OK)
Fiber in the 'Boro (TN)
Florida Sheep, Wool, and Herding Dog Festival (FL)
Kentucky Sheep and Fiber Festival (KY)
Kentucky Wool Festival (KY)
Kid 'n Ewe (TX)
Middle Tennessee Fiber Festival (TN)
Olde Liberty Fibre Faire (VA)
Shenandoah Valley Fiber Festival (VA)
Southeastern Animal Fiber Fair (NC)

Westen

Alpacapalooza (WA)
Barn to Yarn (CA)
Black Sheep Gathering (OR)
California Wool & Fiber Festival (CA)
Casari Ranch Wool Festival (CA)
Elizabeth Fiber Festival (CO)
Estes Park Wool Market & Fiber Festival (CO)
Fiberfest Eureka!! (MT)
Flag Wool & Fiber Festival (AZ)
Lambtown (CA)
Mat Su Valley Fiber Festival (AK)
Okfiberfestival (WA)
Oregon Flock & Fiber Festival (OR)
Salida Fiber Festival (CO)
Sheep Is Life Celebration (AZ)
Shepherds' Extravaganza (WA)
Sneffles Fiber Festival (CO)
Sustainable Cotton Project, Farm Tours (CA)
The Black Sheep Gathering (OR)
The Taos Wool Festival (NM)
Trailing of the Sheep Festival (ID)
Vista Fiber Arts Fiesta (CA)
Wool Symposium (CA)

EUROPA

SOLAWIS – SOLIDARISCHE LANDWIRTSCHAFT

www.solidarische-landwirtschaft.org/solawis-finden/auflistung/solawis
www.solidarische-landwirtschaft.org/solawis-finden/solawis-ausserhalb-deutschlands

BIO-TEXTILIEN, GARNE UND FÄRBEREIEN

Auflistung Europa
www.dyeplants.de/pdf/Produkte.pdf

Belgien
www.houseofise.com

Deutschland
www.lebenskleidung.com
www.naturstoff.de
www.siebenblau.de

Frankreich
www.goodfabric.fr
www.naturellementchanvre.com

Italien
www.canapaebasta.com
www.puroamore.eu/en/puro-amore-fabrics

Litauen
www.naturalfiber.eu

Niederlande
www.boweevil.nl
www.ecologicaltextiles.nl
www.purefabricz.com

Österreich
www.biostoffe.at
www.feinerfaden.at
www.gottstein.at
www.lodenwalker.at
www.strick-mir-was.at

VERMIETUNG VON NÄHMASCHINEN:

Nähsalon nahtlos
1070 Wien
www.naehsalon.at
Nähwerkstatt mit Haushaltsnähmaschinen, Industrienähmaschine und Overlock, Siebdruckatelier

GOTS-ZERTIFIZIERTER TEXTILDRUCK:

promoteXx
Pasettistraße 29–31
1200 Wien

Leonhardstraße 23/Top 5
8010 Graz
www.promotexx.eu/oekodruck.html

GOTS-ZERTIFIZIERTE FÄRBUNG:

Fritsch Färberei GmbH
Draschestraße 95
1230 Wien
www.colortex.at

DIE UMWELTBERATUNG
+43 1 803 32 32
service@umweltberatung.at

Polen
www.hemplution.com

Rumänien
www.cavvas.com

Slowenien
www.hempwear.eu

Spanien
www.bravafabrics.com

NACHHALTIGE MODE

Utopia-Bestenliste: Die besten online Mode-Shops für nachhaltige Kleidung (umfangreich)
www.utopia.de/bestenlisten/mode-shops-nachhaltige-mode

ABOUT GIVEN Fair Organic Wear
www.aboutgiven.de

ArmedAngels
www.armedangels.com

Auryn
www.auryn-shop.com

Dariadéh
www.dariadeh.com

GREENSTYLE munich
www.greenstyle-muc.com

Naturkinder
www.naturkinder-shop.com

Phasenreich
www.locally-inspired.com/phasenreich-eine-phantastische-reise-in-faire-welten

INSTAGRAM

@amselle.de (Naturfärberei)
@apollolena (DIY-Nachhaltigkeit)
@altekuenste (lichtechte Pflanzenfärbungen)
@blau_rein (Indigo- & Shibori-Färberei)
@kirschkernzeit (Naturfärberei)
@wasteless_hero (nachhaltiger Alltag

Literatur

DEUTSCH

Arendt, Hannah. *Die Freiheit, frei zu sein.* Übersetzt von Andreas Wirthensohn. München: dtv Verlagsgesellschaft, 2018.

Bolte, Gabriele et al. *Umweltgerechtigkeit: Chancengleichheit bei Umwelt und Gesundheit: Konzepte, Datenlage und Handlungsperspektiven.* Bern: Hogrefe AG, 2012. Braumüller, Jana; Jäckle, Vreni; Lorenzen, Nina & Scherer, Lena. *Fashion Changers – Wie wir mit fairer Mode die Welt verändern können.* München: Knesebeck Verlag, 2020.

Brodde, Kirsten & Zahn, Alf-Tobias. *Einfach anziehend: Der Guide für alle, die Wegwerfmode satthaben: In 10 Schritten zum öko-fairen Kleiderschrank.* München: oekom verlag, 2018.

Brown, Gabe. *Aus toten Böden wird fruchtbare Erde: Eine Familie entdeckt die regenerative Landwirtschaft.* White River Junction, VT: Chelsea Green, 2018.

Buggenthin, Inge. *Vom Schaf zum Schal: Wollfasern und ihre Verarbeitung durch Handspinner.* Hamburg: Buggenthin, 2021.

Burckhardt, Gisela. *Todschick: Edle Labels, billige Mode – unmenschlich produziert.* München: Heyne Verlag, 2014.

Buxbaum, Marie-Sophie. *Mode und Ethik: Eine Studie zu den Verbindungen zeitgenössischer Mode, Ethik und Wirtschaft.* Wien: Diplomica Verlag, 2014.

Cropp, Jan-Hendrik. *Praxishandbuch Bodenfruchtbarkeit: Humus verstehen – Direktsaat- und Mulchsysteme umsetzen – Klimakrise meistern.* Stuttgart: Verlag Eugen Ulmer, 2021.

Delvaux de Fenffe, Gregor. *Hanf: Harry Anslinger.* Planet Wissen, 08.05.2020. https://www.planet-wissen.de/natur/pflanzen/hanf/pwieharryanslinger100.html.

Derham, Constanze. *Stoff und Faden: Materiallexikon.* Berlin: Dr. Constanze Derham Texte + Textilien, 2016.

Felber, Christian. *Gemeinwohl-Ökonomie.* München: Piper Verlag, 2018.

Frings, Carina. *Produktlebenszyklus eines Kleidungstückes. Fast Fashion versus Slow Fashion.* München: GRIN Verlag, 2018.

Habumuremyi, Donatien. *Bewertung der Kohlenstoffspeicherung im Boden bei verschiedenen Landnutzungsformen: Kinoni-Wasserscheide, Musanze-Distrikt-Ruanda.* Verlag Unser Wissen, 2021.

Heiser, Jürgen. Aufarbeitung gefordert. *Junge Welt*, 10.06.2021. (Petition unter: action.lakotalaw.org/action/truth-and-healing) https://www.jungewelt.de/artikel/404074.lakota-people-s-law-project-aufarbeitung-gefordert.html.

Huber, Armin. Ersatzstoffe im Ersten Weltkrieg. *regionalgeschichte.net*,

10.10.2014. https://www.regionalgeschichte.net/bibliothek/aufsaetze/huber-ersatzstoffe-erster-weltkrieg.html.

Jentschura, Eva. *Mit Pflanzen färben – ganz natürlich.* Stuttgart: Freies Geistesleben, 2010.

Lang, Nicole. *Stickstoff- und Kohlenstoffkreislauf: Zusammenhänge und Feedbacks.* Norderstedt: Books on Demand, 2015.

Leitner Leinen. *Vom Flachs zum Leinen – die Verarbeitung.* https://www.leitnerleinen.com/de/vom-flachs-zum-leinen-die-verarbeitung.

Linder, Roland & Jansen, Jonas. Neuer Glyphosat-Ärger für Bayer. *Frankfurter Allgemeine*, 04.08.2021. https://www.faz.net/aktuell/wirtschaft/unternehmen/naechster-glyphosat-prozess-gegen-bayer-in-den-usa-17469822.html.

Litterst, Leona. *Neues Leben aus dem Labor: Biowissenschaftliche und ethische Aspekte der Synthetischen Biologie.* Wiesbaden: Springer VS, 2018.

Markwald, Nicole. Monsanto muss Schmerzensgeld zahlen. *Deutschlandfunk*, 11.08.2018. https://www.deutschlandfunk.de/us-gericht-monsanto-muss-schmerzensgeld-zahlen.1773.de.html?dram:article_id=425231.

Nelles, David & Serrer, Christian. *Kleine Gase – Große Wirkung: Der Klimawandel.* Friedrichshafen: KlimaWandel, 2021.

Netzwerk Solidarische Landwirtschaft e. V. (27.09.2014). *Was ist Solidarische Landwirtschaft? Erklärung vom Netzwerk Solidarische Landwirtschaft e. V.* [Video]. YouTube. https://www.youtube.com/watch?v=0QndxeDXn-M.

Norddeutscher Rundfunk (Hrsg.): Kritische Marke bereits 2030 erreicht. *Tagesschau,* 09.08.2021. https://www.tagesschau.de/ausland/weltklimarat-bericht-klimawandel-101.html, abgerufen am 27.08.2021.

Norddeutscher Rundfunk (Hrsg.): Auch Zwei-Grad-Ziel am seidenen Faden. *Tagesschau,* 18.08.2021. *https://www.tagesschau.de/investigativ/wdr/ipcc-weltklimabericht-101.html abgerufen am 27.08.2021.*

Rodabaugh, Katrina & Pearson, Karen. *Stich für Stich kreativ reparieren: Mending Matters: Flicken & Upcycling für Lieblingsjeans & mehr: Anleitungen zur kreativen Reparatur von Lieblingsjeans und mehr.* Übersetzt von Josefine Haubold. Berlin: Maro, 2020.

Sand, Fabienne; Hofmann, Laura & Ewert, Felica. *Feminism is for everyone!: Argumente für eine gleichberechtigte Gesellschaft (Sag was!).* Hamburg: Dressler, 2021.

Sandmann, Angela; Schmidt, Annika Maria & Wenning, Silvia. *Experimentieren mit Färberpflanzen Heft 2: Aufgaben und Experimentierkarten für die Sekundarstufe 1.* Norderstedt: Books on Demand, 2021.

Satheesh, P. V. *Transgene Versprechen. Über die Folgen der Gentechnologie in der Landwirtschaft.* transcript Verlag, 2014. https://doi.org/10.14361/9783839428351-022

Schertl, Magdalena. *Zero Waste: Do it yourself. Mit einfachen DIY-Projekten im Alltag Müll vermeiden und nachhaltig leben.* Stuttgart: TOPP frechverlag, 2020.

Seewald, Berthold. *Diese Erfindung zementierte die Sklaverei in den USA. WELT*, 15.08.2017. https://www.welt.de/geschichte/article167683986/Diese-Erfindung-zementierte-die-Sklaverei-in-den-USA.html.

Shiva, Vandana. *Jenseits des Wachstums: Warum wir mit der Erde Frieden schließen müssen.* Zürich: Rotpunktverlag, 2012.

smarticular Verlag. *Neue Dinge aus alten Stoffen: Über 100 alltagstaugliche Upcycling-Ideen für Anfänger und Fortgeschrittene.* Berlin: smarticular Verlag, 2021.

Spainhower, Courtney. *Elemental knits: Capsule Wardrobe gestrickt für alle Jahreszeiten.* Übersetzt von Sabine Krämer-Uhl. München: Christophorus Verlag, 2020.

Theil, Isabella. *Handbuch Nachhaltigkeit – Kleidung: Textilindustrie, Tauschparties, Upcycling, Qualitätssiegel und mehr.* Unabhängig herausgegeben, 2019.

Thompson, Henrietta. *Mach neu aus alt: Kleidung und Accessoires.* Übersetzt von Susanne Tiarks. Hamburg: Edel Books, 2012.

YOUTUBE

@ColoursOfEden
@Kulturland eG
@ReLaVisio – Regenerative Landwirtschaft
@Solawi-Sonnenhof

Kulturland eG. (26. September 2019). SoLaWi Luzernenhof im Portrait – Kulturland Crowdinvest Kampagne im Markgräflerland [Video]. YouTube. https://www.youtube.com/watch?v=mKx5lcLEokI

PlanetB. (17. Juni 2021). Shell, BP und die anderen: Wie die Ölindustrie den Klimawandel vertuscht | PlanetB | BR [Video]. YouTube. https://www.youtube.com/watch?v=BrOc_thSheI

Quarks. (26. November 2019). Ökologische und konventionelle Landwirtschaft – Ein Vergleich [Video]. YouTube. https://www.youtube.com/watch?v=9NLdqbzCxds

ENGLISCH

Adrosko, Rita. *Natural Dyes and Home Dyeing.* Mineola, NY: Dover, 1971.

Anderson, Sarah, and Judith Mackenzie. *The Spinner's Book of Yarn Designs: Techniques for Creating 80 Yarns.* North Adams, MA: Storey Publishing, 2013.

Beckert, Sven. *Empire of Cotton: A Global History.* New York: Random House, 2014.

Black, Kate. *Magnifeco: Your Head-to-Toe to Ethical Fashion and Non-Toxic Beauty.* Gabriola Island, BC: New Society, 2015.

Black, Sandy. *Eco-Chic: The Fashion Paradox.* London: Black Dog Publishing, 2011.

Black, Sandy. *The Sustainable Fashion Handbook.* London: Thames and Hudson, 2013.

Blackburn, Richard. *Sustainable Textiles: Life Cycle and Environmental Impact.* Oxford, UK: Woodhead Publishing, 2009.

Briggs, Raleigh. *Fix Your Clothes: The Sustainable Magic of Mending, Patching, and Darning.* Portland, OR: Microcosm Publishing, 2017.

Brown, Gabe. *Dirt to Soil: One Family's Journey into Regenerative Agriculture.* White River Junction, VT: Chelsea Green, 2018.

Brown, Sass. *Eco-Fashion.* London: Lawrence King Publishing, 2010.

Brown, Sass. *Refashioned: Cutting-Edge Clothing from Upcycled Materials.* London: Lawrence King Publishing, 2013.

Buchanan, Rita. *A Dyer's Garden: From Plant to Pot, Growing Dyes for Natural Fibers.* Loveland, CO: Interweave Press, 1995.

Burgess, Rebecca. *Harvesting Color: How to Find Plants and Make Natural Dyes.* New York: Artisan, 2011.

Church, George. *Regenesis: How Synthetic Biology Will Reinvent Nature and Ourselves.* New York: Basic Books, 2012.

Cline, Elizabeth. *Overdressed: The Shockingly High Cost of Cheap Fashion.* New York: Penguin, 2013.

Dean, Jenny. *Wild Color: The Complete Guide to Making and Using Natural Dyes.* New York: Potter Craft/Random House, 2010.

Desnos, Rebecca. *Botanical Colour at Your Fingertips.* London: Desnos, 2016.

Duerr, Sasha. *The Handbook of Natural Plant Dyes: Personalize Your Craft with Organic Colors from Acorns, Blackberries, Coffee, and Other Everyday Ingredients.* Portland, OR: Timber Press, 2011.

Duerr, Sasha. *Natural Color: Vibrant Plant Dye Projects for Your Home and Wardrobe.* New York: Watson-Guptill/Penguin, 2016.

Ekarius, Carol. *The Fleece & Fiber Sourcebook: More than 200 Fibers, from Animal to Spun Yarn.* North Adams, MA: Storey Publishing, 2011.

Ekarius, Carol. *The Field Guide to Fleece: 100 Sheep Breeds & How to Use Their Fibers.* North Adams, MA: Storey Publishing, 2013.

Fletcher, Kate. *Sustainable Fashion and Textiles: Design Journeys.* 2nd ed. New York: Routledge, 2014.

Fletcher, Kate. *Craft of Use: Post-Growth Fashion.* New York: Routledge, 2016. Fletcher, Kate, and Lynda Grose. *Fashion and Sustainability: Design for Change.* London: Lawrence King Publishing, 2012.

Fletcher, Kate, and Mathilda Tham. *Routledge Handbook of Sustainability and Fashion.* New York: Routledge, 2015.

Flint, India. *Eco Colour: Botanical Dyes for Beautiful Textiles.* Loveland, CO: Interweave Press, 2010.

Flintoff, John-Paul. *Through the Eye of a Needle: The True Story of a Man Who Went Searching for Meaning and Ended Up Making His Y-Fronts.* Hampshire, UK: Permanent Publications, 2010.

Fournier, Nola. *In Sheep's Clothing: A Handspinner's Guide to Wool.* Loveland, CO: Interweave Press, 1995.

Fox, Alice. *Natural Processes in Textile Art: From Rust-Dyeing to Found Objects.* London: Batsford/Pavilion, 2015.

Franquemont, Abby. *Respect the Spindle: Spin Infinite Yarns with One Amazing Tool.* Loveland, CO: Interweave Press, 2009.

Gardetti, Miguel Angel, and Ana Laura Torres. *Sustainability in Fashion and Textiles: Values, Design, Production and Consumption.* New York: Routledge, 2017.

Gordon, Jennifer Farley, and Colleen Hill. *Sustainable Fashion: Past, Present and Future.* London: Bloomsbury, 2015.

Gullingsrud, Annie. *Fashion Fibers: Designing for Sustainability.* London: Bloomsbury, 2017.

Lambert, Eva. *The Complete Guide to Natural Dyeing: Techniques and Recipes for Dyeing Fabrics, Yarns, and Fibers at Home.* Loveland, CO: Interweave Press, 2010.

McLaughlin, Chris. *A Garden to Dye For: How to Use Plants from the Garden to Create Natural Colors for Fabrics & Fibers.* Pittsburgh: St. Lynn's Press, 2014.

Meuret, Michel, and Fred Provenza. *The Art and Science of Shepherding: Tapping the Wisdom of French Herders.* Austin, TX: Acres USA, 2014.

Minney, Safia. *Slave to Fashion.* Northampton, UK: New Internationalist, 2017.

Pollan, Michael. *The Botany of Desire: A Plant's-Eye View of the World.* New York: Random House, 2001.

Rivoli, Pietra. *Travels of a T-Shirt in the Global Economy: An Economist Examines the Markets, Power, and Politics of World Trade.* Hoboken, NJ: Wiley and Sons, 2009.

Rodabaugh, Katrina. *Mending Matters: Stitch, Patch, and Repair Your Favorite Denim & More.* New York: Abrams Books, 2018.

Savory, Allan, and Jody Butterfield. *Holistic Management: A Commonsense Revolution to Restore Our Environment.* Washington, DC: Island Press, 2016.

Schor, Juliet. *True Wealth: How and Why Millions of Americans Are Creating a Time-Rich, Ecologically Light, Small-Scale, High-Satisfaction Economy.* New York: Penguin, 2011.

Smith, Beth. *The Spinner's Book of Fleece: A Breed-by-Breed Guide to Choosing and Spinning the Perfect Fiber for Every Purpose.* North Adams, MA: Storey Publishing, 2014.

Steingraber, Sandra. *Living Downstream: An Ecologist's Personal Investigation of Cancer and the Environment.* Boston: Da Capo Press, 2010.

Toensmeier, Eric. *The Carbon Farming Solution: A Global Toolkit of Perennial Crops and Regenerative Agriculture Practices for Climate Change Mitigation and Food Security.* White River Junction, VT: Chelsea Green, 2016.

Vejar, Kristine. *The Modern Natural Dyer: A Comprehensive Guide to Dyeing Silk, Wool, Linen, and Cotton at Home.* New York: Abrams, 2015.

Voisin, André. *Grass Productivity.* Washington, DC: Island Press, 1989.

Wellesley-Smith, Claire. *Slow Stitch: Mindful and Contemplative Textile Art.* London: Batsford/Pavilion, 2015.

Wilkes, Stephany. *Raw Material: Working Wool in the West.* Corvallis, OR: Oregon State University Press, 2018.

Quellenverzeichnis

EINLEITUNG

1 **Barbara A. Cohn, Piera M. Cirillo und Mary Beth Terry,** "DDT and Breast Cancer: Prospective Study of Induction Time and Susceptibility Windows," *Journal of the National Cancer Institute* djy198 (Februar 2019), https://doi.org/10.1093/jnci/djy198.

KAPITEL EINS: Der Preis unserer Kleidung

2 **Ellen MacArthur Foundation,** *A New Textiles Economy: Redesigning Fashion's Future* (EMF, 2017), 18, http://www.ellenmacarthurfoundation.org.

3 **Ellen MacArthur Foundation,** *A New Textiles Economy*, 38.

4 **Rita Kant,** "Textile Dyeing Industry an Environmental Hazard," *Natural Science* 4, Nr. 1 (2012): 22–26, https://doi.org/10.4236/ns.2012.41004.

5 **European Parliament,** *Workers' Conditions in the Textile and Clothing Sector: Just an Asian Affair? Issues at Stake After the Rana Plaza Tragedy* (Brüssel: EU, 2014), 1–9, http://www.europarl.europa.eu/EPRS/140841REV1-Workers-conditions-in-the-textile-and-clothing-sector-just-an-Asian-affair-FINAL.pdf.

6 **Asia Floor Wage Alliance,** *Precarious Work in the H&M Global Value Chain* (AFWA, 2016), 34–35, https://asia.floorwage.org/workersvoices/reports/precarious-work-in-the-h-m-global-value-chain/view.

7 **International Labour Office,** *Marking Progress Against Child Labour: Global Estimates and Trends 2000–2012* (Genf: ILO, 2013), vii, http://www.ilo.org/wcmsp5/groups/public/---ed_norm/---ipec/documents/publication/wcms_221513.pdf.

8 **Davuluri Venkateswarlu,** *Cotton's Forgotten Children: Child Labour and Below Minimum Wages in Hybrid Cottonseed Production in India* (Utrecht: India Committee of the Netherlands, 2015), 7, http://www.indianet.nl/pdf/CottonsForgottenChildren.pdf.

9 **Elizabeth Cline,** *Overdressed: The Shockingly High Cost of Cheap Fashion* (New York: Penguin Press, 2012).

10 **Greenpeace,** *Timeout for Fast Fashion* (Hamburg: Greenpeace, 2015), 2, https://www.greenpeace.org/archive-international/Global/international/briefings/toxics/2016/Fact-Sheet-Timeout-for-fast-fashion.pdf.

11 **Lydia McAllister,** "Textile Waste by the Numbers," *Vox*, 24. März 2016, https://www.voxmagazine.com/news/textile-waste-by-the-numbers/article_9ea228ba-f13a-11e5-8c76-5b50180f85de.html.

12 **Ellen MacArthur Foundation,** *A New Textiles Economy*, 73.

13 **Greenpeace,** Timeout for Fast Fashion, 6.

14 **European Commission,** *Environmental Improvement Potential of Textiles* (Seville: JRC Scientific and Technical Reports, 2006), 76, http://susproc.jrc.

ec.europa.eu/textiles/docs/120423%20 IMPRO%20Textiles_Publication%20 draft%20v1.pdf.

15 Bren Microplastics Project, "Microfiber Pollution and the Apparel Industry," Bren Microplastics (Webseite), https://brenmicroplastics.weebly.com/project-findings.

16 Chelsea Rochman et al., "Anthropogenic Debris in Seafood: Plastic Debris and Fibers from Textiles in Fish and Bivalves Sold for Human Consumption," *Scientific Reports* 5, Nr. 14340 (2015): 7, https://www.https://doi.org/10.1038/srep14340.

17 Lisbeth Cauwenberghe und Colin Janssen, "Microplastics in Bivalves Cultured for Human Consumption," *Environmental Pollution* 193 (2014): 65, http://dx.doi.org/10.1016/j.envpol.2014.06.010.

18 M. A. Toups et al., "Origin of Clothing Lice Indicates Early Clothing Use by Anatomically Modern Humans in Africa," *Molecular Biology and Evolution* 28, Nr. 1 (2011): 29–32, https://doi.org/10.1093/molbev/msq234.

19 Sandra Steingraber, "Sandra Steingraber's War on Toxic Trespassers", Interview mit Bill Moyers, 19. April 2013, Video, http://billmoyers.com/segment/sandra-steingrabers-war-on-toxic-trespassers/.

20 Sidley Environmental Practice, "Significant Changes to TSCA Will Affect a Broad Range of Companies That Manufacture and Use Chemicals," Sidley Update, 9. Juni 2016, https://www.sidley.com/-/media/update-pdfs/2016/06/20160608-environmental-update.pdf.

21 Steingraber, "Sandra Steingraber's War on Toxic Trespassers."

22 A. Pruss-Ustan et al., *Preventing Disease Through Healthy Environments: A Global Assessment of the Burden of Disease from Environmental Risks* (Genf: World Health Organization, 2016), viii, http://pps.who.int/iris/bitstream/10665/204585/1/9789241565196_eng.pdf?ua=1.

23 United Nations, *Report of the United Nations Conference on Sustainable Development: Rio + 20, 20.–22. Juni 2012* (New York: United Nations, 2012), 27, https://rio20.un.org/sites/rio20.un.org/files/a-conf.216l-1_english.pdf.pdf.

24 Pruss-Ustan, *Preventing Disease Through Healthy Environments*, xxiii.

25 Steingraber, "Sandra Steingraber's War on Toxic Trespassers."

26 Lake Research Partners, *Key Survey Findings on Laws Governing Toxic Chemicals* (Los Angeles: LRP, 2009), 2, http://saferchemicals.org/sc/wp-content/uploads/pdf/Lake_Research_Findings.pdf.

27 Heinrich Zollinger, *Color Chemistry: Syntheses, Properties, and Applications of Organic Dyes and Pigments* (New York: VCH Publishers, 1987), 92–102.

28 Farah Maria Drumond Chequer et al., "Textile Dyes: Dyeing Process and Environmental Impact," in Eco-Friendly Textile Dyeing and Finishing, hrsg. von Melih Gunay (London: InTech Open, 2013), 152, https://doi.org/10.5772/53659; K. T. Chung und C. E. Cerniglia, "Mutagenicity of Azo Dyes: Structure-Activity Relationships," Mutation Research 277, Nr. 3 (1992): 201–20, https://doi.org/10.1016/0165-1110(92)90044-A.

29 **Greenpeace,** *Chemistry for Any Weather: Greenpeace Tests Outdoor Clothes for Perfluorinated Toxins* (Hamburg: Greenpeace, 2012), 43, https://www.greenpeace.org/romania/Global/romania/detox/Chemistry%20for%20any%20weather.pdf.

30 **C. J Ogugbue und T. Sawidis,** "Bioremediation and Detoxification of Synthetic Wastewater Containing Triarylmethane Dyes by Aeromonas Hydrophila Isolated from Industrial Effluent," Biotechnology Research International, Artikel 967925 (2011): 1, http://dx.doi.org/10.4061/2011/967925.

31 **Martin A. Hubbe et al.,** "Cellulosic Substrates for Removal of Pollutants from Aqueous Systems: A Review. 2. Dyes," *BioResources* 7, Nr. 2 (2012): 2593, http://ojs.cnr.ncsu.edu/index.php/BioRes/article/view/BioRes_07_2_2592_Hubbe_BO_Cellulosic_Substrates_Remov_Pollutants_Review_Pt2_Dyes/1530.

32 **P. A. Carneiro et al.,** "Assessment of Water Contamination Caused by a Mutagenic Textile Effluent/Dyehouse Effluent Bearing Disperse Dyes," *Journal of Hazardous Materials* 174, Nr. 1–3 (2010): 696, https://doi.org/10.1016/j.jhazmat.2009.09.106.

33 **Persönliche Kommunikation.**

34 **Birgitta Kütting et al.,** "Monoarylamines in the General Population–A Cross-Sectional Population-Based Study Including 1004 Bavarian Subjects," *International Journal of Hygiene and Environmental Health* 212, Nr. 3 (Mai 2009): 301, https://doi.org/10.1016/j.ijheh.2008.07.004.

35 **Hendrick Modick et al.,** "Ubiquitous Presence of Paracematol in Human Urine: Sources and Implications," *Reproduction* 147 (2014): 105, https://doi.org/10.1530/REP-13-0527.

36 **Shanna Swan et al.,** "Decrease in Anogenital Distance Among Male Infants with Prenatal Phthalate Exposure," *Environmental Health Perspectives* 113, Nr. 8 (2005): 1056–61, https://doi.org/10.1289/ehp.8100; Shanna Swan et al., "Prenatal Phthalate Exposure and Reduced Masculine Play in Boys," *International Journal of Andrology* 33, Nr. 2 (2010): 259–69, https://dx.doi.org/10.1111%2Fj.1365-2605.2009.01019.x; Richard Grady und Shella Sathyanarayana, "An Update on Phthalates and Male Reproductive Development and Function," *Current Urology Reports* 13, Nr. 4 (2012): 307–10, https://doi.org/10.1007/s11934-012-0261-1.

37 **Persönliche Kommunikation.**

38 **E. Diamanti-Kandarakis et al.,** "Endocrine-Disrupting Chemicals: An Endrocrine Society Scientific Statement," *Endocrine Reviews* 30, Nr. 4 (2009): 293–342, https://doi.org/10.1210/er.2009-0002; European Commission, *European Union Risk Assessment Report–Bis (2-ethylhexyl) Phthalate (DEHP)* (Ispra, Italien: European Chemicals Bureau, 2008), https://ec.europa.eu/jrc/en/publication/eur-scientific-and-technical-research-reports/european-union-risk-assessment-report-bis-2-ethylhexyl-phthalate-dehp; European Environment Agency, "The Impacts of Endocrine Disruptors on Wildlife, People and Their Environments," EEA Technical Report Nr. 2 (2012), http://www.eea.europa.eu/publications/the-impacts-of-endocrine-disrupters.

39 **World Health Organization,** *State of the Science of Endocrine Disrupting Chemicals–2012* (Genf: WHO/UNEP, 2012), http://www.who.int/ceh/publications/endocrine/en/.

40 **Adrian Burton,** "Study Suggests Long-Term Decline in French Sperm Quality," *Environmental Health Perspectives* 121, Nr. 2 (2013): A46, https://doi.org/10.1289/ehp.121-a46.

41 **European Environment Agency,** "The Impacts of Endocrine Disruptors," 8.

42 **European Environment Agency,** "The Impacts of Endocrine Disruptors," 92.

43 **World Health Organization,** *State of the Science of Endocrine Disrupting Chemicals*, xiv.

44 **World Health Organization,** *State of the Science of Endocrine Disrupting Chemicals*, xiv.

45 **Juliet B. Schor,** *True Wealth: How and Why Millions of Americans Are Creating a Time-Rich, Ecologically Light, Small-Scale, High-Satisfaction Economy* (New York: Penguin, 2011).

46 **Greenpeace,** *Timeout for Fast Fashion*, 5.

47 **Elizabeth Cline,** "In Trendy World of Fast Fashion Styles Aren't Made to Last," Interview mit Jim Zarroli, *All Things Considered*, NPR, 11. März 2013, Audio, https://www.npr.org/2013/03/11/174013774/in-trendy-world-of-fast-fashion-styles-arent-made-to-last.

48 **Ellen MacArthur Foundation,** *A New Textiles Economy*, 21.

49 **Cline,** "In Trendy World of Fast Fashion Styles Aren't Made to Last," Interview mit Jim Zarroli.

50 **Human Rights Watch,** *Whoever Raises Their Head Suffers the Most: Workers' Rights in Bangladesh's Garment Factories* (Amsterdam: HRW, 2015), 6, https://www.hrw.org/report/2015/04/22/who-ever-raises-their-head-suffers-most/workers-rights-bangladeshs-garment.

51 **Greenpeace,** *Dirty Laundry: Unraveling the Corporate Connections to Toxic Water Pollution in China* (Hamburg: Greenpeace, 2015), 5, https://www.greenpeace.org/international/publication/7168/dirty-laundry/.

52 **Greenpeace,** *Destination Zero: Seven Years of Detoxing the Fashion Industry* (Hamburg: Greenpeace, 2018), 8, https://www.greenpeace.org/international/publication/17612/destination-zero/.

53 **Katrina Rodabaugh,** "Make Thrift Mend" (Webseite), https://www.katrinarodabaugh.com/make-thrift-mend.

54 **Kate Fletcher,** *Craft of Use: Post-Growth Fashion* (London: Routledge, 2016).

KAPITEL DREI: Soil-to-Soil Kleidung und der Kohlenstoffkreislauf

55 **Eric Toensmeier,** *The Carbon Farming Solution: A Global Toolkit of Perennial Crops and Regenerative Agriculture Practice for Climate Change Mitigation and Food Security* (White River Junction, VT: Chelsea Green, 2016).

56 **Doug Gurian-Sherman,** *Raising the Steaks: Global Warming and Pasture-Raised Beef Production in the United States* (Cambridge, MA: Union of Concerned Scientists, 2011), https://www.ucsusa.org/sites/default/files/legacy/assets/documents/

food_and_agriculture/global-warming-and-beef-production-report.pdf.

57 **Kees Jan van Groenigen et al.,** "Faster Decomposition Under Increased Atmospheric CO 2 Limits Soil Carbon Storage," *Science* 244 (Mai 2014): 508–09, https://doi.org/10.1126/science.1249534.

58 **Rebecca Ryals und Whendee Silver,** "Effects of Organic Matter Amendments on Net Primary Production and Greenhouse Gas Emissions in Annual Grasslands," *Ecological Applications* 23, Nr. 1 (2013): 56, https://doi.org/10.1890/12-0620.1.

59 **Persönliche Kommunikation.**

60 **L. E. Flint et al.,** *Increasing Soil Organic Carbon to Mitigate Greenhouse Gases and Increase Climate Resiliency for California: A Report for California's Fourth Climate Change Assessment* (Sacramento: California Department of Natural Resources, 2018), http://www.climateassessment.ca.gov/techreports/docs/20180827-Agriculture_CCCA4-CNRA-2018-006.pdf.

61 **Richard Teague et al.,** "The Role of Ruminants in Reducing Agriculture's Carbon Footprint in North America," *Journal of Soil and Water Conservation* 71, Nr. 2 (2016): 160, https://doi.org/10.2489/jswc.71.2.156.

62 **Ronald Follett und Debbie Reed,** "Soil Carbon Sequestration in Grazing Lands: Societal Benefits and Policy Implications," *Range Ecology and Management* 63, Nr. 1 (2010): 4–15, https://doi.org/10.2111/08-225.1.

63 **Douglas Frank, Samuel McNaughton und Benjamin Tracy,** "The Ecology of the Earth's Grazing Ecosystems," *BioScience* 48, Nr. 7 (1998): 513–28, https://doi.org/ 10.2307/1313313.

64 **Richard Teague et al.,** "Multi-Paddock Grazing on Rangelands: Why the Perceptual Dichotomy Between Research Results and Rancher Experience?" *Journal of Environmental Management* 128 (2013): 699–717, https://doi.org/10.1016/j.jenvman.2013.05.064.

65 **Teague et al.,** "The Role of Ruminants in Reducing Agriculture's Carbon Footprint in North America," 156.

66 **Megan Machmuller et al.,** "Emerging Land Use Practices Rapidly Increase Soil Organic Matter," *Nature Communications* 6, Artikel 6995 (2015), https://doi.org/10.1038/ncomms7995; D. G. Milchunas und W. K. Lauenroth, "Quantitative Effects of Grazing on Vegetation and Soils Over a Global Range of Environments," *Ecological Monographs* 63, Nr. 4 (1993): 327–66, https://doi.org/10.2307/2937150; S. Vetter et al., "Effects of Land Tenure, Geology and Topography on Vegetation and Soils of Two Grassland Types in South Africa," *African Journal of Range and Forage Science* 23, Nr. 1 (2006): 13–27, https://doi.org/10.2989/10220110609485883.

67 *The Art and Science of Shepherding: Tapping the Wisdom of French Herders*, hrsg. **von Michel Meuret und Fred Provenza** (Austin, TX: Acres Press, 2014).

68 **Christiana Figueres,** *Sequestering Carbon in Soil Addressing the Climate Threat*, Stellungnahme, Paris, Mai 2017, https://agrinatura-eu.eu/2017/05/sequestering-carbon-in-soil-addressing-the-climate-threat.

69 **Persönliche Kommunikation.**

70 **Jeffrey Creque,** *Bare Ranch Carbon Farm Plan* (Marin, CA: Carbon Cycle Institute, 2016).

71 Rebecca Ryals et al., "Impacts of Organic Matter Amendments on Carbon and Nitrogen Dynamics in Grassland Soils," *Soil Biology and Biochemistry* 78 (2014): 52–61, https://doi.org/10.1016/j.soilbio.2013.09.011.

72 Marcia DeLonge et al., "A Lifecycle Model to Evaluate Carbon Sequestration Potential and Greenhouse Gas Dynamics of Managed Grassland," *Ecosystems* 16 (2013): 962–79, https://doi.org/10.1007/s10021-013-9660-5.

KAPITEL VIER: Die Scheinlösung der synthetischen Biologie

73 ETC Group, "Synthetic Biology," ETC Group (Webseite), https://www.etcgroup.org/issues/synthetic-biology.

74 Eduardo Barretto de Figueiredo et al., "Greenhouse Gas Emission Associated with Sugar Production in Southern Brazil," *Carbon Balance and Management* 5, Nr. 3 (Juni 2010): 1, https://doi.org/10.1186/1750-0680-5-3.

75 World Wildlife Fund, "Sustainable Agriculture: Sugarcane," WWF (Webseite), https://www.worldwildlife.org/industries/sugarcane.

76 Institute for Responsible Technology, "FAQS," IRT (Webseite), https://responsibletechnology.org/gmo-education/faqs.

77 Janet Cotter und Dana Perls, *Gene-Edited Organisms in Agriculture: Risks and Unexpected Consequences* (Amsterdam: Friends of the Earth, 2018), 4, http://foe.org/wp-content/uploads/2018/09/FOE_GenomeEditingAgReport_final.pdf.

78 Sharon Begley, "CRISPR-Edited Cells Linked to Cancer Risk in 2 Studies," *Scientific American, STAT Biotech*, 12. Juni 2018, https://www.scientificamerican.com/article/crispr-edited-cells-linked-to-cancer-risk-in-2-studies/.

79 Sharon Begley, "Potential DNA Damage from CRISPR 'Seriously Underestimated,' Study Finds," Scientific American, STAT Medical and Biotech, 16. Juli 2018, https://www.scientificamerican.com/article/potential-dna-damage-from-crispr-seriously-underestimated-study-finds.

80 Vandana Shiva, "Vandana Shiva on Seed Monopolies, GMOs, and Farmer Suicides in India," GM Watch (Webseite), 2013, http://gmwatch.org/en/news/archive/2013/15165-vandana-shiva-on-seed-monopolies-gmos-and-farmer-suicides-in-india.

81 Persönliche Kommunikation.

82 Celine Gasnier et al., "Glyphosate-Based Herbicides Are Toxic and Endocrine Disruptors in Human Cell Lines," *Toxicology* 262 (2009): 184, https://doi.org/10.1016/j.tox.2009.06.006.

83 Cristina Casals-Casas und Béatrice Desvergne, "Endocrine Disruptors: From Endocrine to Metabolic Disruption," *Annual Review of Physiology* 73, Nr. 1 (2011): 135–62, https://doi.org/10.1146/annurev-physiol-012110-142200.

84 Elizabeth A. Scribner et al., "Concentrations of Glyphosate, Its Degradation Product, Aminomethylphophonic Acid, and Glufosinate in Ground- and Surface-Water, Rainfall, and Soil Samples Collected in the United States, 2001–06," *US Geological Survey Scientific Investigations Report* 5122 (2007), https://pubs.usgs.gov/sir/2007/5122.

85 David Quist und Ignacio Chapela, "Transgenic DNA Introgressed into Traditional Maize Landraces in Oaxaca, Mexico," *Nature* 414 (November 2001): 541, https://doi.org/10.1038/35107068.

86 A. Pineyro-Nelson et al., "Transgenes in Mexican Maize: Molecular Evidence and Methodological Considerations for GMO Detection in Landrace Populations," *Molecular Ecology* 18, Nr. 4 (2009): 755, https://doi.org/10.1111/j.1365-294X.2008.03993.x.

87 Emily Hazzard, "A Conversation with Wes Jackson, President of the Land Institute," *Atlantic*, 23. März 2011, https://www.theatlantic.com/international/archive/2011/03/a-conversation-with-wes-jackson-president-of-the-land-institute/72927.

88 George Church und Ed Regis, *Regenesis: How Synthetic Biology Will Reinvent Nature and Ourselves* (New York: Basic Books, 2012).

89 Europäischer Gerichtshof, "Organisms Obtained by Mutagensis Are GMOs and Are, in Principle, Subject to the Obligations Laid Down by the GMO Directive," *ECJ Press Release* Nr. 111/18 (2018), https://curia.europa.eu/jcms/upload/docs/application/pdf/2018-07/cp180111en.pdf.

90 Diana Crow, "Six Amazing Things to Watch for in Synthetic Biology," *Neo.Life* (Blog), 12. Oktober 2017, https://medium.com/neodotlife/6-things-to-watch-in-synthetic-biology-f76666c7114e.

91 Gabe Brown, *Dirt to Soil: One Family's Journey into Regenerative Agriculture* (White River Junction, VT: Chelsea Green, 2018).

92 Gregory Mandel und Gary Marchant, "The Living Regulatory Challenges of Synthetic Biology," *Iowa Law Review* 100, rev. 155 (2014), https://ilr.law.uiowa.edu/print/volume-100-issue-1/the-living-regulatory-challenges-of-synthetic-biology/.

93 Cotter and Perls, *Gene-Edited Organisms in Agriculture*, 5.

94 Michael Eisenstein, "Living Factories of the Future," *Nature* 531 (März 2016): 403, https://doi.org/10.1038/531401a.

95 The White House, "National Bioeconomy Blueprint" (Washington, DC: White House, 2012), 1, https://obamawhitehouse.archives.gov/sites/default/files/microsites/ostp/national_bioeconomy_blueprint_april_2012.pdf.

96 ETC Group und Fibershed, *Genetically Engineered Clothes: Synthetic Biology's New Spin on Fast Fashion* (ETC and Fibershed, 2018), 13, https://www.etcgroup.org/sites/www.etcgroup.org/files/files/genetically_engineered_clothes_etc_fibershed_web.pdf.

97 Presidential Commission for the Study of Bioethical Issues, *New Directions: The Ethics of Synthetic Biology and Emerging Technologies* (2010), 62, https://bioethicsarchive.georgetown.edu/pcsbi/sites/default/files/PCSBI-Synthetic-Biology-Report-12.16.10_0.pdf.

98 Antonio Regalado, "CRISPR Inventor Feng Zhang Calls for a Moratorium on Gene-Edited Babies," *MIT Technology Review*, 26. November 2018, https://www.technologyreview.com/s/612465/crispr-inventor-feng-zhang-calls-for-moratorium-on-baby-making/.

99 Jon Cohen, "I Feel an Obligation to Be Balanced: Noted Biologist Comes to the Defense of Gene Editing Babies," *Science*, 28. November 2018, https://www.sciencemag.org/news/2018/11/i-feel-obligation-be-balanced-noted-biologist-comes-defense-gene-editing-babies.

KAPITEL FÜNF: Die Vision umsetzen mit pflanzenbasierten Fasern

100 Congressional Research Service, "California Agricultural Production and Irrigated Water Use," CRS 7-5700 (30. Juni 2015), Zusammenfassung, https://fas.org/sgp/crs/misc/R44093.pdf.

101 Sven Beckert, *Empire of Cotton: A Global History* (New York: Vintage Books, 2014), xv.

102 EcoChoices, "Conventional Cotton Statistics," *EcoChoices* (Webseite), http://www.ecochoices.com/1/cotton_statistics.html.

103 The Non-GMO Project, "Cotton," *Non-GMO Project* (Webseite), https://www.nongmoproject.org/high-risk/cotton.

104 Dan Charles, "Not Just for Cows Anymore: New Cottonseed Is Safe for People to Eat," *All Things Considered*, NPR, 17. Oktober 2018, https://www.npr.org/sections/thesalt/2018/10/17/658221327/not-just-for-cows-anymore-new-cottonseed-is-safe-for-people-to-eat.

105 Know The Chain, *Apparel and Footwear Benchmark Findings Report* (San Francisco: KTC, 2016), 6, https://knowthechain.org/wp-content/plugins/ktc-benchmark/app/public/images/benchmark_reports/KTC_A&F_ExternalReport_Final.pdf.

106 Anti-Slavery, "Cotton Crimes: Uzbekistan and Turkmenistan," *Anti-Slavery* (Webseite), https://www.antislavery.org/what-we-do/uzbekistan-turkmenistan.

107 As You Sow, "Responsible Sourcing Network: A Project of As You Sow," *Responsible Sourcing Network* (Webseite), https://www.sourcingnetwork.org.

108 R. Zetterstrom, "Child Health and Environmental Pollution in the Aral Sea Region of Kazakhstan," *Acta Paediatrica* 88, Nr. s429 (1999): 49–54, https://doi.org/10.1111/j.1651-2227.1999.tb01290.x.

109 Victor Hugo: *Die Elenden*. In der Übersetzung von G. A. Volchert.

KAPITEL SECHS: Die Vision umsetzen mit Tierfasern und Manufakturen

110 Persönliche Kommunikation.

111 Jeff Price, "2016 State of US Textile Industry," *Textile World* (Webseite), http://www.textileworld.com/textile-world/features/2016/05/2016-state-of-the-u-s-textile-industry.

112 Chris Kennedy, "Human Consumption of Earth's Natural Resources Has Tripled in 40 Years," *Sierra Club Grassroots Network* (Webseite), 13. August 2016, https://content.sierraclub.org/grassrootsnetwork/team-news/2016/08/human-consumption-earths-natural-resources-has-tripled-40-years.

113 FAO, "The State of Food and Agriculture in 2014: Innovation in Family Farming," *FAO In Brief* (2014), 2, http://www.fao.org/3/a-i4036e.pdf.

Eine wahrheitsbasierte Zukunft

114 Edward E. Baptist, *The Half Has Never Been Told: Slavery and the Making of American Capitalism* (New York: Basic Books, 2014).

ANHANG A: Inhaltsstoffe, die ihr im Auge behalten solltet

115 Sofie Christiansen et al., "Synergistic Disruption of External Male Sex Organ Development by a Mixture of Four Anti-Androgens," *Environmental Health Perspectives*

117, Nr. 12 (2009): 1839–46, https://dx.doi.org/10.1289%2Fehp.0900689.

116 Gasnier et al., "Glyphosate-Based Herbicides Are Toxic and Endocrine Disruptors."

117 Greenpeace, *A Red Card for Sportswear Brands* (Hamburg: Greenpeace, 2014), http://www.greenpeace.org/international/Global/international/publications/toxics/2014/Detox-Football-Report.pdf.

118 Ruthann Rudel et al., "Phthalates, Alkylphenols, Pesticides, Polybrominated Diphenyl Ethers, and Other Endocrine-Disrupting Compounds in Indoor Air and Dust," *Environmental Science and Technology* 37, Nr. 20 (2003): 4543–53, https://doi.org/10.1021/es0264596.

119 Centers for Disease Control and Prevention, *Third National Report on Human Exposure to Environmental Chemicals* (Washington, DC: US Department of Health and Human Services, Centers for Disease Control and Prevention, 2005), https://clu-in.org/download/contaminantfocus/pcb/third-report.pdf.

120 Shanna Swan, "Environmental Phthalate Exposure in Relation to Reproductive Outcomes and Other Health Endpoints in Humans," *Environmental Research* 108, Nr. 2 (2008): 177–84, https://www.ncbi.nlm.nih.gov/pubmed/18949837; Katharina M. Main et al., "Human Breast Milk Contamination with Phthalates and Alterations of Endogenous Reproductive Hormones in Infants Three Months of Age," *Environmental Health Perspectives* 114, Nr. 2 (2006): 270–76, https://dx.doi.org/10.1289%2Fehp.8075; Po-chin Huang et al., "Association Between Prenatal Exposure to Phthalates and the Health of Newborns," *Environment International* 35, Nr. 1 (2008): 14–20, https://doi.org/10.1016/j.envint.2008.05.012.

121 Grady und Sathyanarayana, "An Update on Phthalates and Male Reproductive Development and Function."; C. Wohlfahrt-Veje, K. M. Main und N. E. Skakkebaek, "Testicular Dysgenesis Syndrome: Foetal Origin of Adult Reproductive Problems," *Clinical Endocrinology* 71, Nr. 4 (2009): 459–65, https://doi.org/10.1111/j.1365-2265.2009.03545.x.

122 Susan M. Duty et al., "Phthalate Exposure and Human Semen Parameters," *Epidemiology* 14, Nr. 3 (2003): 269–77, https://doi.org/10.1097/01.EDE.0000059950.11836.16; Giuseppe Latini et al., "Phthalate Exposure and Male Infertility," *Toxicology* 226, Nr. 2–3 (2006): 90–98, https://doi.org/10.1016/j.tox.2006.07.011.

123 Tobias Frömel und Thomas P. Knepper, "Biodegradation of Fluorinated Alkyl Substances," *Reviews of Environmental Contamination and Toxicology* 208 (2010): 161–77, https://doi.org/10.1007/978-1-4419-6880-7_3.

124 Environmental Working Group, *Pollution in People: Cord Blood Contaminants in Minority Newborns* (Washington, DC: EWG, 2009), http://www.marylandpirg.org/sites/pirg/files/resources/2009-Minority-Cord-Blood-Report.pdf.

125 Greenpeace, *A Red Card for Sportswear Brands.*

126 Hermann Fromme et al., "Pre- and Postnatal Exposure to Perfluorinated Compounds (PFCs)," *Environmental Science and Technology* 44, Nr. 18 (2010): 7123–29, https://doi.org/10.1021/es101184f.

127 Julie B. Herbstman et al., "Birth Delivery Mode Modifies the Associations Between Prenatal Polychlorinated Biphenyl (PCB) and Polybrominated Diphenyl Ether (PBDE) and Neo-Natal Thyroid Hormone Levels," *Environmental Health Perspectives* 116, Nr. 10 (2008): 1376–82, https://dx.doi.org/10.1289%2Fehp.11379.

128 Benjamin Apelberg et al., "Determinants of Fetal Exposure to Polyfluoro-Alkyl Compounds in Baltimore, Maryland," *Environmental Science and Technology* 41, Nr. 11 (2007): 3891–97, https://doi.org/10.1021/es0700911.

129 Chunyaun Fei et al., "Maternal Levels of Perfluorinated Chemicals and Subfecundity," *Human Reproduction* 24, Nr. 5 (2009): 1200–05, https://doi.org/10.1093/humrep/den490; Kyle Steenland et al., "Association of Perfluorooctanoic Acid and Perfluorooctane Sulfonate with Serum Lipids Among Adults Living Near a Chemical Plant," *American Journal of Epidemiology* 170, Nr. 10 (2009), 1268–78, https://doi.org/10.1093/aje/kwp279; Ulla N. Joensen et al., "Do Perfluoroalkyl Compounds Impair Human Semen Quality?" *Environmental Health Perspectives* 117, Nr. 6 (2009): 923–27, https://dx.doi.org/10.1289%2Fehp.0800517.

130 Environmental Working Group, *Pollution in People.*

131 Robin Vestergren et al., "Dietary Exposure to Perfluoroalkyl Acids for the Swedish Population in 1999, 2005, und 2010," *Environment International* 49 (2012): 120–27, https://doi.org/10.1016/j.envint.2012.08.016.

132 SEPA, Scottish Environment Protection Agency, abgerufen am 22. September 2011, http://apps.sepa.org.uk/spripa/Pages/SubstanceInformation.aspx?pid=154.

133 US Environmental Protection Agency, *Nonylphenol (NP) and Nonylphenol Ethoxylates (NPEs) Action Plan* (Washington, DC: EPA, 2010), https://www.epa.gov/sites/production/files/2015-09/documents/rin2070-za09_np-npes_action_plan_final_2010-08-09.pdf.

134 Greenpeace, *A Red Card for Sportswear Brands.*

135 Yixiu Wu, "You Did It! Toxic Chemical Banned in EU Textile Imports," Greenpeace (Webseite), 22. Juli 2015, http://www.greenpeace.org/international/en/news/Blogs/makingwaves/NPE-toxic-chemical-banned-EU-textile/blog/53582/.

136 US Environmental Protection Agency, *Nonylphenol (NP) and Nonylphenol Ethoxylates (NPEs).*

137 US Environmental Protection Agency, *Ambient Aquatic Life Water Quality Criteria for Nonylphenol–Final*

(Washington, DC: EPA Office of Water, 2005), https://nepis.epa.gov/Exe/ZyPDF.cgi/P1004WZW.PDF?Dockey=P-1004WZW.PDF

138 Erin Ihde und Ji Meng Loh, "Association of Environmental Chemicals and Estrogen Metabolites in Children," *BMC Endocrine Disorders* 15, Nr. 83 (2015), https://doi.org/10.1186/s12902-015-0079-1.

139 David Case, "The Real Story Behind Bisphenol A," *Fast Company*, 1. Februar 2009, https://www.fastcompany.com/1139298/real-story-behind-bisphenol.

140 National Institute of Environmental Health Sciences, "NTP Finalizes Report on Bisphenol A," *NIH Press Release*, 3. September 2008, https://www.niehs.nih.gov/news/newsroom/releases/2008/september03/index.cfm.

141 Environmental Working Group, *Pollution in People.*

142 D. Li et al., "Occupational Exposure to Bisphenol-A (BPA) and the Risk of Self-Reported Male Sexual Dysfunction," *Human Reproduction* 100 (2009): 1–9, https://doi.org/10.1093/humrep/dep381.

143 American Chemical Society, "Hard Plastics Decomposing in Oceans, Releasing Endocrine Disrupter BPA," *ACS Press Release*, 23. März 2010, https://www.acs.org/content/acs/en/pressroom/newsreleases/2010/march/hard-plastics-decompose-in-oceans-releasing-erine-disruptor-bpa.html.

144 Heinrich Zollinger, *Color Chemistry: Syntheses, Properties, and Applications of Organic Dyes and Pigments* (New York: VCH Publishers, 1987), 92–102.

145 Chung und Cerniglia, "Mutagenicity of Azo Dyes."

146 Ogugbue und Sawidis, "Bioremediation and Detoxification of Synthetic Wastewater Containing Triarylmethane Dyes."

147 Hubbe et al., "Cellulosic Substrates for Removal of Pollutants from Aqueous Systems."

148 Carneiro et al., "Assessment of Water Contamination Caused by a Mutagenic Textile Effluent/Dyehouse Effluent Bearing Disperse Dyes."

149 World Health Organization, *State of the Science of Endocrine Disrupting Chemicals.*

150 Kütting et al., "Monoarylamines in the General Population–a Cross-Sectional Population-Based Study."

151 Swan et al., "Decrease in Anogenital Distance Among Male Infants with Prenatal Phthalate Exposure"; Swan et al., "Prenatal Phthalate Exposure and Reduced Masculine Play in Boys."

152 Charles Benbrook, "Trends in Glyphosate Herbicide Use in the United States and Globally," *Environmental Sciences Europe* 28, Nr. 3 (2016), https://doi.org/10.1186/s12302-016-0070-0.

153 Gasnier et al., "Glyphosate-Based Herbicides Are Toxic and Endocrine Disruptors."

154 GreenMedInfo, "Glyphosate Induces Human Breast Cancer Cells Growth Via Estrogen Receptors," *GreenMedInfo-Webseite*, 7. Juni 2013, http://www.greenmedinfo.com/article/glyphosate-induces-human-breast-cancer-cells-growth-estrogen-receptors.

155 Casals-Casas and Desvergne, "Endocrine Disruptors: From Endocrine to Metabolic Disruption."

156 California Department of Toxic Substances Control, "Flame Retardant Levels in California Breast Milk Decreasing," CDTSC (Webseite), https://www.dtsc.ca.gov/SCP/PBDEs Decrease.cfm.

157 Greenpeace East Asia, *A Little Story About the Monsters in Your Closet* (Beijing: Greenpeace East Asia, 2014), http://www.greenpeace.org/eastasia/Global/eastasia/publications/reports/toxics/2013/A%20Little%20Story%20About%20the%20Monsters%20In%20Your%20Closet%20-%20Report.pdf.

158 National Academy Press, *Toxicological Risks of Selected Flame-Retardant Chemicals* (Washington, DC: NAP, 200), 213, https://www.nap.edu/read/9841/chapter/12#231.

Register

D

E

F

Über die Autor*innen

REBECCA BURGESS, M.Ed., ist Geschäftsführerin von Fibershed, Vorstandsvorsitzende des Carbon Cycle Institute und Autorin von Harvesting Color. Sie ist gelernte Weberin und Naturfärberin. Sie verfügt über mehr als ein Jahrzehnt Erfahrung in der Erstellung und Umsetzung von praktischen Lehrplänen, die sich auf die Schnittstelle von Renaturierungsökologie und Fasersystemen konzentrieren. Burgess hat ein umfangreiches Netzwerk von Landwirt*innen und Handwerker*innen im Northern California Fibershed aufgebaut, um ein innovatives Textilfasersystem auf kommunaler Ebene zu testen. Ihr Projekt ist inzwischen mit über 53 bestehenden Fibershed-Gemeinden international anerkannt.

Der ehemalige Archäologe und Aktivist des Sierra Club, **COURTNEY WHITE**, stieg 1997 aus der „Konfliktindustrie" aus. Er ist Mitbegründer der Quivira Coalition, einer gemeinnützigen Naturschutzorganisation, die sich dem Aufbau eines radikalen Zentrums von Rancher*innen, Naturschützer*innen, öffentlichen Landverwalter*innen, Wissenschaftler*innen und anderen widmet, das sich mit Praktiken befasst, die die wirtschaftliche und ökologische Widerstandsfähigkeit in westlichen Arbeitslandschaften verbessern. 2005 nahm Wendell Berry Whites Essay „The Working Wilderness" in seine Sammlung The Way of Ignorance auf. White ist der Autor von *Revolution on the Range*; *Grass, Soil, Hope*; *The Age of Consequences* und *Two Percent Solutions for the Planet*. Er schrieb außerdem *The Sun*, einen Kriminalroman, der auf einer bewirtschafteten Rinderfarm im Norden von New Mexico spielt. Er lebt in Santa Fe.

Löwenzahn-Bücher werden auf höchstem ökologischen Standard gedruckt, ausschließlich mit Substanzen, die wieder in den biologischen Kreislauf rückgeführt werden können. Cradle to Cradle™-zertifiziert by gugler*, klimapositiv, auf Papier, das in Österreich produziert wurde, und ohne Plastikfolie, die dein Lieblingsbuch unnötig einhüllt – für unsere Umwelt und unsere Zukunft.

1. Auflage

E-Mail: loewenzahn@studienverlag.at
Internet: www.loewenzahn.at

Die Originalausgabe erschien unter dem Titel „Fibershed“
Fibershed

Löwenzahn Verlag edition published by arrangement with Chelsea Green Publishing Co, White River Junction, VT, USA
www.chelseagreen.com

Übersetzung: Leonie De Abrew
Inhaltliche Betreuung: Löwenzahn Verlag/Christina Kindl-Eisank, Katharina Schaller
Lektorat: Veronika Schuchter; Löwenzahn Verlag/Valerie Meller
Projektleitung: Löwenzahn Verlag/Valerie Meller

Illustrationen, Umschlag- und Buchgestaltung sowie grafische Umsetzung:
actu&tactu, Aileen Dietrich & Carlotta Weiser, www.actu-tactu.de

Fotos: falls nicht anders angegeben, alle © 2019 by Paige Green
Fibershed-Icons: © Andrew Plotsy, mit freundlicher Genehmigung von Fibershed

Bibliografische Information der Deutschen Nationalbibliothek
Die Deutsche Nationalbibliothek verzeichnet diese Publikation in der Deutschen Nationalbibliografie; detaillierte bibliografische Daten sind im Internet über http://dnb.dnb.de abrufbar.

ISBN 978-3-7066-2961-4

CERTIFIED cradle to cradle SILVER
PurePrint®
innovated by gugler* DruckSinn
Gesund. Rückstandsfrei. Klimapositiv.
drucksinn.at

greenprint*
klimapositiv gedruckt

Gedruckt nach der Richtlinie „Druckerzeugnisse“ des Österreichischen Umweltzeichens. gugler*print, Melk, UWZ-Nr. 609, www.gugler.at